history of science

쉬운 과학사

생의 동반자로서 격려와 위로와 지혜로써 돕는 역할을 감당해온
최윤정에게 이 책을 바칩니다.

history of science

쉬운 과학사

구자현 지음

이담
Books

서문

역사는 개별적이고 반복되지 않는 일련의 행위들로서 당장의 독특한 시대적 환경에만 관계되는 것일 수도 있고 모든 시대에서 인간 행동의 산물로 나타나는 되풀이되는 요인들에 의해 유발되는 일련의 사건들일 수도 있다. 후자가 옳다면, 과거는 유사한 상황에서 다시 일어날 수 있는 다수의 원인과 결과의 연쇄를 보여줄 것이다. 그렇지 않다면, 헨리 포드(Henry Ford)가 말했듯이 '역사는 허풍'이고 역사의 연구에서나 자연의 불변의 법칙과 직접적으로 관계가 없는 어떤 것에서도 얻을 유익이란 없다.

— 제임스 버크(James Burke), 『연결들』(*Connections*)

과학사의 가치

우리는 무슨 이유 때문에 역사를 공부하는가? 과거에 무슨 일이 일어났는지 궁금하기 때문이라고 대답한다면 틀린 대답이 아닐 것이다. 어린 아들에게 아버지가 어릴 적 일을 들려주는 것은 까마득한 옛날에도 어느 인간 집단에서 생활의 여유가 생겼을 때 일어났을 일이다. 모닥불 가에서 돌도끼를 옆에 두고 잡은 사슴을 쪼개며 흥겨운 기분으로 아버지가 들려주는 이야기를 아이들은 오래전에 죽은 할아버지의 혼령처럼 너울거리며 춤추는 자신들의 그림자를 두려워하며 들었으리라. 그런 이야기 중에는 과거에 있었던 이야기가 있었을 것이고 그것이 아마도 최초의 역사 서술이었을 것이다. 신기하게도 인간은 동물 중에서 유일하게 말하기를 즐기는 존재이다. 동물 중에도 여러 가지 소리를 내며 의미를 전달하는 것들이 있지만 그것은 생존을 위한 수단일 뿐 그것들은 소리로 이야기를 만들고 그것을 전해주기를 즐기지 않는다. 그렇기 때문에 역사가 인문학의 중심을 이루는 것은 당연하다. 그렇게 역사를 말하면서 인간은 더욱 인간다워졌을 것이다. 이야기를 꾸며내고 그것을 듣는 사람이 재미있게 듣도록 구술하는 일은 인간 활동의 핵심을 이루며 지금도 학교에서, 사무실에서, 심지어 국회에서도 무수히 반복되는 인간의 활동인 것이다.

　처음에는 재미로 시작했던 과거에 대한 이야기가 차차 다른 역할을 담당하기 시작했다. 그것은 인간 그룹을 결속하는 중요한 수단이 되기 시작한 것이다. 과거의 이야기를 듣다 보면 자신의 뿌리를 알게 되고 타인과 자신의 관계를 이해하게 된다. '저 사람과 나는 생김새가 비슷한데 알고 보니 할아버지가 같았구나.' '저 여자는 나와 비슷하게 생겼는데 생각보다 나와는 먼 관계구나.' 등등의 인간관계의 설정이 이루어지고 그것은 더욱 확장되어 마을, 인근 마을, 더 넓은 지역에 사는 사람들에게까지 확장된다. 인간관계뿐이 아니다. 자연의 변동도 중요한 노변 한담의 주제가 되었을 것이다. 언제는 끔찍한 홍수나 가뭄이 있었다는 이야기나 태풍이 몰아닥친 이야기나 천둥 번개나 벼락이 친 이야기 등이 한편으로는 말할 수 없는 공포심을 유발하며, 다른 한편으로는 인간의 말할 수 없는 호기심을 불러일으켰을 것이다. 이러한 호기심은 길을 가다가 갑자기 더운 물이 흐르는 것을 좇아가다가 온천을 발견하고 온천에 몸을 담갔더니 피로도 가시고 아프던 발가락의 상처도 낫더라는 대단한 발견의 실마리를 제공하기도 한다. 이제 과거의 이야기를 통해 키워진 지적

호기심이 새로운 발견을 가져오고 청취자 스스로가 역사의 주인
공이 될 수도 있음을 깨닫는 것이다.

　이렇게 역사는 단순히 과거의 흥밋거리로 끝나는 것이 아니
라 현재를 이해하고 미래의 진로에 영향을 미치는 중요한 일을
해 왔다. 내가 과거를 알게 되었다고 하는 것은 현재 눈에 보이
지 않는 구조의 이면을 들여다본 것과 같다. 지금 나에게 이렇
게 잘해 주는 사람이 알고 보았더니 나의 아버지의 재산을 가로
챈 사람이었다면 그 사람을 대하는 나의 태도는 이전과 같을 것
인가? 겉보기에 친절한 그 미소의 이면에 숨겨진 사악한 동기를
읽어 낼 수 있지 않겠는가? 그래서 역사 교육은 중요하다. 역사
는 단순히 과거의 사실들을 있는 그대로 늘어놓는 것으로 보일
수 있다. 그러나 우리는 과거에 대해 뭔가를 알게 되자마자 그
것이 현재에 어떤 의미를 갖는지를 거의 즉각적으로 생각하게
된다. 친절한 역사가들은 그냥 과거의 사실을 나열하는 것에 그
치지 않고 그것이 현재에 어떤 의미가 있는지를 이야기해 준다.
그러한 역사 해석은 매우 주관적인 것이지만 그러한 판단의 근
거를 역사적 사실 속에서 제시할 때 설득력을 얻게 된다. 여기
에서 우리는 역사의 두 가지 의미를 구분할 필요성을 느낀다.
하나는 과거의 사건들 자체를 지칭하는 것이고, 하나는 지금까
지 필자가 사용해 온 의미대로 과거에 대한 이야기를 지칭하는
것이다. 전자는 객관적 사실의 집합인 반면에 후자는 화자의 판
단에 따라 줄거리를 만들어 넣은 이야기인 것이다. 그러면 연표
는 전자에 속하는가, 후자에 속하는가? 연표는 객관적 사실들을
아무런 사견을 포함시키지 않고 있는 그대로 모아 놓은 것이기
때문에 전자라고 생각하기 쉽다. 그러나 사실은 그렇지 않다. 연
표에 나열된 사건들이 과거에 일어난 모든 사건을 기록해 넣은
것이 아니고 편집자가 나름대로 중요하다고 생각한 것만을 골라
서 적어 넣은 것이기 때문에 주관이 많이 개입해 있다. 그 연표
를 읽는 독자는 연표 제작자의 과거에 대한 주관적 인식에 영향

을 받게 된다. 그러므로 아무리 건조해 보이는 역사의 나열 속에도 모종의 스토리가 들어가 있다고 보아야 할 것이다. 그러므로 객관적 사건으로 존재했던 과거의 일들에 대해서 어떤 식으로든 언급을 하게 되면 그 자체가 화자의 주관에서 자유로울 수 없는 것이다.

과학사도 그런 점에서 의미를 가질 수 있다. 이제 이 책에서 필자는 과학의 역사에 대해 말을 하게 될 텐데 그 이야기는 역시 필자의 주관에서 자유롭지 못하다. 필자가 과거의 이야기를 하면서 특별하게 과학과 관련 있는 이야기를 뽑아서 하겠다고 하는 것 자체가 매우 주관적이다. 그것은 과학사라는 학문 분야가 있기 때문에 그렇게 하기가 훨씬 쉬운 것뿐이다. 역사 중에 과학사라는 것이 있다는 판단 자체가 그렇게 오래된 생각이 아니다. 다시 말하면 필자는 현재 대한민국이라는 나라에서 20세기와 21세기에 걸쳐서 살아가는 존재로서 과학이 이 사회에서 다른 부문들과 비교해 보았을 때 따로 떼어 놓고 서술할 만한 가치가 있는 분야라는 생각 — 이에 동의할 사람들이 많을 것이라고 믿는다 — 을 가지고 이에 대해 상당한 지면을 할애해서 서술하려고 하는 것이다. 그런 논의가 들어 볼 가치가 있다고 생각하는 이들이 이 책의 독자가 될 것이다. 그러므로 필자는 자신의 논의가 많은 이들에게 미칠 파급 효과를 생각해서 책임 있는 발언을 하려고 할 것이고 독자들은 이러한 점에 대하여 필자의 정직성과 양식을 믿을 때 진지하게 필자의 논의를 따라올 수 있을 것이다.

과학사와 휘그사

과학사는 휘그사(Whig history)가 되지 않도록 주의해야 한다는 생각이 많은 지성인들의 고개를 끄덕이게 했다. 휘그사란 말은 18세기 영국의 정당인 휘그당에서 비롯되었다. 휘그당은 진보주의를 내걸고 영국의 역사는 휘그가 등장하기 위한 역사라고 주장했다. 그것이 역사의 진보의 자연스러운 귀결이라는 것이다. 휘그사가들은 영국의 역사를 들여다보면서 휘그의 선구자들을 찾아내는 데 혈안이 되었다. 그들의 시각에서 17세기에 청교도 혁명을 일으켜 집권한 올리버 크롬웰(Oliver Cromwell)은 휘그였다. 휘그사가들은 그의 통치 철학에서 자신들의 가치관과 유사한 요소들을 찾아냈고 그런 이유에서 크롬웰은 시대를 앞선 휘그였고 그와 정치적으로 적대관계에 있었던 이들은 역사의 진보를 더디게 만든 악인들이라고 보았다.

초기의 과학사 연구에서도 유사한 일들이 있었다. 과학사 연구를 시작한 이들이 과학자 출신인 경우가 많았고 그들은 주로 자신이 몸담고 있었던 과학 분야에서 이론이 어떻게 전개되었는지 알기를 원했다. 그리하여 그들은 현재의 이론과 유사한 이론을 찾아냈고 그 이론을 현대적인 이론의 선구로 보았다. 그러므로 그러한 이론과 대립한 이론은 나쁜 과학으로 판단했다. 가령, 진화생물학자 메이어(Ernst Mayr)는 생물학사를 자세히 서술하면서 그것을 진화론의 출현과 반대, 그리고 승리의 역사로 보았다. 이러한 구도에서는 진화론의 발전에 도움이 되는 이론은 좋은 과학이고 진화론과 대립하는 이론은 나쁜 과학 이론으로 평가된다. 가히 현대적 관점에 의한 과거 바라보기라는 점에서 휘그사가들의 노력을 떠오르게 한다. 많은 양식 있는 이들이 이런 식의 역사 서술이 과거를 있는 그대로 보지 못하게 한다는 점에서 역사의 왜곡으로 판단하고 경계해야 할 역사 서술 방식으로 지적해 왔다.

그렇다면 휘그적 역사 서술에서 벗어난 과학사 서술이란 어떤 것일까? 이상적으로 보았을 때 휘그사에서 벗어나는 길은 현재 널리 수용되는 과학을 모른다고 가정하고 — 또는 실제로 무지한 상태에서 — 사료를 분석하는 것이다. 오직 당시 역사 현장의 일원이 되어 일어나고 있는 것을 있는 그대로 그 당시의 시각으로 읽어 내려는 시도를 하는 것이다. 실제로 우리는 이런 시각으로 서술된 과학사 저술을 접할 수 있으나 필자는 이런 방식의 역사 서술이 근본적인 한계를 갖는다는 생각을 지우지 못한다. 왜냐하면 우리가 역사에 관심을 갖는 것은 단순히 과거를 알려는 동기도 있지만, 그보다는 과거를 앎으로써 현재를 바로 알고 미래에 나갈 바를 알고자 하는 것이기 때문이다. 그러기 위해서 우리는 과거를 살피는 동안 현재를 잊을 수가 없는 것이다. 현재에 한 발조차도 딛지 않은 역사 서술이란 전문적인 과학사학자의 호기심을 충족시키는 데에는 도움이 될지 모르겠으나 현재의 과학을 더 깊이 이해하고 미래에 나갈 바를 알고자 하는 많은 시성인들이 과학사 전문가들에게 요청하는 목적은 달성할 수가 없다. 더구나 우리나라와 같이 자국인에 의해 수립한 과학의 역사가 일천하고 서양의 현대 과학을 효과적으로 받아들여서 과학 입국을 이루고자 하는 사회 전반적인 동기가 충만한 나라에서는 과학사가 이러한 실제적인 목적을 저버리고 단순한 지적 호기심만을 충족시키고자 과거에 몰입하는 것은 지나친 지적 호사처럼 비칠 수 있다. 그런 과학사는 과학사를 일반 독자로부터 더욱 멀어지게 할 것이고 과학사가 사회 전반에서 영향력을 행사할 수 있는 입지를 더욱 좁게 만들 것이다. 당면한 문제를 해결할 실질적인 방향을 과학사에서 얻기 위해서는 어느 정도 휘그적(whiggish) 태도를 취하는 것을 피할 수 없다.

누구를 위한 과학사인가?

이러한 입장은 과학사의 독자를 누구로 삼고 싶은지와 연관이 있다. 일차적으로 과학사는 과학자들이 읽어야 한다. 자신이 전공하는 분야의 역사뿐 아니라 자신이 몸담지 않은 인접 분야의 역사도 읽어야 한다. 그래야 자신이 하고 있는 연구를 더 잘할 수 있다. 과학 연구를 위해서는 창의적인 발상이 무엇보다 중요하다. 그러나 의외로 과학자들은 토머스 쿤(Thomas Kuhn)이 그의 책 『과학혁명의 구조』(The Structure of Scientific Revolutions)에서 지적했듯이 자신의 패러다임에 매몰되도록 훈련을 받아서 그 안에 갇혀 있기 일쑤다. 이런 것에서 벗어나기 위해서라도 과거에 사라진 이론과 볼 수 없게 된 낡은 실험 장치에 대해 알아야 한다. 그런 이론들이 왜 출현하였고 어떻게 논란에 휩싸였으며 어떻게 사라지게 되었는지 살피면서 그 이론이 서 있는 지금과 전혀 다른 사고의 토대를 읽어야 한다. 과거의 실험 장치를 보면서 어떤 아이디어를 따라 그런 장치가 나왔으며 어떻게 작동되었고 왜 사라지게 되었는지 알아야 한다. 그리고 그 장치의 어떤 부분을 오늘날 당면한 문제를 풀기 위해 활용해야 할지 읽어 내야 한다. 이러한 논의 전체를 과학사 논문이나 저술에서 모두 읽어 내기에는 서술 자체가 충분하지 않을 수 있다. 그럴 경우에 과학사는 이전의 어떤 책이나 논문을 읽어야 하는지 지시해 줄 수 있다. 그런 저술들은 오래된 저술들이므로 현대적인 교육 과정에서는 전혀 활용되지 않는 자료일 가능성이 높다. 그러나 그런 저술들이 현재의 과학의 한계를 뛰어넘게 도와줄 보배를 가지고 있는 경우를 우리는 종종 발견한다. 그들이 낡은 과학에 몸담고 있었다고 해서 그들의 지성이 당신보다 열등하리라고 지레 짐작하지 마시라. 그들은 당면한 문제를 해결하기 위해 당신이 전혀 생각하지 않은 측면을 고려하는 지혜를 가졌을 가능성이 있다. 그러므로 과학사는 그런 점에서 과학자들에게 가이드 역할을 해 줄 것이다.

이런 정보적 차원의 이유 말고도 과학자들이 과학사를 읽어야 하는 이유는 과학자들이 과학사를 읽는 동안 자신이 당면한 문제 해결을 위해 어떠한 자원을 사용해야 하는지 배울 수 있기 때문이다. 과학사 서술 중에는 과학자들의 개인적 인성뿐 아니라 그가 몸담은 제도의 독특성, 인적 교류의 독특성, 학문적 전통 등 현재의 과학자 자신의 작업 환경과 비교할 거리들이 풍부하다. 이러한 내용들을 통해서 과학자는 현재의 문제를 해결하기 위해서 어떠한 개선책을 마련해야 하는지에 대한 지혜를 얻을 수 있다. 과학자들이 성공적인 경력을 얻기 위해서는 연구만 잘한다고 되는 것은 아니고 자신의 연구 성과를 잘 인정받기 위해 네트워크를 잘 구축해야 한다는것도 배워야 한다. 네크워크에는 자신의 기관 내의 네트워크가 있고 기관 외의 네트워크도 있다. 국내 네트워크가 있고 국제 네트워크도 있다. 자신의 분야 내 네트워크가 있고 분야 외 네트워크도 있다. 과학자들은 이러한 네트워크를 자신의 필요에 따라 잘 구축하고 활용할 지혜를 과학사에서 얻을 수 있다.

지금까지 과학자의 필요라고 지적한 내용은 당연히 과학자를 육성하는 교육 현장에서도 그대로 적용할 수 있는 내용들이다. 유능한 과학자를 육성하기 위하여 과학사는 중요한 교육 자료가 된다고 말할 수 있다. 독창적으로 문제를 인식하기 위하여 창의적인 발상을 통하여 문제를 풀어 나가는 훈련을 과학사가 제공할 수 있다. 또한 과학 활동이 사회 속에서 직면하는 다양한 문제에 대한 인식을 가르칠 수 있고 적절한 대응 전략에 대해 사례를 통해 가르칠 수 있다. 실제로 과학도들은 장차 자신이 과학 현장에서 수행해야 할 활동이 무엇인지 잘 모르며 막연하게 과학이 자신이 하고 싶은 공부라는 이유에서 과학을 공부하기로 결정한 경우가 허다하다. 이런 학생들에게 과학사는 실제 과학 현장에서 어떻게 과학이 이루어지는지를 배우고 성공적인 사례와 우리나라의 과학 현실을 비교하고 그에 대한 대응 전략을 신속하게 수립할 수 있는 기회를 제공해 줄 수 있다. 더구나 이 과정에서 과학도는 바람직한 역할 모델을 발견할 수 있으며 자신의 모델이 어떠한 역경 속에서 어려움을 해결하고 성공적으로 목표를 달성할 수 있었는지 알게 된다.

과학사의 교육적 가치를 논하자면 비과학도에게도 과학사는 아주 유익한 과목이라고 말할 수 있다. 과학사는 현대 문명을 이끌어 온 과학의 흥미로운 이야기를 전달해 줌으로써 누구나 귀를 기울이게 만드는 매력이 있다. 뛰어난 과학사의 영웅들도 알고 보면 평범한 사람이었고 그들의 소통과 번민 속에서 인류의 미래를 바꾸어 놓을 대단한 성취들이 어떻게 이루어졌는지를 배울 수 있다. 과학자 개인의 이야기뿐 아니라 집단의 역사 또한 일반적인 관심에서 과학사를 읽으려는 학생들에게 시사하는 바가 크다. 어떤 유형 또는 무형의 과학 공동체가 만들어질 때 문화가 만들어지고 네트워크가 만들어지며 이러한 하부 구조가 그 집단의 과학적 성취의 성격과 질을 결정한다. 학생들은 이런 공부를 통해서 하나의 인간 집단으로서 과학자 공동체가 가질 수 있는 특성을 이해하고 폭넓은 인간 사회에 대한 이해를 얻을 수 있다.

인간 집단의 특성을 배우기 위해 굳이 과학자 공동체를 들여다볼 필요가 있느냐고 묻는다면 우리는 과학사를 통해서 비과학도들에게 과학을 가르치는 일의 가치를 설파할 것이다. 굳이 스노(C. P. Snow)의 두 문화의 간극에 대한 주장을 끌어들이지 않더라도 인문·사회·예술·체육 계통의 종사자들도 그들의 전공과는 유리되어 있는 다른 세상의 이야기를 듣고 이해할 필요가 있다. 현대 세계가 돌아가기 위해서는 과학기술이 필수적인 부분이기 때문에 그 반쪽 세계의 본얼굴을 들여다보고 이해하는 것은 꼭 필요하다. 그렇지만 오랫동안 분리된 교육 시스템 속에서 교육받은 학생들에게 당장 과학 과목을 듣고 이해하기를 요구하는 것은 무리가 있다. 이들에게 쉽게 풀어쓴 과학사를 가르치는 것은 큰 부담 없이 과학을 접할 수 있는 기회를 제공한다. 이러한 과학사는 수식이나 전문적인 개념들을 되도록 배제하고 일반인도 쉽게 이해할 수 있는 수준으로 과학을 서술하는 것이 되어야 한다.

여기에서 우리는 다양한 목적과 다양한 수준의 과학사가 필요함을 인식할 수 있다. 이는 마치 과학 분야에서는 전문적인 과학 연구서와 논문이 있고, 전공자를 위한 과학 교과서가 있고 중고교생을 위한 과학 교과서가 따로 있듯이, 과학사 교과서도 수준을 달리하며 대학생용이 따로 있고, 중·고등학생용이 따로 있고, 초등학생용이 따로 있고, 유아용이 따로 있어야 한다는 뜻이다. 우리나라에서 고등학교 1학년까지는 모든 학생들이 동일한 과학을 배우듯이 구분 없이 과학사를 접해야겠지만 고등학교 2학년을 넘어서는 과학사 책은 구분이 되어야 한다. 그때부터는 과학에 대한 학생들의 교육 수준이 다르고 학생들의 필요도 달라지므로 다른 교육을 실시해야 한다. 자연계 학생들에게는 고등학교 과학사에서 과학의 형성 과정을 고교 자연계 과학 수준으로 추적함으로써 과학의 형성 과정에 대한 심화된 이해를 도모할 수 있게 하고 과학자들이 어떠한 논리적 과정을 거쳐서 현재의 과학 지식에 도달하게 되었는가를 배우게 해야 한다.

현재 과학 교육의 주된 문제점으로 지적되는 것이 과학 지식의 형성 과정을 배제하고 완성된 과학 개념을 주입하는 데 주력하고 있다는 것이다. 이러한 과학 개념의 주입은 오늘날의 과학을 이해하고 과학의 논리를 공부하는 데에는 도움이 되겠으나 과학 탐구력을 키우는 데에는 별로 도움이 되지 않는다. 과학 탐구력을 키워 주기 위해서 노력하는 사람들이 주로 택하는 방법이 실험을 통해서 가르치는 것이다. 그런데 현재 모든 교육 과정에서 이루어지는 실험은 이미 설계해 놓은 실험을 따라 하는 것에서 그치고 있다. 실험을 따라 하면서 예상되는 결과가 나오는가를 보는 것도 중요하지만 그것을 뛰어넘는 실험 탐구도 가능하다는 것을 가르쳐야 진정한 탐구 실험 교육이 성취된다고 볼 수 있다. 이 실험 장치를 가지고 어떤 실험을 추가적으로 더 할 수 있겠는가? 실험을 하다가 예상하지 못했던 어떤 새로운 현상을 발견했는가? 그러한 현상이 왜 일어나는지 더 알아보고 싶지 않은가? 이런 질문들에 의해 고무된 학생의 탐구 수행이 학생이 원하는 방향으로 심화 과정의 형태로 추구되어야 한다. 그럴 수 있는 시간과 여건을 허락해 주어야 진정한 과학 탐구 교육이 이루어진다고 할 수 있다.

여기에 우리는 과학사의 맥락을 따라가는 실험 교육을 탐구 교육을 위해 제안할 수 있다. 이는 실제로 과학자들이 구성한 실험 장치를 재현하여 그것으로 탐구를 수행함으로써 그 실험을 수행한 과학자가 어떤 문제에 봉착했으며 어떻게 그러한 어려움을 극복했는가를 배우는 것이다. 우리나라는 과학의 역사가 짧은데다 오랫동안 과학의 주변부에 머물러 주된 과학의 발전에 기여한 사례가 적은데다가 역사적인 과학 장치가 유물로서 갖는 가치에 대한 의식이 미비한 관계로 과학박물관에 보관되는 원본 과학 실험 장비가 전무하다시피 하다. 이것은 과학 교육에서 아주 좋지 않은 상황이다. 게다가 전시되고 있는 복원품이라고 하는 것은 겉모양만 본떠서 실제로 작동되지 않는 경우가 대부분이다. 작동된다 하더라도 그것을 작동시킬 기회는 관람객에게 주어지지 않는다. 우리는 진정한 과학 전통이 결여된 맨바닥 위에 첨단 과학의 장비만을 구비하면 서양의 앞선 과학의 수준을 따라갈 수 있을 것이라는 생각을 하고 있다. 풍부한 과학적 전통의 토양에서 거대한 거목은 자랄 수 있는 것이다. 그렇기 때문에 우리나라의 입장에서 필요한 것은 주요한 과학 장비의 복원 노력이다. 학교 현장에서 간단한 장치부터 복원하여 실험할 수 있다. 과학혁명 초기 과학자의 실험 장치 그림이나 설명을 토대로 우리는 그 과학자의 실험 장치를 재현하고 역사적인 실험을 재현할 수 있다. 이러한 재현 실험은 탐구 학습을 위한 실제적인 재료로서 가치가 크다.

실험을 재현하려면 먼저 실험 장치를 재현해야 한다. 실험 장치를 재현할 때에는 어느 정도까지 재현할 것인가에 따라 수준의 차이가 있다. 형태나 재료는 무시하고 원리만을 따라하는 실험 장치를 재현하는 경우가 있다. 이것은 가장 비용도 적게 들고 제작상의 어려움도 적다. 그러므로 학교 개별 교육 현장에서 따라 할 수 있다. 이보다는 좀 더 원본에 충실한 재현이 있을 수 있다. 우선 실험 장치의 겉모양을 따르는 재현이 있고 재료까지 그대로 따라가는 재현이 있다. 방금 앞에서 소개한 재현을 1단계 재현, 2단계 재현, 3단계 재현이라고 부르자. 그러면 형태를 완벽하게 같게 하지 않은 재현은 2단계에 이르지 못했으므로 그 재현의 충실도에 따라 1.5단계 또는 1.7단계 재현이라고 부를 수 있을 것이다. 형태를 완벽하게 재현했지만 재료까지 완벽하게 하지 못했다면 그 정도에 따라 2.3단계 또는 2.5단계 재현 등으로 부를 수 있을 것이다. 바라기는 3단계의 재현이 이루어지는 것이지만 완벽하게 동일한 형태와 완벽하게 동일한 재료의 재현은 이루어질 수 없을 것이므로 3단계 재현은 현실적으로는 실현이 불가능하다. 2.9단계나 2.99단계의 재현까지는 가능할지 모르겠다. 이렇게 높은 단계까지 재현을 실현하지 않더라도 교육 현장의 필요에 따라 적당한 단계의 재현을 도모하면 과학 교육의 효과는 충분히 달성될 수 있을 것이다. 재현 실험을 통한 과학 교육은 과학자의 역사적인 실험을 재현하는 데에서 그치지 않고 그 실험 장치를 가지고 더 심화된 탐구 활동으로 나아가서 탐구 보고서를 작성하는 단계까지 가야만 충분한 실험 교육의 효과를 보게 될 것이다. 이렇게 재현 실험 보고서가 많이 쌓일 때 우리나라는 뿌리가 없는 과학 교육에서 벗어나 뿌리를 찾은 기초가 탄탄한 과학 교육으로 나아갈 수 있다.

이러한 재현 실험을 위해 과학사학자는 필요한 정보를 찾아내고 널리 확산시키는 중요한 역할을 해야 한다. 과학사학자의 임무가 이제는 문헌 연구에 그치지 않고 직접 실험 장치를 재현하고 재현 실험을 수행함으로써 과학자의 실제 실행을 더욱 속속들이 이해하는 수준으로 나아가는 것이 필요할 수 있다. 이런 연구들은 문헌 연구와 실험 연구를 병행해야 하므로 연구비용도 많이 소요될 것이고 이전과는 다른 능력을 연구자에게 요구하게 될 것이다.

이 책의 목적

이 책은 여러 수준과 목적의 과학사 중에서 대학 교양 수준의 과학사를 추구하고자 한다. 고등학교에서 과학 교육을 철저하게 받지 않은 문과 학생들이 들어도 이해하는 데 어려움이 없고 그들이 흥미를 가질 만한 주제들을 뽑아서 이해하기 쉬운 내용으로 과학사를 소개하는 역할을 하고자 한다. 물론 이공계 학생들이 읽어도 유익한 내용이지만 그들에게는 다른 필요가 있다. 앞서가는 고교생들이 읽어서 큰 어려움을 느끼지 않는다면 좋은 배움의 기회를 제공할 것이다. 당연히 과학사에 관심을 가진 일반인이 읽어도 유익할 것이다. 이러한 목적을 달성하기 위해 이책은 시간적인 순서를 따라 여러 가지 사건들을 자세히 나열하는 방식보다는 특정한 주제를 선별하고 그에 대하여 조금은 심화된 사고와 논의를 끌어내려는 시도를 하였다. 특히 과학 사상이 어떠한 맥락에서 어떤 식으로 형성되었는가에 주로 초점을 맞추었다. 이를 통해서 독자들은 과학이 어떠한 맥락을 거쳐서 새로운 지식을 만들어 가는지를 들여다보는 데 도움을 얻을 수 있을 것이다. 그런 점에서 이 책은 다분히 시험적인 성격을 띠고 있다. 책의 내용 중에 역사적인 사실에 대한 오류가 발견된다면 그것은 필자의 무지와 게으름 탓이다. 독자 제현의 조언을 기다린다.

구자현

목 차

1

장수하는 이론의 비결: 아리스토텔레스

우리는 과학 교과서를 펼칠 때 새로운 장의 서두에서 틀린 과학 이론을 제시한 대표적인 사례로 아리스토텔레스(Aristoteles, B.C. 384 - 322)가 종종 언급되는 것을 본다. 아리스토텔레스는 틀린 우주관을 제시하였고 틀린 역학 개념을 전파하였고 틀린 물질 이론을 널리 퍼뜨렸다. 그는 종의 고정성에 대한 신념을 널리 퍼뜨리기도 했다. 분명히 아리스토텔레스는 우리와 다른 과학적 토대 위에 서 있었고 그의 영향력이 근대 과학의 출현에 걸림돌이 되었던 것도 사실이다. 그렇다면 왜 그렇게 틀린 이론을 그토록 오래 그리 많은 사람들이 믿었던 것일까? 이러한 질문에 대해 우리가 쉽게 할 수 있는 답은 아마도 "옛날 사람들은 매우 어리석었어."일 것이다. 그들은 우매했기 때문에 그렇게 틀린 이론을 무비판적으로 받아들였고 그것을 거부하려는 합리적인 시도가 있으면 여지없이 그러한 생각을 짓눌렀을 것이라고 생각한다. 또는 틀린 과학 이론을 종교에 부합하는 이론이라는 이유에서 맹목적으로 받아들였고, 그에 대한 합리적인 반대를 종교의 이름으로 억압했으리라고 생각한다.

이러한 선입견들은 과학 교육 과정에서 계속 주입된 것이기에 학생들만의 잘못이라고 말할 수는 없다. 오늘날의 과학이 정당한 기반에 서 있고 진리를 담고 있다는 생각을 바탕으로 주입되어 온 생각들이다. 지금 과학이 변해 가는 속력으로 볼 때

100년 후의 미래에는 현재 우리가 신봉하는 과학도 마찬가지의 운명에 처할 수 있다는 것이 자명하다. 그러면 우리는 지나간 과학을 어떤 식으로 보아야 하는 것일까?

아리스토텔레스는 발칸 반도 북부인 마케도니아(Macedonia)의 스타기라(Stagira) 출신이다. 그의 아버지는 메소포타미아 왕국의 국왕이었던 아민타스 2세(Amintas Ⅱ)의 시의였다. 그는 이러한 아버지의 인연 때문에 나중에 아민타스 2세의 손자인 알렉산드로스(Alexandros)의 개인 교사가 된다. 기원전 4세기 그리스는 학문적 전성기를 누리고 있었고 그 학문의 중심지는 아테네(Athenae)였다. 아리스토텔레스는 아버지가 죽자 아테네로 갔고 개방적인 철학 집단인 아카데미아(Academia)에 들어갔다. 그 학교는 플라톤(Platon, BC. 429 - 337)이 세운 학교였고 모든 철학적 논의가 토론을 통해 이루어지는 장소였다. 플라톤 자신이 폭넓은 문제에 관심을 가진 철학자였고 아리스토텔레스는 그의 문하에서 논리적으로 사고하고 논증하는 훈련과 탐구하는 방법에 대해서 배웠다. 그는 플라톤의 영향을 받으면서도 그 나름의 독창적인 사상을 전개할 수 있었다. 그러므로 우리는 아리스토텔레스에 대해서 알아보기 전에 먼저 플라톤에 대해서 이해하는 것이 필요하다.

플라톤의 자연철학

플라톤은 자연에 관련한 철학적 논의를 하면서 그 이전의 연구자들의 논의를 자신의 철학적 논의의 틀 안에 융화시켜 논의하였다. 플라톤의 철학은 이데아 사상으로 특징지어진다. 그는 세계를 형상의 세계와 질료의 세계로 구분하고 형상의 세계는 본질적인 세계인 반면, 질료의 세계는 그로부터 파생된 부차적

그림 1 플라톤

인 세계로 간주하였다. 그는 질료의 세계의 혼돈에 질서를 부여한 주체로서 신, 곧 조물주인 데미우르고스(Demiourgos)를 상정하였다. 데미우르고스는 자신의 마음대로 세상에 질서를 부여할 수 없었고 오직 형상의 세계를 모사(模寫)하여 질료의 세계에 질서를 부여하였다. 이로써 카오스(chaos)가 코스모스(cosmos)로 바뀌었다. 여기에서 코스모스란 그리스인들이 생각하는 질서가 잡히고 구조화되어 있는 우주를 의미한다. 코스모스라는 말은 화장술을 의미하는 영어 난어 cosmetics와 어원이 같다. 이 단어가 아름다움을 의미하는 어근을 갖듯이 코스모스는 그 자체가 아름답다는 의미를 갖는다. 그러므로 플라톤의 우주는 형상의 세계를 본받아 질서와 아름다움을 가진 세계이다. 그렇지만 플라톤은 우주가 질료 자체가 가지고 있는 한계는 극복하지 못한 것으로 보았다. 질료의 불완전성은 거기에 우주의 질서가 부여되었음에도 불구하고 여전히 한계를 드러낸다. 그러므로 우리 주변에 있는 물건들은 그 개념적 실체를 본뜨고 있지만 완전하게 그 개념적 실체와 일치하지 않는다. 가령, 수학을 예로 들어보자. 정삼각형이란 세 개의 동일한 길이의 선분을 변으로 갖는 도형이다. 이러한 정삼각형은 우리의 개념[idea]으로서 우리의 머리에 있다. 우리는 그러한 정삼각형을 상상할 수 있지만 그릴 수는 없다. 아무리 뛰어난 제도사라 하더라도 혹은 아무리 뛰어난 컴퓨터 프로그램이라 하더라도 완벽한 정삼각형을 제도해 낼 수는 없다. 정삼각형을 어떤 평면상에 그리는 이상 그 선들은 완전한 직선일 수 없고 세 변의 길이가 정확하게 모두 일치할 수가 없다. 엄밀한 정확성을 두고 평가할 때 그러하다는 것이다. 그러므로 '직선'이나 '같은 길이' 등의 개념은 모두 우리의 머릿속에 있을 뿐이다. 그 말은 정삼각형이 개념으로만 존재한다는 말인 것이다. 이러한 이데아의 세계, 곧 아이디어(개념)의 세계는 우리의 이성을 사용할 때 도달할 수 있는 세계이다. 반면에 질료의 세계는 우리의 감각 기관으로 도달할 수 있는 세계이다. 그러므로 플라톤은 형상과 질료를 구분하고 형상의 세계에 완전성과 불변성을 부여하고 질료의 세계에 불완전성과 가변성을 부여함으로써 고상한 세계와 저급한 세계를 이분법적으로 구분하였던 것이다. 그러므로 플라톤은 항상 위의 세계만을 바라보았다. 그리하여 유명한 라파엘로(Sanzio Raffaello, 1483 – 1520)의 <아테네의 학당>에서 플라톤의 손가락은 위를 향하고 있는 것이다. 이러한 플라톤의 철학은 당연히 감각을 이성보다 못한 천박한 지식의 도구로 생각하고 감각에 좌우되어 오류에 빠지지 말고 냉철한 이성을 통해 진리에 도달할 것을 촉구한다.

플라톤의 입장에서 가장 수학적인 개념을 잘 구현하고 있는 자연은 하늘의 천체였기에 플라톤은 천문학을 가장 고상한 자연철학이라고 생각했다. 그에 비해서 생물학 같은 분야는 매우 천박하게 여겼다. 플라톤은 철학의 목적 중 하나를 이성의 단련으로 보았는데 그런 점에서 자연을 논하는 것은 수학에 비하여 질료의 불완전성에 더 깊이 빠져드는 것이기 때문에 그렇게 좋은 방법은 아니지만 자연 속에서도 형상의 세계의 완전한 질서의 실마리를 발견할 수 있기 때문에 제한된 가치를 갖는 것으로 보았다. 그렇기 때문에 플라톤의 철학적 논의의 다양성과 깊이를 고려해 볼 때 플라톤의 자연철학적 논의는 매우 양이 적다. 그의 자연철학적 논의의 핵심은 『티마이오스』(*Timaios*)에서 대부분 찾을 수 있다.

플라톤은 우주를 완전한 구형이라고 보았다. 이것 역시 형상의 세계의 완전성이 반영되었기 때문이다. 그러므로 우주는 항상 천구라고 하는 둥근 하늘에 의해 둘러싸여 있었다. 이 둥근 하늘에 별들이 고정되어 지구 주위를 회전한다는 것이다. 그는 행성들의 일견 불규칙적으로 보이는 운동조차도 엄밀한 수학적 법칙에 의해 움직인다고 보았다. 이러한 행성의 운동을 설명하기 위해서 플라톤은 에우독소스(Eudoxos of Cnidus, B.C. 455 - 322)의 견해를 채용하여 여러 겹으로 이루어진 행성 천구의 개념을 제시하였다. 이를 동심천구설이라고 부른다. 플라톤은 행성들의 순서를 지구에서 가까운 것부터 달, 수성, 금성, 태양, 화성, 목성, 토성이라고 보았다. 이 중에서 복잡한 역행 운동을 보이는 행성들에 대해서는 그 복잡한 운동을 기술하기 위해서 하나의 축을 중심으로 회전하는 또 하나의 구를 상정하고 그 구 안쪽에 축을 약간 어긋난 방향으로 갖는 또 다른 구를 상정하였다. 이렇게 몇 겹을 감싸고 각각의 구들이 조금씩 다른 각속도로 회전한다고 하면 복잡한 역행 운동이 왜 나타나는지 정성적인 설명은 가능하다는 것이다. 실제로 플라톤의 방법대로 회전을 시켜 보면 정확하게 역행 운동을 기술할 수는 없는데 플라톤이 이러한 체계를 제시한 것은 우주적 모형에 따라 천체의 운동을 기술할 수 있음을 보이고자 함이었다. 즉 우주가 수학적 설계를 가지고 있음을 보여주려는 것이다. 이는 이전부터 상당히 높은 수준의 관측치를 누적시킨 메소포타미아(Mesopotamia)의 천문학이 단순히 천문 관측 데이터를 산술적으로 나열하고 그 규칙성을 따지는 방식에 의해서 일식이나 월식 등을 예측할 수 있었던 것과는 차원이 다른 방식의 사고방식을 그리스인들이 보여주고 있는 것이다.

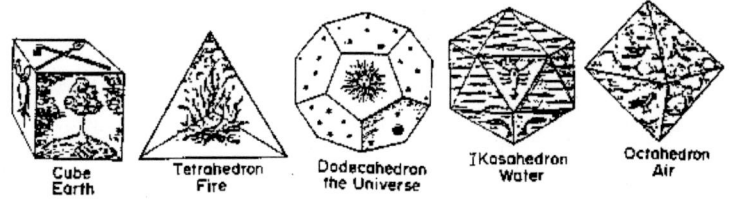

그림 2 플라톤의 정다면체와 4원소

플라톤은 물질 이론에 있어서 엠페도클레스(Empedocles, c. B.C. 492 - 432)의 4뿌리 이론을 채용하였다. 엠페도클레스는 우주를 구성하는 물질은 4가지뿐이라고 주장했다. 곧 물, 불, 흙, 공기가 그것이었다. 이 네 가지만이 가장 근원적인 원소이며 나머지 물질들은 이 원소들이 섞여서 파생된다고 주장하였다. 즉 물질의 다양성은 이 원소들의 혼합 비율에 의해 비롯되는 것으로 보았다. 플라톤은 엠페도클레스의 이론을 채용하면서 자신의 수학에 대한 선호를 반영하였다.

플라톤은 엠페도클레스의 견해를 따라 자연 세계를 구성하는 근원 물질이 넷이라는 것을 받아들이면서도 그것을 구성하는 것은 한 차원 더 근원적인 두 종류의 삼각형이라고 보았다. 평면 도형인 삼각형이 어떻게 물질을 구성할 수 있다고 생각했는지는 원자론적인 플라톤의 관념을 보면 더 명확하게 드러난다. 플라톤은 우선 4가지 원소를 4가지 정다면체에 대응시켰다. 불은 정사면체, 공기는 정팔면체, 물은 정이십면체, 흙은 정육면체였다. 이러한 대응도 임의적일 수 없다는 것이 플라톤의 생각이었다. 불은 가장 가벼운 원소이므로 면의 수가 가장 적은 다면체에 대응시키는 것이 합당하고 흙은 가장 안정한 원소이므로 가장 안정한 구조를 갖는 정육면체에 대응시키는 것이 합당하다는 식이다. 그 당시에 정다면체는 5개뿐이라는 것이 알려져 있었으므로 플라톤은 나머지 정다면체인 정십이면체는 우주 전체에 대응시켰다. 이는 12라는 숫자가 당시에 알려져 있었던 황도 12궁과 연관을 시킬 수 있었기 때문으로 보인다. 이렇게 우리 보기에 임의적인 연결이라고 생각되는 원소와 정다면체의 대응 구도는 자연이 철저한 수학적 설계를 갖는다는 피타고라스(Pythagoras, B.C. 580 – 500)학파의 생각을 플라톤이 이어받았기 때문으로 보인다. 피타고라스학파는 오늘날의 입장에서 보면 특이한 사교 집단이 었는데 집단생활을 하고 금기들을 포함한 종교적 신념을 따르는 공동체였다. 그들은 우주가 수로 이루어졌다는 믿음을 가졌는데 그 과격함 때문에 종종 핍박의 대상이 되기도 했지만 무리수의 존재를 발견하고 피타고라스 정리를 증명하는 등 수학사에 길이 남을 업적을 남겼다. 플라톤 자신은 자연의 질서의 측면을 수학적 설계가 자연에 반영된 것에서 찾고자 했기 때문에 원소에서도 수학적 질서가 반영되어 있는 것을 찾아내고자 하였다. 이러한 태도는 나중에 플로티노스(Plotinos, 204 – 269)나 마크로비우스(Ambrosius Macrobius, 400년경 활동) 등의 신플라톤주의자들에 의해 더욱 수비학적 극단으로 치닫게 된다.

플라톤은 4가지 원소에 정다면체를 대응시키는 것에 그치지 않고 그 다면체를 해체하여 더욱 기본적인 두 가지 삼각형이 4원소를 구성하게 된다는 개념까지 제시했다. 정다면체를 구성하는 면은 정삼각형이거나 정사각형이다. 그는 정삼각형을 합동인 두 개의 지가삼각형으로 나누고, 성사각형을 합동인 직각이등변삼각형으로 나누었다. 그는 이렇게 나오게 되는 두 종류의 직각삼각형이 4가지 원소들을 구성한다고 주장했다. 그러므로 원소들은 엠페도클레스가 생각한 것처럼 더 이상 나눌 수 없고 다른 것이 또 다른 것에서 나올 수 없는 것이 아니라 서로 변환이 가능한 것이 되었다. 이러한 생각은 엠페도클레스가 의도했던 '뿌리' 개념과는 전혀 다른 생각이었다. 왜냐하면 당초에 엠페도클레스는 뿌리가 더 근원적인 다른 것으로 이루어질 수 없다고 보았고 네 뿌리 사이에 전환도 불가능하다고 보았기 때문이었다. 그러나 플라톤은 원자론자들이 주장하였던 바 세상의 물질들은 더 이상 나눌 수 없는 근원적인 존재인 원자들로 이루어져 있다는 주장에 상당히 동조했던 것으로 보인다. 그러나 그 스스로가 원자론자들이 주장했던 대로 우주가 무질서하고 우연적인 산물이라는 관념은 철저히 거부하였다. 우주가 합리적 질서를 따르는 코스모스라는 플라톤의 생각은 원자론자인 데모크리토스(Democritos, B.C. 460 – 360)나 레우키포스(Leucippos, 440년경)가 주장하는 무목적적으로 이합집산하는 원자에 의해 우연적으로 형성된 우주라는 개념과는 대립되었다.

플라톤의 사상이 이후의 서양의 과학 사상에 지속적이면서도 가장 오랜 기간 영향력을 미쳤던 분야는 생물학이었다. 이른바 본질주의(essentialism)는 종의 고정성에 대한 오래된 서구인들의 사상적 뿌리가 되었다. 본질주의는 플라톤의 이데아 사상과 긴밀한 연관을 갖고 있다. 플라톤에 따르면 물질세계에 존재하는 생물도 역시 형상의 세계를 모사하여 만들어진 것이다. 가령, 개라는 동물을 생각해 보자. 우리는 세상에 존재하는 개들이 모두 다른 것을 본다. 그렇지만 개가 무엇인가라고 할 때 그 모든 개들을 개라는 범주에 넣을 수 있는 관념으로서 개가 존재한다. 그것이 바로 이상적인(idealistic) 개인 것이다. 이 개는 형상의 세계에 존재하고 우리의 이성을 통해 그것을 이해할 수 있다. 형상의 세계에는 개의 형상이 있고, 또한 늑대의 형상도 있고, 소의 형상도 있고 말의 형상도 있다. 이러한 형상들은 보편자(universals)로서 존재하는 것이고 그러한 보편자를 주형으로 하여 모사된 질료의 세계의 개별자(particulars)들은 보편자의 특징을 가지고 있지만 그 안에서 다양성을 보인다. 그러므로 우리는 그 다양성이라는 것이 워낙 크다 보니 종의 경계를 넘어도 확장될 수 있을 것이란 생각을 할 수도 있다. 가령, 늑대 중에는 개를 닮은 늑대가 있을 것이고 개 중에는 늑대를 닮은 개가 있을 것이다. 그렇다면 개를 닮은 늑대가 더 개 같을 수 있고 늑대를 닮은 개는 더 늑대 같을 수도 있을 것이다. 그러나 플라톤은 아무리 개가 늑대를 닮아도 늑대일 수는 없고 늑대가 아무리 개를 닮아도 개일 수는 없다고 보았다. 왜냐하면 개와 늑대는 서로 다른 형상을 가진 존재들이기 때문이다. 형상의 세계에 있는 개와 늑대는 확연히 구분되는 것이요 그러한 본질을 타고난 질료의 세계의 개와 늑대는 자신의 본질을 벗어던질 수는 없는 것이다. 여기에서 생물종의 경계선은 확고해지고 종을 뛰어넘은 진화란 일어날 수 없다는 종의 고정성의 개념이 확립된다. 새로운 종의 출현도 있을 수 없다. 새로운 종이 출현하려면 형상의 세계에 새로운 형상이 만들어져야 하는데 형상의 세계는 불변의 세계이므로 그런 일이 일어날 수도 없다. 멸종 또한 마찬가지로 가능하지 않다. 형상의 세계는 완전하며 불변한다라는 관념에 의해 생물 세계의 안정성은 확보되는 것이다. 이러한 본질주의를 따르는 종의 고정성의 개념은 19세기 전반기까지 서양의 생물 사상에 면면히 이어졌으니 그 개념에 대한 지지가 두고두고 얼마나 확고했는지 짐작할 수 있다.

플라톤이 생물학의 역사에 큰 영향력을 행사한 또 하나의 관념은 종의 위계성이다. 생물들이 고등하고 열등한 정도가 다르다는 것이다. 플라톤은 이성을 가진 유일한 존재인 인간은 동물 중에서 가장 고등하다고 보았다. 이런 사실은 인간의 신체에서 구에 가장 가까운 형태를 한 부분이 머리이므로 머릿속에 이성이 내재하는 것은 타당하다는 것과 긴밀하게 연관된다. 일견 논리의 비약처럼 생각되지만 입체로서는 구를, 평면도형으로서는 원을 가장 완전한 도형으로 보았던 플라톤이 우주 자체와 천체들에는 구형을 부여하고 천체의 운동에는 원운동을 부여한 것이 자연스러웠던 것처럼 가장 고등한 인간의 기능이라고 할 수 있는 이성을 구형에 근접한 머리에 둔 것은 자연스러운 귀결이었다. 이는 사람이 동물 중에서 가장 둥근 머리를 가지고 있다는 섣부른 관찰과도 부합했다. 여기에서 플라톤은 가장 중요한 기관인 머리가 신체 구조에서 땅에서 얼마나 떨어져 있는 구조를 갖느냐에 따라 동물의 위계가 정해진다는 논의를 전개했다. 두 발로 서서 허리를 꼿꼿하게 펴고 직립 보행을 하는 인간이야말로 머리가 땅에서 가장 멀리 떨어진 신체 구조를 가지고 있으므로 만물의 영장이요 동물 중 가장 고등한 존재이다. 그 아래에는 두 다리로 걷지만 허리를 완전히 곧게 펴지 못하는 유인원들이 올 것이고, 그 아래에는 곧게 펴진 네 발을 가진 짐승이 온다. 소, 말, 돼지 등이 이에 해당할 것이다. 그 아래에는 네 발을 가졌으나 발이 펴지지 않아 배를 땅에 끌고 다니는 동물이 온다. 악어, 도마뱀, 도롱뇽 등이 이 범주에 든다. 그 아래에는 다리가 없이 아예 배를 땅에 끌고 다니는 뱀과 같은 동물이 온다. 그 아래에는 물속에 사는 동물들이 온다. 물속은 답답한 곳이므로 사고의 작용이 제대로 일어날 수 없는 곳이고 그곳에서 살아가는 동물들이 지능이 낮은 것은 당연하다는 것이다. 이와 같이 동물들의 위계는 고등사고 능력을 발휘하는 이성의 작용과 긴밀한 연관을 갖고 부여되었고 그것은 매우 합리적이라는 것이 플라톤의 판단이었다. 이 모든 것이 자연 세계가 합리적 설계에 따라 지어졌다는 플라톤의 생각을 지지해 주는 구체적인 사례들이었던 것이다.

이러한 플라톤의 위계관은 이후에 신플라톤주의자들에게 이르러 존재의 대사슬(great chain of beings)이라는 개념으로 이어진다. 신플라톤주의자들은 식물과 동물을 포함해서 모든 생물, 거기에 광물과 영적인 존재들까지 모든 존재를 위계적 순서에 따라 하나의 사슬로 나열할 수 있다고 보았다. 기원후 3세기경에 시작된 신플라톤주의는 종교적인 철학 분파였고 신비주의적 성향이 농후하였기 때문에 플라톤의 사상을 더욱 신비주의적 극단으로 밀고 나아갔다. 그들은 만물은 숫자 1로부터 흘러나왔다고 보는 일자(一者) 숭배사상을 가지고 있었다. 만물은 숫자의 신비에 의해 구조화되어 있다는 신비주의적 사조였다. 플라톤이 자연에 형상의 세계의 질서가 반영되어 있고 그러한 증거를 자연물에 나타나는 수학적 질서에서 찾았던 것을 그들은 더욱 확장시켰던 것이다. 그러므로 생물 세계를 들여다보아도 거기에서 철저한 신적 질서를 발견할 수 있는데 그것은 개념적으로 모든 존재들이 신적 완전성에 따라 한 가닥의 사슬을 조금도 빈틈없이 메운다는 생각으로 이어졌다. 종과 종을 위계적 관계에 따라 수직으로 일렬로 배열할 때 이웃하는 종 사이에는 연속하는 변이의 분포가 존재하여 세상에 존재하는 모든 개체들은 모두 위계에 따라 일렬로 배열이 가능하다고 보았다. 가장 아래쪽에 열등한 존재인 광물들이 배치되고 그 위로 식물의 사슬로 이어지고 가장 고등한 식물 위에는 가장 저등한 동물이 온다. 가장 고등한 동물인 인간 위에는 영적 존재들이 있다. 이러한 존재의 사슬이 철저한 위계적 질서를 따르면서도 충만하게 차 있다고 본 점은 자연이 철저한 신의 설계의 산물이라는 주장과 연결되었다.

존재의 대사슬은 이후 서양 생물 사상가들에게 멸종의 개념을 거부하는 주된 근거가 되었다. 멸종이 일어나면 사슬에 빈틈이 생기게 되는데 이는 충만의 원리를 위배하는 것이고 신은 그러한 완전성에 결함이 일어나지 않도록 한다는 생각 때문에 결국 멸종의 증거를 가지고 나오는 것은 신을 모독하는 행위로 치부되었다. 그 때문에 혁신적인 연구자들은 학적 논쟁 이전에 교회로부터의 압박에 맞설 용기가 있어야 했다. 또한 위계적 관념은 라마르크(Jean - Baptiste Lamarck, 1744 - 1829)의 진화 개념에 영향을 주어 위계적 개념을 거부하는 다윈(Charles Darwin, 1809 - 1882)의 자연선택설이 오랫동안 학계에서 인정을 받지 못하게 만들기도 했다. 본질주의 못지않게 오랜 기간 동안 서양의 생물 사상을 지배했던 것이 플라톤의 위계론이었던 것이다.

아리스토텔레스의 철학적 방법론

그림 3 아리스토텔레스

아카데미아에서 플라톤에게 큰 영향을 받았던 아리스토텔레스는 플라톤이 죽고 실권이 그의 조카에게로 넘어가자 아테네를 떠났다. 그는 여러 지역을 여행하며 그의 탐구를 확장했다. 특히 소아시아 반도의 에게 해 연안에 있는 레스보스(Lesbos) 섬에서 머물며 생물에 대한 연구를 수행하였고 여기에서 얻은 관찰 사실들은 우주의 목적성에 대한 그의 관념의 형성에 큰 영향을 미친 것으로 보인다. 그는 긴 유람을 마치고 아테네로 돌아와서 리케이온(Lykeion)이라는 자신의 학교를 설립하였다. 이곳에서는 긴 가로수길(Peripatos)을 따라 걸으면서 철학적 논의를 진행시키곤 했기 때문에 그의 학파는 소요학파(Peripatetic School)라는 이름이 붙었다. 아리스토텔레스는 직접 자연철학에 관한 책을 저술하지는 않았지만 그의 제자들이 받아 적은 강의 노트가 정리되어 전하는데 그 분량이 플라톤의 자연철학에 비하면 매우 방대하다. 플라톤의 자연철학 저술이 선언적 특성을 보이는 반면에 아리스토텔레스의 저술들은 매우 논증적이다.

아리스토텔레스가 형상과 질료의 개념에 깊은 관심을 갖게 된 것은 플라톤의 영향이 컸다고 할 수 있다. 아리스토텔레스는 플라톤이 상정했던 대로 세계는 질서의 구현체이며 자연은 설계의 산물이라는 생각에 철저하게 동조했으며 자연의 합리적 질서를 구축하는 것을 자신의 자연철학의 임무로 삼았다. 그는 형상과 질료의 개념을 플라톤과는 다르게 사용했다. 우선 아리스토텔레스는 형상의 세계와 질료의 세계가 분리되어 있다는 플라톤의 개념을 받아들이지 않았다. 그는 사물의 본질에 속하는 형상이 따로 별도의 세계에 존재하는 것이 아니라 사물 속에 내재해 있다고 보았다. 사물의 본질은 그것의 성질이고 질료는 아무런 성질을 갖지 않는 바탕이라는 것이다. 그런데 이 둘은 개념상으로는 구분되지만 실체적으로는 분리될 수 없다고 했다. 비유하자면 우리가 더운 여름날 음식점에 들어가 팥빙수를 주문했다고 하자. 팥빙수를 달라고 해서 종업원이 그릇도 없이 팥빙수만 놓고 가지는 않을 것이다. 팥빙수를 달라는 말은 팥빙수를 그릇에 담아서 달라는 뜻이다. 우리가 말하는 팥빙수라는 요리는 항상 그릇에 담겨 있는 음식인 것이다. 비유하자면 여기에서 내용물인 팥빙수는 형상, 그릇은 질료에 해당한다. 이 둘이 합쳐져서 팥빙수라는 요리를 구성하듯이 사물은 형상과 질료를 동시에 포함한다. 이 요리에서 사실 그릇은 부수적인 것이고 본질적인 것은 그릇에 담긴 팥과 얼음이다. 사물의 실례를 들어 보자. 여기 소금이 있다. 이것이 소금인 것을 어떻게 아는가? 소금이라면 맛이 짤 것이고 색이 희고 반짝거릴 것이라고 누군가 말을 한다. 여기에서 지적한 것들은 모두 소금의 성질을 말한 것이다. 이러한 성질들이 아리스토텔레스가 말하는 형상들이다. 이러한 성질들을 모두 소금에서 제거한다고 생각해 보자. 무엇이 남겠는가? 아무런 성질도 갖지 않는 무엇인가가 남을 것이다. 그러한 것이 아리스토텔레스의 질료이다. 그러므로 이러한 질료 개념은, 물질의 개념과 거의 다를 바 없는 플라톤의 질료와는 판이하게 다르다.

아리스토텔레스가 깊이 있게 논의한 또 다른 문제는 변화의 문제이다. 자연계에서 일어나는 변화는 실재하는가 아니면 착각일 뿐인가라는 문제는 아리스토텔레스 이전부터 그리스의 철학자들에게 논란거리였다. 이 논쟁은 기원전 5세기경에 헤라클레이토스(Heracleitos, B.C. 540－480)와 파르메니데스(Parmenides, B.C. 520－440)의 논의에서 시발되었다. 헤라클레이토스가 모든 것은 변한다고 주장한 반면에 파르메니데스는 변화는 없다고 단언했다. 헤라클레이토스의 주장의 핵심은 사물이 고정된 것처럼 보이는 것조차도 끊임없이 변화하는 과정들이 서로를 상쇄시키는 효과에서 나타나는 동적 평형 상태라는 것이다. 그의 주장은 "만물은 흐른다."라는 핵심적인 언명으로 요약되었다. 또한 그는 "사람은 동일한 시냇물에 두 번 발을 담글 수 없다."는 시적인 표현을 즐겨 사용하였는데 시냇물이 계속 흐르고 있기 때문에 어제의 시냇물과 오늘의 시냇물이 같을 수는 없다는 것이다. 만물이 그러하다. 궁수가 겨냥을 위해 활을 잔뜩 당긴 경우에 활시위는 멈춰 있는 것처럼 보이지만 이 상황은 화살을 나아가게 하려는 활의 힘과 화살을 멈추어 두려고 하는 손의 힘이 서로를 상쇄시키는 상반된 변화의 균형의 상태라는 것이다. 반면에 파르메니데스는 변화처럼 보이는 것이 모두 우리의 감각에서 느끼는 허상이라는 것이다. 사물의 본질은 변화가 있을 수 없다는 것이 그의 주장이다. 그의 주장은 언어 자체에 대한 분석에서 간명하게 뒷받침된다. 세계에는 존재(being)와 비존재(nonbeing)가 있다. 존재는 있는 것을 본질로 하기 때문에 항상 있어야 존재이다. 존재가 없어질 수도 있다면 그것은 존재라 할 수 없다. 반면에 비존재는 없어야 한다. 그것은 없는 것을 본질로 하기 때문에 존재할 수 있게 된다면 더 이상 비존재라고 부를 수 없다. 진정한 변화란 없는 것이 존재하게 되는 것이고 또 있는 것이 없어지는 것이다. 가령, 초록색 사과가 익어서 붉은 사과가 되었다면 존재하던 초록색 물질이 사라지고 없었던 붉은 물질이 생긴 것이기 때문에 우리는 변화가 일어났다라고 말한다. 그러나 이것은 우리의 감각이 일으킨 착각에 불과하다는 것이 파르메니데스의 견해다. 초록색 물질이 사라진 듯 보이지만 실제로 사라질 수는 없다는 것이고 붉은 물질이 생긴 것처럼 보이지만 실제로 생길 수는 없다는 것이다. 이성을 사용해서 사물의 본질을 꿰뚫어 보면 변화란 일어날 수 없다는 것이 파르메니데스의 생각이었다. 이러한 논의는 논의의 간명함과 강력함에 의해 그 이후 여러 철학자들의 진지한 논의를 불러일으켰다.

이러한 문제에 대해서 아리스토텔레스는 존재와 비존재를 단순하게 나누지 않고 존재를 잠재적(potential) 존재와 실재적(actual) 존재로 나누어 논의를 전개하였다. 아리스토텔레스는 기본적으로 파르메니데스의 논의의 간명함과 논리적 위력을 인정하면서도 실제 세상에서 관찰되는 변화를 설명해야 할 필요성에 의해 잠재적 존재라는 개념을 들고 나왔다. 아리스토텔레스가 말하는 변화란 한마디로 '잠재성의 실재화'(actualization of potentiality)이다. 가령, 도토리를 심으면 떡갈나무가 된다. 이것이 변화가 아니라 무엇이란 말인가? 그렇다면 도토리는 어디로 가고 떡갈나무는 어디에서 생겼는가? 이에 대하여 아리스토텔레스는 도토리 잠재적 존재, 떡갈나무는 실재적 존재라고 부른다. 잠재적 존재란 아직 실재는 아니지만 잠재성을 가지고 있기 때문에 잠재성이 실재화하는 과정을 거치면 실재적 존재가 될 수 있다. 이러한 과정은 비존재가 존재가 되는 과정은 아니기 때문에 파르메니데스의 논박을 피할 수 있다. 씨가 싹이 터서 나무가 되는 과정은 없던 것이 생기는 과정이 아니라 잠재적으로 존재했던 것이 실재화되는 과정이므로 무에서 유로 가는 과정은 아닌 것이다.

아리스토텔레스는 잠재성의 실재화를 자연의 모든 변화의 동인으로 보았기 때문에 단순한 질의 변화를 뛰어넘어, 위치의 변화와 특성의 변화까지(가령, 속도의 변화) 이러한 방식으로 설명하려고 하였다. 이러한 잠재성의 실재화의 경향은 자연이 가진 본성이며 본성을 실현하려는 자연의 경향이 변화를 일으키는 원동력이라고 보았다. 그러므로 아리스토텔레스는 이러한 자연의 경향을 이해하는 것이 자연철학이 수행해야 할 중요한 임무 중 하나라고 보았다. 그리하여 아리스토텔레스는 자연철학자가 설명해야 하는 네 가지 인자를 제시하였는데 그것이 4원인이다. 네 가지 원인은 형상인, 질료인, 운동인, 목적인이다. 이때 원인이라는 개념은 오늘날의 '원인'이라는 말의 개념과는 사뭇 다르다. 아리스토텔레스가 제시한 네 가지 원인 중에서 오늘날의 원인 개념에 부합하는 것은 운동인뿐이다. 자연이 어떠한 변화를 일으키거나 본성에 따라 움직이는 일이 벌어지는 것은 이 네 가지 원인에 의해 일어난다. 이것은 마치 사람이 어떤 목적을 가지고 일을 하는 것과 같다. 가령, 어떤 도시에서 동상을 만들려고 한다. 동상을 만들

그림 4 아리스토텔레스의 4원인의 비유

기 위해서는 먼저 설계가 있어야 한다. 형상인은 설계 또는 설계도에 해당한다. 이는 어떠한 모양으로 대상을 만들지를 지정해 주는 아이디어와 같다. 그 다음에는 동상을 어떤 재료로 만들지를 정해야 한다. 청동으로 만들지 대리석으로 만들지 결정

해야 한다. 질료인은 사물을 구성하는 재료적 특성을 지칭한다. 그 다음에 동상이 만들어지려면 장인의 작업 또는 노력이 필요하다. 운동인은 작인(作因)으로서 사물이 존재하게 하는 직접적인 원인에 해당한다. 마지막으로 동상을 만들 때에는, 이것이 가장 중요하다고 볼 수도 있는데, 왜 동상을 세우고자 하는지 목적이 있어야 한다. 이것이 사물이 존재하게 하는 근본적인 이유 또는 원인이라고 볼 수 있는데 이런 점에서 목적인은 자연 만물이 존재하거나 변화하는 목적을 말한다.

이런 구도에서 아리스토텔레스가 자연물을 바라보는 관점이 현대인의 관점과 근본적 차이가 있음을 확인할 수 있다. 현대 과학의 관점에서는 자연이 우연적으로 존재하고 변해 간다고 보는 반면에 아리스토텔레스는 모든 자연의 존재나 변화는 목적에 의해 이루어진다고 본다. 자연의 존재부터 변화까지 우연적으로 되는 것은 하나도 없다. 모든 일이 어떠한 필연성에 의해 일어나는 것이다. 그러므로 자연을 탐구한다는 것은 그러한 필연성에 대한 탐구이며 인간이 그 필연성을 알아낼 수 있는 이유는 인간이 이성적 존재이기 때문이다. 그러나 아리스토텔레스는 이러한 필연성이 자연 자체에 내재한다고 보았다. 그것이 어떤 신의 설계에 의해서 임의로 부여된 것도 아니며 자연 자체가 가지고 있는 본성에 따라 그렇게 설계되어 있다는 것이다. 그러므로 우주는 영원 전부터 말 그대로 존재해 왔으며 파르메니데스가 말한 대로 존재이므로 무에서 나온 것이 아니며 무로 돌아갈 것도 아니고 항상 존재할 영원성을 갖는 것이라고 보았다. 이러한 생각은 나중에 기독교적 관념과 합치되는 측면과 갈등하는 측면을 가지고 있음이 드러난다.

아리스토텔레스의 자연

이제 구체적으로 아리스토텔레스의 자연철학의 내용을 살펴

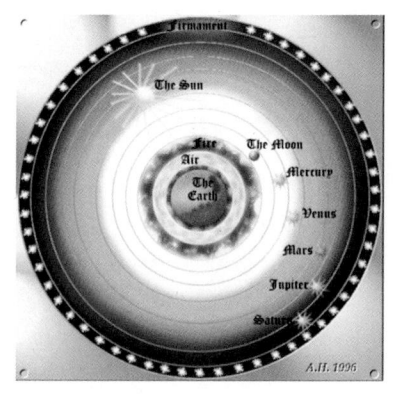

그림 5 아리스토텔레스의 우주

보기로 하자. 아리스토텔레스는 물체의 운동을 기술함에 있어서 자연물의 본성을 따라 일어나는 변화가 있는가 하면 이러한 본성을 거스르고 일어나는 강제된 변화가 있다고 보았다. 아리스토텔레스는 전자를 자연 운동, 후자를 강제 운동이라고 구분하였다. 가령, 무거운 물체는 땅으로 떨어진다. 이는 매우 자연스러운 운동이다. 이것이 왜 자연스러운 운동인지 이해하려면 아리스토텔레스의 물질 이론을 알아야 한다. 또 아리스토텔레스의 물질 이론을 이야기하려면 지상계와 천상계의 구분을 먼저 이야기해야 한다. 이렇게 아리스토텔레스의 자연철학은 서로 긴밀하게 얽혀 있는 정합적 구조를 가지고 있다. 그 자체가 일관된 통합적 체계라고 할 수 있다. 플라톤의 자연철학에서는 이러한 구조적 연결성은 결여되어 있고 자연의 질서 또는 수학적 질서라는 구도 안에서 기존의 이론들을 재해석하려는 경향을 보이는 정도이다.

아리스토텔레스는 플라톤처럼 우주의 중심에 둥근 지구를 두고 가장 바깥쪽에 지구를 중심으로 회전하는 항성 천구를 두었다. 이렇게 유한한 크기를 갖는 우주가 아리스토텔레스의 우주인데 이 우주는 달을 경계로 하여 두 구획으로 나누어진다. 곧 지상계와 천상계이다. 달보다 아래쪽이 지상계이고 달을 포함하여 그 위쪽이 천상계이다. 지상계를 구성하는 원소가 4원소로 불, 공기, 물, 흙을 지칭한다. 천상계를 구성하는 원소는 4원소와는 공통점이 전혀 없는 제5원소 곧 에테르(aither)로 이루어져 있다. 이렇게 두 세계를 구성하는 원소가 근본적으로 다른 이유는 지상계가 천박하고 끊임없이 변하는 저급한 세계인 반면, 천상계는 고상하고 변하지 않는 신성한 세계이기 때문이다. 이렇게 성격이 다른 이원화된 우주 구조가 플라톤의 형상 대 질료 이원론적 대립 구도를 대신하고 있는 것이 아리스토텔레스의 자연철학의 특징이다. 이렇게 근본적으로 다른 성격을 갖는 세계이기 때문에 구성 원소 자체가 다른 것이다. 지상계를 구성하는 네 가지 원소는 역시 저급하기 때문에 고정되어 있지 않고 계속 서로 다른 원소로 변화한다. 이러한 변화의 원리는 형상과 질료에 대한 아리스토텔레스의 개념에 의거한다. 질료는 변하지 않더라도 형상 곧 물질의 특성이 변하면 전혀 다른 원소가 될 수 있다. 네 가지 원소를 특징짓는 근본적인 습성은 두 가지 대립쌍이다. 뜨거움과 차가움, 축축함과 건조함이 그것이다. 네 가지 원소는 이 대립쌍 중에서 각각 하나씩만을 가지고 있는 물질들이다. 불은 뜨겁고 건조하고, 공기는 뜨겁고 축축하다. 물은 차갑고 축축하며, 흙은 차갑고 건조하다. 이러한 성질의 부여는 일

견 타당해 보이기도 하지만 실은 억지스럽다. 이렇게 네 가지 원소를 특징짓는 성질 중에서 하나만이라도 바뀌게 되면 원소는 다른 원소로 바뀐다. 가령, 물의 축축함이 건조함으로 바뀌게 되면, 물은 더 이상 차갑고 축축한 원소일 수 없고 차갑고 건조한 원소, 즉 흙이 된다. 물의 차가움과 축축함이 동시에 모두 그 대립쌍

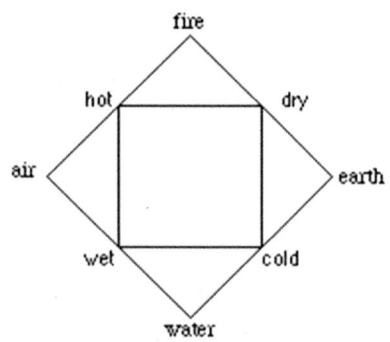

그림 6 아리스토텔레스의 4원소

으로 바뀌면 뜨겁고 건조한 불이 된다. 이런 방식으로 성질이 변환되면 결과적으로 물질이 바뀐다는 원리는 나중에 연금술사들의 물질 이론으로 활용된다. 그들이 하잘것없는 물질들을 변화시켜서 금으로 만들 수 있다고 믿었던 것은 이와 같이 물질의 성질을 변환시키는 일만 하면 물질이 바뀔 수 있다는 발상에서 나온 것이다. 그런 점에서 아리스토텔레스의 4원소는 엠페도클레스의 불변하는 뿌리가 아니다.

아리스토텔레스는 4원소에 무거움과 가벼움이라는 대립되는 성질을 더불어 부여하였는데 무거움에도 종류가 있고 가벼움에도 종류가 있었다. 또한 가벼움은 무거움의 결여가 아니었다. 가벼움 자체가 물질에 내재하는 본성이었던 것이다. 가장 무거운 원소는 흙이었고, 조금 무거운 원소는 물이었다. 조금 가벼운 원소는 공기였고 가장 가벼운 원소는 불이었다. 이와 같은 경중의 구분에 따라 네 원소는 지상계에서 자신의 본래의 자리를 부여받는다. 우주의 가장 밑바닥 더 이상 가라앉으려 해도 가라앉을 수 없는 가장 밑바닥에 흙의 자리가 있다. 흙이 모인 덩어리가 우주의 중심에 있고 그 위에는 조금 무거운 물의 층이 온다. 그 위에는 조금 가벼운 공기의 층이 오고 그 위에는 가장 가벼운 불의 층이 있다. 이것이 우리의 경험과 상당 부분 일치하는 것임을 독자는 알 것이다. 지구의 중심은 암석권, 그 위에 수권, 그 위에 대기권이 있다. 다만 가장 위에 불의 층이 있는 것은 당시로서 확인이 되지 않는 사항이었지만 불을 켜면 모든 불이 공기 중에서 위로 향하는 것으로부터 불의 자리가 공기층의 위부터 달 바로 밑까지라고 말할 수 있었다. 그러므로 운석이 불이 붙는 이유도 이런 이유라고 설명할 수 있었고 혜성조차도 불의 층에서 일어나는 현상이라고 설명할 수 있었다.

앞서 말했듯이 본유의 원소의 고유의 자리가 있기 때문에 물질들이 본유의 자리에서 강제된 힘에 의해 멀어지게 되면 자연은 본성에 따라 본래의 자리로 돌아가려는 경향을 갖게 된다. 무거운 물체가 모두 흙으로 이루어져 있는 것은 아니지만 주로 흙으로 이루어져 있기 때문에 흙의 본성을 따라 우주의 중심으로 향하는 운동을 하며 물속에 넣은 공기는 공기의 본래의 자리를 찾아서 물 위로 떠오른다. 이러한 운동들은 모두 수직 방향으로 일어난다. 그러므로 지상계에서 자연 운동은 수직 상승이나 하강 운동이다. 반면에 강제된 운동이 일어나기도 한다. 자연의 경향을 거슬러서 물체들을 자연의 자리에서 이탈시키는 힘이 작용할 때 물체가 운동하는 것이다. 아리스토텔레스의 운동 이론에서 모든 운동은 반드시 원인이 있어야 일어난다. 그러므로 그 원인이 본성이 되었든 외재하는 강제력이든 힘이 작용하는 동안에 운동이 일어나게 된다. 그러므로 수직 상승과 하강이 아닌 지상계의 운동은 모두 강제력에 의해 일어난다고 보아야 한다.

반면에 천상계에서는 제5원소의 완전성 때문에 원운동만이 일어난다. 플라톤이 그랬던 것처럼 아리스토텔레스도 원과 구를 완전한 도형으로 보았고 하늘의 천체들은 제5원소로 구성되어 있기 때문에 완전한 구형이고 완전한 도형인 원을 그리면서 운동한다. 행성들의 운동은 좀 더 복잡하다는 것이 알려져 있었는데 이를 설명하기 위해 아리스토텔레스는 플라톤처럼 동심천구설을 채용하였다. 행성들이 붙어 있는 수정체의 천구도 완전한 구였는데 흠이 없고 투명하기 때문에 우리의 눈에는 관측되지 않는다고 했다. 천상계에서는 이러한 위치의 변화 이외에는 다른 변화가 일어날 수가 없다. 그러므로 혜성이나 유성과 같이 밝기가 변하는 천체는 실제로는 달보다 아래쪽에 있는 것이라고 보았고 이러한 현상은 『기상학』이라는 그의 저서에서 다루어졌다(기상학이라는 영어 단어 meteorology는 운석meteor이라는 말에서 나왔다). 이와 같이 자연 운동에 있어서도 지상계와 천상계는 직선의 천박성과 원의 완전성으로 대조되는 운동을 한다는 것이 아리스토텔레스의 설명이다.

생명 현상에 대한 아리스토텔레스의 관념은 그의 목적론적 관념과 가장 잘 부합한다. 아리스토텔레스가 관찰하고 다른 정보원들과의 인터뷰를 통해서 알게 된 사실들은 생물들이 자신의 생존에 적합한 신체 구조를 지니고 있다는 점이었다. 가령, 물고기의 지느러미와 아가미 구조는 물속에서 헤엄치고 호흡하며 살아가기에 알맞은 구조를 갖추고 있고 사람의 손은 물건을 쥐기에 적합한 구조로 되어 있다. 이렇게 신체 구조는 그 신체 기관의 기능과 긴밀하게 연결되어 있음을 아리스토텔레스는 확인할 수 있었는데 이는 자연 자체가 철저한 설계의 산물임을 드러내는 증거로 여겨졌다(오늘날 우리는 이러한 일치를 진화론에 의해 설명한다). 아리스토텔레스는 생물의 기능을 설명하기 위해서 '영혼'의 개념을 들고 나왔는데 생물은 그 기능의 수위에 따라 여러 종류의 영혼을 소유한 것으로 간주되었다. 가령, 식물은 성장과 생식의 기능을 가지고 있으므로 각각 성장의 영혼과 생식의 영혼을 가지지만 운동의 기능은 없기 때문에 운동의 영혼은 갖지 않는 것으로 여겨졌다. 동물은 앞서 식물이 가진 영혼에 추가하여 운동의 영혼을 가지며 인간은 그것에 추가하여 이성의 영혼까지 가진 존재이다. 여기에서 우리는 아리스토텔레스에게도 플라톤이 그랬던 것처럼 위계적 생물관이 그대로 이어지고 있음을 확인할 수 있다. 그의 입장에서 생물의 기관 중에서 목적이 없이 존재하는 것은 없었는데 이를 확대시켜 우주의 모든 만물들이 그러한 목적을 부여받고 목적을 이루기 위해서 움직여 간다는 관념을 만들었기 때문에 우리는 아리스토텔레스의 우주관을 유기체적 우주관이라고 부른다. 이러한 관념은 근대에 등장하게 될 기계적 우주관과는 대조되는 관념상의 차이가 분명한 부분이라고 하겠다.

이상에서 논의된 것과 같이 아리스토텔레스의 자연철학은 오늘날의 과학과 자연을 대상으로 하는 지적 추구에 있어서 추구하는 방향이나 강조점이 전혀 달랐다. 아리스토텔레스는 엄밀히 말해서 과학을 한 것이 아니었다. 과학을 어떻게 정의하느냐에 따라 달라지겠지만 "자연에 대한 체계가 잡히고 질서 정연한 이해, 설명, 기술(記述)"이라는 정의를 따를 때에는 그의 활동을 과학이라고 볼 수는 있다. 그렇지만 우리가 보다 통상적으로 널리 사용하는 과학에 대한 협의의 정의에 따르면, 앞서 제시된 정의에 방법적인 제한이 더욱 가해지게 된다. 즉 논리적 추론 과정을 거쳐 이끌어 낸 자연에 관한 명제를 관찰과 실험을 통해서 검증해 가는 탐구 활동을 과학으로 지칭한다고 할 때 아리스토텔레스의 탐구 방법은 전혀 과학적이지 않다. 그의 논의는 보다 철학적인 것에 치중되었으며 자연의 실제 양상에 대한 철저한 검토보다는 논리적 정합성에 따라 자신의 전체 철학 구도와 부합하는 이론의 구축에 관심이 있었다. 그러므로 어느 정도는 관찰 정보에 관심을 드러냈지만 그러한 관찰 사실이 자신의 전체 철학적 구조와 부합하지 않을 경우에는 과감하게 무시하는 태도를 취하였다. 이런 측면이 행성의 복잡한 운동의 기술이나 던져진 물체가 그리는 곡선 운동에 대한 기술 등의 문제에서 전형적으로 드러난다. 오늘날의 과학적 관점에서는 전혀 용인될 수 없는 그러한 문제점이 있음에도 불구하고 이러한 문제는 얼마든지 임기응변적인 보조 가설의 도입을 통해서 해결될 수 있는 것으로 여겨졌다.

그럼에도 불구하고 독자들은 플라톤의 논의와 비교해 볼 때 아리스토텔레스의 논의의 정교함과 정합성을 쉽게 알아볼 수 있었을 것이다. 아리스토텔레스의 이전과 당시, 심지어 그 이후 거의 2000여 년간 그와 같은 정교한 이론적 구조를 구축할 사람이 아무도 없었다고 한다면 그의 위대한 이론의 천재성을 충분히 표현할 수 있을까? 혹자는 아리스토텔레스가 있었기 때문에 다른 이론이 나올 수 있는 여건이 마련되지 않았다고 말할지 모른다. 그렇다면 아리스토텔레스의 영향을 적게 받은 다른 문명권에서는 어떠했는가? 경험적 사실과 일치 정도와 논리적 완결성을 기준으로 평가했을 때 아리스토텔레스의 이론에 버금가거나 능가하는 자연 현상 전반에 대한 이론적 구도는 1600년까지 등장하지 않았다. 그런 점에서 아리스토텔레스의 자연철학은 이후 서양 세계에서 과학적 논의의 발전을 위한 토대가 되었고 이에 따라 근대적인 과학에서 문제로 삼게 된 문제들에 대한 심층적인 논의가 가능해졌다고 판단할 수 있다. 그런 점에서 근대 과학은 아리스토텔레스에도 불구하고 일어났다고 볼 것이 아니라 아리스토텔레스가 있었기 때문에 일어났다고 보아야 할 것이다.

2

수학화한 우주의 구축: 프톨레마이오스

　　현대의 과학은 수학을 가장 중요한 도구로 간주한다. 물리학과 천문학은 말할 나위도 없고 화학, 기상학, 해양학, 지질학에서도 수학의 방법은 핵심적인 역할을 하고 있고 심지어 생물학에서도 통계학과 같은 방법이 중요한 수단이 된 지 오래다. 17세기 근대 과학혁명기를 거치면서 전통적인 수학적 분야들은 자연을 기술하는 방식에 있어서 큰 진보를 이루어 내었고 자연이 수학적 질서를 가지고 있다는 관념을 확고하게 만들었다. 그 이후에 천체, 조수, 진동, 소리, 전기, 자기 등의 분야에서 수학은 현상을 기술하는 믿을 만한 수단으로 확고한 지위를 확보했다. 이러한 성공에 힘입어 다른 과학 분야들도 수학화를 달성하기 위한 부단한 노력을 통해 수학과 과학의 긴밀한 연결이 계속 강화되고 있다. 탄도 미사일의 정확성과 달 착륙과 같은 엄밀 과학(exact science)의 기술적 성공은 수학화한 역학의 도움 없이는 이루어질 수 없었고 이러한 성공은 정밀 관측기구의 발전과 맞물려 앞으로 더욱 많은 분야로 확장될 것이다.

　　그러나 처음부터 수학이 자연을 알아 가는 일에 핵심적인 역할을 한다는 생각이 받아들여진 것은 아니었다. 아리스토텔레스의 자연철학에서는 수학적인 요소를 거의 찾아보기 어렵다. 천상계의 운동을 설명하는 과정에서 천체의 운동에 대한 정성적인 설명 방식만이 제시되었을 뿐이지 그것을 정밀한 관측치와 일치시키려는 엄밀한 시도는 보이지 않는다. 역학적 논의에서도 원인과 결과에 대한 사색은 있어도 힘과 운동 속도에 관련한 초보적인 논의를 제외하면 수학의 사용된 사례는 거의 볼 수 없다. 아리스토텔레스의 자연철학에서 수학은 철학의 목적을 달성하기 위해 별로 필요하지 않은 것으로 간주되었다. 반면에 플라톤의 경우에는 좀 더 수학과의 관계가 긴밀했다. 이는 플라톤의 경우에 피타고라스학파의 전통에 닿아 있었고 피타고라스학파야말로 서양 과학에서 수학적 전통을 시작하였다고 말할 수 있기 때문이다.

피타고라스학파의 수학적 세계관

피타고라스학파는 기원전 6세기경에 이탈리아 남부에 근거지를 두고 활동하였다. 피타고라스라는 창시자가 실존 인물인가에 대하서도 논란이 있지만 이 학파는 자연이 수로 이루어져 있다는 믿음을 기초로 하여 수를 통하여 자연의 신비를 밝히려고 하는 노력을 하였다. 집단생활과 금기 조항들로 인하여 이교적이고 폐쇄적인 집단으로 지목받아 핍박을 받게 되었고 그들의 활동에 대한 기록조차 거의 대부분 소실되었다. 이 학파의 금기 조항 중에는 특이한 것이 많았는데 콩을 신성시하여 먹지 않는 것이 대표적이었다. 이들이 콩을 신성시한 이유는 만물의 근원인 수 중에서도 으뜸이 숫자 1이었는데 숫자 1은 곧 도형으로는 점에 해당했고 점의 실체적 가현은 콩이라고 생각했기 때문이었다. 전설에 따르면 피타고라스가 핍박을 당해 군사에게 쫓기다가 콩밭을 만나자 콩을 밟을 수 없어 콩밭을 돌아서 피해 가다가 칼에 맞았다고 한다. 이 이야기의 진위를 떠나서 이러한 맹신적인 믿음에 대한 조소가 이 학파에 대한 당대인들의 반감을 표현해 주는 하나의 방식임은 분명하다.

그들은 만물이 수로 이루어져 있기 때문에 자연 속에는 수적 신비가 내재되어 있고 이러한 신비를 밝혀내는 것이 그들의 임무라고 생각했다. 피타고라스학파의 노력이 확실한 성과를 낸 분야는 화성학(harmonics)이었다. 피타고라스는 일정한 장력을 갖는 같은 재질의 두 현의 길이가 간단한 정수비를 이룰 때 진동하는 두 현에서 나오는 소리는 협화음을 이루고 현의 길이의 비가 간단한 정수비를 이루지 않을 때에는 불협화음을 이루는 것을 발견했다. 이로부터 피타고라스는 화성(harmony)에 대한 과학적 이해의 초석을 놓게 되었다. 또한 피타고라스가 품었던 신념, 즉 화성을 통해서 우주의 수학적 조화와 질서를 이해할 수 있다는 믿음은 더욱 확고해졌다. 피타고라스학파는 이러한 수적 조화의 관계를 천체의 운동으로 확장하였고 그에 따라 행성들의 나름대로의 운동을 그 주기의 독특성의 비교로부터 천상의 음악을 연주하는 것으로 간주하였다. 플라톤은 피타고라스학파의 신념을 적극적으로 채용하여 자연을 수학적으로 기술하려는 노력을 경주하였고 그러한 태도는 신플라톤주의자들에게 더욱 숫자 신비주의적 지향을 드러내는 방향으로 확장되었다. 그렇지만 이러한 자연의 수학적 질서에 대한 믿음은 아리스토텔레스의 자연철학에서는 배격되었고 논리적 비약에 근거한 허황된 믿음으로 치부되었다. 이로써 자연의 수학적 질서에 대한 믿음은 더 깊이 있는 논의로 발전하지 못했고 16세기에 신플라톤주의의 부활과 더불어 신비주의 사조의 유행의 일환으로 폭넓게 근대 과학의 형성에 영향을 미치기까지 오랜 시간을 기다려야 했다.

고대 천문학의 발전

그리스의 수학은 그리스의 자연철학과는 상당히 다른 목적에서 실용적 가치를 인정받았다. 그것은 별의 움직임으로부터 규칙성을 찾아내려는 노력이었고 이러한 노력은 점성술과 연관되어 있었다. 천문학과 점성술의 구분은 당시로서는 모호했다. 별에 대한 연구라고 하는 것이 고대 메소포타미아 지역에서 일찍부터 발달하였는데 이 지역에서 별에 대한 연구는 점성술과 더불어 달력 제작의 필요성 때문에 추구되었다. 같은 시기에 이집트에서도 달력 제작의 필요성에 의한 천문 연구가 이루어졌는데 이 지역의 연구는 메소포타미아 지역에 비해 그 치밀성이나 지속성에서 많이 떨어졌다. 결국 메소포타미아 지역의 바빌로니아 (Babylonia)인들은 누적된 데이터를 바탕으로 일식과 월식의 예측까지 가능해졌다. 국가나 왕조의 운명을 점치고 풍흉(豊凶)을 점치는 목적에서 별을 관찰하는 일은 국가에서 관리를 두고 수행할 가치가 있는 일로 여겨졌다. 기원전 539년에 바빌로니아의 천문학자들은 360도를 30도씩 끊어서 하늘을 열두 별자리로 나누고 황도 12궁의 기초를 놓았다. 페르시아(Persia)인들은 실용적인 현실주의자들이었으므로 바빌로니아인들의 많은 추측들을 더 과학적인 관찰로 바꾸었고 기원전 300년부터 칼데아 표 (Chaldean Tables)가 개발되어 사용되었다.

이러한 메소포타미아 천문학의 전통과는 별도로 그리스 천문학은 나름대로의 발전 과정을 거쳤다. 메소포타미아의 천문학이 정밀하고 지속적인 천문 데이터의 확보에 관심이 있었던 것과는 대조적으로 그리스의 천문학은 천문 관측 결과와 부합하는 우주의 기하학적 모형을 만드는 데에 치중했다. 똑같이 별의 운동을 이해하려는 노력이더라도 단순한 산술적 취급에 의해 데이터를 다루려는 것과 기하학적 접근법을 쓰려는 것은 전혀 다른 결과를 내었다. 에우독소스와 같은 천문학자는 행성의 운동의 기술과 잘 들어맞는 행성 운동 모형으로 동심천구설을 주창하였고 칼리포스(Callippos, B.C. c. 370 - 300)는 이를 개선하였고 그의 이론은 아리스토텔레스에 의해 채용되었다. 그리스의 천문학의 경우에 우주 모형의 구축 노력과 더불어 정확한 달력을 만들려는 노력도 함께 이루어졌는데 이는 정확한 1년의 길이를 재는 일과 관련이 깊었다. 칼리포스가 제시하였던 1년의 길이는 365.25일로서 4년에 한 번씩 1년의 길이가 366일이 되는 체계였다.

그리스 천문학은 헬레니즘(Hellenism) 시대를 맞이하면서 그 성격이 크게 변모하게 된다. 알렉산드로스(Alexandros, B.C. 356 - 323) 대왕은 기원전 4세기 후반에 동방원정을 통하여 마케도니아에서 인도에까지 이르는 대제국을 건설하였는데 그의 제국은 그렇게 오래 지속되지 못하였지만 그의 제국이 분열된 이후에도 그리스 문화가 동방으로 전해져서 형성된 국제적인 문화인 헬레니즘이 새로운 학문적 전통을 수립하였다. 기원전 331년에 알렉산드로스는 그의 제국을 오고가는 재화의 흐름을 장악하기에 가장 편리한 지점에 한 도시를 건설하기로 결심했다. 그 도시는 동쪽과 서쪽을 바라보는 두 개의 자연적인 항구가 있어서 바람이 어느 쪽으로 불든 상륙이 가능한 장소에 건설되었다. 곧 나일 강 하구의 알렉산드리아(Alexandria)는 세계 최대의 무역 중심지가 되었다. 알렉산드리아는 이후 헬레니즘 문명에서 아테네를 뒤이어 학문의 중심지로서 역할을 톡톡히 감당하였다. 제국이 분열된 이후에는 이집트의 중심 도시로서 프톨레마이오스(Ptolemaios) 왕조의 지배하에서 번창하였다. 프톨레마이오스 1세는 알렉산드리아에 무세이온(Museion)과 도서관을 설립하여 학문의 중흥을 꾀하였다. 무세이온은 그 명칭에서 드러나듯이 뮤즈(Muse)의 신전의 역할을 겸하였고 여러 강당에서 정기적인 강의가 각처에서 온 유명한 학자들에 의해 이루어졌다. 도서관에는 기원전 235년경의 기록으로는 50만 권의 장서가 있었고 율리우스 카이사르(Julius Caesar)는 그 수를 70만으로 늘렸다. 무세이온에서 가르친 과목은 당시 학문의 전 분야를 아울렀는데 그중에 수학, 기하학, 천문학, 철학, 의학, 점성술, 신학, 지리학이 있었다.

127년에서 151년 사이에 알렉산드리아에서 활동한 가장 뛰어난 학자 중 하나는 프톨레마이오스 (Claudios Ptolemaios)였다. 그는 『수학의 체계』(*Mathematike Syntaxis*)라는 13부로 이루어진 저작을 집필하였는데 이 책은 이후에 아랍인들에 의해 『알마게스트』(*Almagest*, 가장 위대한 책이라는 의미)로 알려졌다. 이 책은 그 당시에 천문학에 대해 알려진 모든 것을 망라해 놓았고 16세기까지 서양 세계에서 가장 권위 있는 천문 체계로 널리 받아들여졌다. 이러한 프톨레

그림 7 프톨레마이오스

마이오스의 체계는 지구중심설의 결정판이었기에 근본적으로 틀린 이론이었음에도 불구하고 어떻게 그렇게 오랜 기간 동안 널리 지지받을 수 있었는지가 의문이 들 수 있다. 이를 이해하기 위해서는 프톨레마이오스 체계의 핵심적인 내용과 17세기에 이르러 이를 대체하게 될 코페르니쿠스 체계를 비교하여야 한다.

프톨레마이오스 천문학

프톨레마이오스의 천문학은 헬레니즘 시대의 과학의 특징을 그대로 반영했다. 그의 천문학은 그리스의 전통을 계승하면서도 동시에 메소포타미아 전통을 융화시켰다. 이미 이 두 전통의 융합은 프톨레마이오스 이전 세대 천문학자들에 의해 이루어졌다. 메소포타미아의 관측 천문학의 정밀한 데이터와 그리스의 우주의 기하학적 모형을 융화시키려는 시도는 이전의 에우독소스와 칼리포스의 동심천구설로는 당시에 알려진 행성 관찰 데이터를 설명할 수 없다는 분명한 의식에서 출발하였다. 이러한 의식에

그림 8 히파르코스의 별자리가 새겨진 천구를
들고 있는 아틀라스 상

서 여전히 지구를 중심으로 한 원
궤도에서 행성의 운동을 서술하려
는 노력이 페르가(Perga)의 아폴로
니오스(Apollonios, B.C. 262? -
200?)에 의해 이루어졌다. 기원전
3세기에 활동한 아폴로니우스는
이전 그리스 천문학자들의 행성
모형의 문제점을 잘 직시하고 있
었기 때문에 이런 문제들을 해결
할 수 있는 방안으로 주전원(epicycle)과 이심원(eccentric) 체계와
등각속도점(equant point) 체계를 고안해 냈다. 기원전 2세기에
활동한 히파르코스(Hipparchos, B.C. 190? - 125?)는 로도스(Rhodos) 섬
에서 광범위한 천문 관측을 수행하였다. 그는 삼각측량법을 이
용하여 850개의 별이 들어 있는 항성 목록을 작성하였고 태양
의 세차 운동을 관측하여 1년의 길이를 정밀하게 측정하였다.
이때 태양의 세차 운동은 사실상 지구가 태양 주위를 공전하면
서 자전축이 공전면에 대하여 요동하는 현상인데 당시에는 지구
가 고정되어 있고 태양이 지구 주위를 돈다고 생각했기 때문에
세차 운동은 태양의 운동에서 발생하는 것으로 여겨졌다. 또한
그는 달의 운동을 정밀하게 관측하고 그 운동이 단순한 원운동
으로 해석할 수 없음을 인식하고 거기에 주전원을 적용하였다.
이러한 노력으로 그는 메소포타미아의 천문학과 그리스의 천문
학을 융화시켜 헬레니즘 천문학의 기초를 놓았다. 이러한 히파
르코스의 이론을 더욱 확장한 인물이 프톨레마이오스였다.

프톨레마이오스는 히파르코스에게서 천체의 위치를 정밀하게
측정할 수 있는 방법을 이어받았다. 위치의 각도를 정확하게 측
정하기 위해서는 천문 기구가 필요했다. 그는 아스트롤라베
(astrolabe)를 사용하였다. 그는 이 기구의 사용법에 대해서도 그
의 책에서 자세하게 서술하였다. 프톨레마이오스는 그의 체계의

일부로서 천문표(Star Table)를 작성했는데 거기에는 1022개의 별과 그 별들을 알렉산드리아에서 보았을 때 하늘에서의 위치가 기록되었다. 아스트롤라베는 이후 1000년 동안 관측자들의 기본 도구가 되었다. 널리 알려진 아스트롤라베는 평면식이지만 프톨레마이오스의 아스트롤라베는 3차원으로 고리들을 배열하여 행성의 운동 궤도를 재현해 주고 그 고리 상에 구멍을 뚫어 실제로 별을 관찰할 수 있도록 만들어 준 형태였다. 이 기구는 관측 기구이면서 동시에 천상의 별과 행성을 재현해 주어 행성의 위치를 찾아내고 더 나아가서 관찰자의 위치를 천문표의 도움을 얻어 찾아내는 용도로 사용되었을 것이다. 프톨레마이오스의 천문표가 상업 도시인 알렉산드리아의 항해자들에게는 상당히 요긴했을 법하지만 어느 정도로 선원들이 프톨레마이오스 생존 기간이나 그 이전에 천문 데이터를 이용했는지에 관해서는 남아 있는 증거가 없다.

프톨레마이오스의 체계 내에서 통합된 천문학 체계의 목표는 원의 조합에 의해서 당시의 행성에 관한 천문 관측 데이터를 설명하자는 것이다. 이를 가리켜 '현상을 구제한다'(save the phenomenon)고 한다. 현상을 구제하는 노력은 실제 그러한 현상이 어떠한 원인이나 메커니즘에 의해 일어나는가에 대한 이해 없이 나타나 있는 현상만을 설명하기 위해서 여러 가지 방법을 동원하는 것을 말한다. 나타난 천문 현상을 정확하게 기술하기 위해서 프톨레마이오스가 기본적인 전제로 사용한 것은 천체의 운동은 원운동의 조합에 의해 설명해야 한다는 것이었다. 이러한 가정 자체가 다분히 그리스적 관념을 반영하고 있다고 볼 수 있다. 플라톤과 아리스토텔레스에서 정점을 이룬 개념들, 즉 원을 이상적 도형으로 보는 관점과 천상계의 천체는 완전하다는 생각이 합쳐져서 원운동의 조합에 의해서 현상을 구제해야 한다는 조건에 따라 복잡한 체계를 구축하기 시작한 것이다. 프톨레마이오스의 체계의 실체는 오늘날 우리의 기하학적 지식으로 따라가기에 버거울 정도의 복잡성을 가지고 있다. 그 체계를 가장 단순화시켜서 핵심적인 개념만을 소개하도록 하겠다.

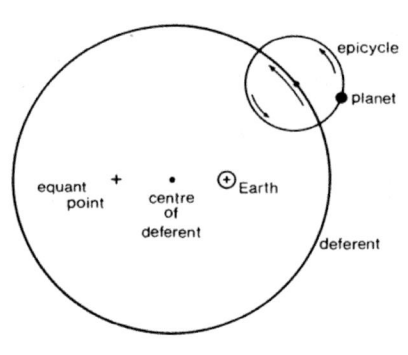

그림 9 주전원, 이심원, 대심 체계

우선 주전원이란 행성의 역행 운동을 설명하기 위해 고안된 것이다. 실제 행성이 그리는 복잡한 운동은 밤하늘에서는 황도 근처에서 행성들이 동쪽과 서쪽으로 앞서거나 뒤지는 형태로 나타난다. 이러한 행성의 운동을 정확하게 기술하기 위한 수학적 도구를 프톨레마이오스가 가시고 있었다. 행성이 단순하게 지구 주위를 등속 원운동한다면 행성은 항성 천구와의 각속도를 비교하여 항성 천구보다 빠른 각속도로 회전할 경우에는 항성의 별자리에 대하여 조금씩 동쪽으로 옮겨 갈 것이다. 실제로 우리가 관찰하는 외행성들(당시에 육안으로 보이는 것은 화성, 목성, 토성)은 이런 식으로 움직이는데 행성이 이렇게 운동하는 이유는 실제로 태양 주위를 행성이 공전할 때 서쪽에서 동쪽(곧 반시계 방향)으로 운동하기 때문이다. 그래서 이런 운동을 순행 운동이라고 한다. 그런데 외행성은 항상 이런 식으로 움직이지 않고 간혹 반대 방향으로 운동을 하기도 한다. 다시 말해서 항성의 별자리에 대하여 조금씩 서쪽으로 옮겨 가는 운동을 보이기도 하는 것이다. 이를 역행 운동이라고 한다. 그러다가 여러 날이 경과하면 다시 행성은 순행 운동으로 돌아간다.

이렇게 행성이 부등속 운동을 하는 것을 설명하려면 단순한 원 궤도를 그리면서 지구 주위를 돈다고 할 경우에는 행성의 운동이 항성 천구의 운동보다 빨라졌다가 항성 천구의 운동보다 느려졌다가 하는 운동을 한다고 말해야 한다. 이것은 현상을 아무리 잘 기술해 주더라도 당시 그리스인들의 관념에서는 규칙을 어긴 것이다. 천상계에서 천체들의 운동 궤도가 원일 뿐 아니라 운동 속도 또한 등속이어야 하기 때문이다. 그리하여 고안된 것이 주전원(epicycle)이다. 그림에 나와 있듯이 지구 주위의 행성의 궤도를 대원(deferent)이라고 부른다. 이 대원 위에 중심을 두는 작은 원을 그려 준다. 이 원이 주전이다. 주전원은 대원 위의 한 점을 중심으로 등속도로 돈다. 그 주전원 위에 행성이 실려 있으면 어떻게 될까? 주전원의 중심이 역시 대원 상에서 지구를 중심으로 등속도로 돌고 있다면 지구에서 보았을 때 행성의 운동 속도는 변하는 것처럼 보일 것이다. 어떤 때에는 주전원의 각속도와 대원의 각속도가 더해질 것이고 어떤 때에는 주전원의 각속도와 대원의 각속도가 서로 빼질 것이기 때문이다.

이렇게 해서 관측치와 이러한 시스템을 되도록 일치시키기 위한 수학적 조작이 긴 시간을 두고 이루어진다. 주전원의 반지름을 대원에 비하여 얼마로 할지를 정해야 하고 항성 천구의 각속도와 대원의 각속도와 주전원의 각속도의 비를 정해 주어야 한다. 이렇게 정해 준 값들을 사용해서 관측치가 되도록 계산값과 잘 일치하도록 계속 숫자들을 조정해 주어야 한다. 현상을 구제하는 과정은 힘들기만 하다. 그러나 프톨레마이오스는 쉽게 포기하지 않았다. 하나의 주전원을 사용해서 현상이 구제되는 데 어려움이 크다면 제2의 주전원을 기존의 주전원 위에 또 올렸다. 제2의 주전원은 제1의 주전원을 대원 삼아 등속으로 회전하는 주전원이다. 제2주전원 상에 행성이 고정되어 돌면서 제1주전원 상에서 움직이고 다시 대원 상에서 움직인다. 이렇게 해서 얻어진 값들은 행성을 바라보는 시선이 특정한 별과 이루는 각도를 재는 방식으로 얻은 관측 데이터와 비교된다.

이런 방식으로 상당 부분의 현상의 구제는 이루어지는데 또 다른 문제는 행성의 밝기가 변하는 문제가 있다. 이 문제를 풀어 주기 위해서는 대원의 중심에 지구가 있어서는 안 된다. 중심에서 조금 벗어난 곳에 지구를 위치시키고 행성을 주전원 체계에 따라 회전시키면 행성이 지구에 가까워질 때가 있고 지구에 멀어질 때가 나타나 밝기의 요동이 설명이 된다. 이렇게 지구를 우주의 중심에서 이탈시켰을 때 행성의 주전원이 도는 궤도를 이심원이라고 부른다. 다음으로 등각속도점은 행성이 회전하는 이심의 중심에 대하여 등속속도 운동하는 것이 아니라 등각속도점에 대해서 등각속도 운동을 하도록 설정한 점이다. 지구에서 보게 되면 더 이상 등속속도 운동이 아닌 것으로 보인다. 지구에 가까워지면 빨라지고 멀어지면 느려진다. 이것은 타원 궤도 운동에서 나타나는 부등속 운동을 해소하기 위한 방안으로 도입된 것이다.

앞서 언급한 세 가지 도구, 주전원, 이심원, 등각속점을 적당히 조합하여 현상을 구제하는 노력을 전개하면 상당히 당시 관측 데이터와 일치되는 결과를 얻을 수 있다. 프톨레마이오스는 당시까지 알려진 가장 정밀한 관측 데이터를 가지고 있었고 그러한 데이터를 설명하기 위한 수학적 시스템을 고안하기도 했던 것이다.

이후 프톨레마이오스의 천문학은 다른 그리스의 문헌들과 마찬가지로 800년경에 시리아(Syria)어를 거쳐서 아랍어로 번역되어 아랍인들에게 널리 알려졌다. 이것을 이해하는 데 상당한 시간이 걸렸지만 차차 아랍인들은 프톨레마이오스 천문학의 복잡함 속에서 그 이론이 담고 있는 놀라운 정밀성과 방대하고 정밀한 천문 정보에 놀라게 된다. 프톨레마이오스의 책은 아랍인들에게 천문학의 진일보를 가져오는 계기를 마련해 준다. 특히 아랍인들은 이슬람교도로서 정기적인 예배를 위해서 지구 표면상 어느 위치에 있든지 메카의 방향을 정확하게 알아야 했다. 이를 위해 천문학적 지식이 매우 중요했는데 프톨레마이오스의 이론은 이런 점에서 길을 마련해 주었다. 그들은 7개의 행성의 운동을 설명하기 위해서 80개의 원을 사용하는 체계가 너무 복잡했기 때문에 원의 개수를 줄일 방안을 모색하였다. 이러한 아랍인들의 개선은 프톨레마이오스의 원전과 함께 12세기경에 다시 서양으로 전래되어 라틴어로 번역되었다. 12세기는 번역의 시기라고 부를 정도로 아랍어에서 라틴어로 번역이 활발하게 이루어진 시대였다. 이러한 계기가 된 것은 11세기 말에 아랍인들의 학문의 중심지였던 시칠리아와 에스파냐를 탈환한 것이었다. 이곳들에는 큰 도서관이 있었기 때문에 방대한 아랍 문헌들이 서양인들의 수중에 들어갔다. 서양인들은 프톨레마이오스의 저술을 비롯하여 다른 아랍 문헌들의 수준을 보고 크게 놀랐다. 이는 서양 세계에서는 5세기 이후에 이민족의 침입으로 빚어진 사회적 혼란과 연구 전통의 소실로 인해서 주요한 학문적 성과들이 모두 소실되고 암흑기를 맞이한 것과 관련이 있었다. 서유럽 지역은 더 이상 그리스어를 사용하는 사람들이 없었고 소수의 남아 있던 문헌마저도 그 가치를 제대로 평가할 수 없었다. 이렇게 해서 끊어졌던 학문적 전통이 12세기의 번역의 홍수를 통하여 다시 회복되기에 이른 것이다.

코페르니쿠스의 새로운 천문학

  프톨레마이오스의 『알마게스트』의 회복은 서양의 천문학을 다시금 부활시키는 데 중요한 기여를 하였다. 서구인들은 다시 4세기에 걸쳐서 『알마게스트』를 이해하고 그것에 문제를 제기하게 되는데 그중에 코페르니쿠스(Nicolaus Copernicus, 1473 - 1543)도 있었다. 코페르니쿠스는 폴란드인이었다고도 하고 독일인이었다고도 하는데 그것은 코페르니쿠스의 출신지인 토루인(Toruń)이 양국의 경계선상에 있기 때문이다. 코페르니쿠스는 크라쿠프(Kraków) 대학과 이탈리아의 볼로냐와 파도바 대학에서 수학, 천문학, 법학, 의학 등을 광범위하게 공부하였다. 그는 주교였던 외삼촌의 도움으로 안정한 성직을 얻어 좀 더 자유롭게 천문학 연구에 매진할 수 있었다.

당시 천문학은 달력 개혁의 필요성 때문에 더욱 관측이 중요시되어 이전 시대를 능가하는 관측 기록들이 누적되었다. 로마 시대부터 사용되었던 율리우스력은 1년의 길이를 365.25일로 보았기 때문에 1년을 365일로 잡고 4년에 1번씩 1일을 더 추가하는 윤년을 마련하였다. 이렇게 하면 100년에 25번의 윤년, 400년에 100번의 윤년이 마련되어 400년간 100일이 추가되는 체계였다. 그렇지만 1년의 길이를 365.25일로 보는 것은 실제 값인 365.2422일보다 조금 길기 때문에 윤년을 너무 자주 주어서 추가된 날수가 너무 많았다. 이런 이유 때문에 16세기에 이르렀을 때 달력과 절기가 10일이나 차이가 났다. 가령, 밤낮의 길이가 같아지는 춘분이 3월 21일이 아니라 3월 11일에 도래했다. 그래서 달력 개혁의 요구가 심해졌는데 이에 따라 새로 정해지는 달력 체계는 보다 정확하게 1년의 길이를 잡아서 윤년을 넣어 주는 체계가 되도록 해야 했다. 그리하여 이를 위해 정밀한 천문 관측이 많이 이루어졌다. 그런 가운데 1582년에 교황 그레고리우스 13세(Gregorius XIII)에 의해 그레고리력이 선포되었다. 이 달력은 400년에 97번의 윤년을 주는 방식으로 연도를 나타내는 숫자가 4의 배수이면 윤년으로 하되, 그 연도가 100의 배수이면 윤년이 아닌 것으로 하되, 400의 배수이면 윤년으로 한다. 가령, 2000년은 400의 배수이므로 윤년이지만 1900년은 100의 배수이지만 400의 배수는 아니므로 윤년이 아니다. 그러니까 1601년부터 2000년까지 400년의 기간에서 4의 배수이지만 윤년이 아닌 해는 1700년, 1800년, 1900년의 3년이어서 400년의 기간 동안 97번의 윤년이 있게 되는 셈이다. 그리하여 새로운 달력이 시행되던 날에 달력의 날짜가 10일을 건너뛰었다. 이에 따라 자신의 수명이 10일이 줄어들었다고 항의하거나 생일이 없어졌다고 불평하는 해프닝이 일어나기도 했다. 그렇지만 더욱 큰 문제는 가톨릭이 중심이 되어 제정한 새로운 달력 체계를 가톨릭을 따르지 않는 국가에서는 받아들이려 하지 않는 경우가 많은 것이었다. 그래서 우리가 쓰는 달력으로는 1643년 1월 4일에 태어난 뉴턴은 당시에 영국에서는 1642년 12월 25일에 태어났다고 했고, 러시아 혁명은 1917년 11월에 일어났지만 당시에 러시아에서는 10월 혁명으로 알려져 있었다.

달력 개혁의 필요성은 관측 천문학을 자극했고 이러한 새로운 천문 데이터들은 프톨레마이오스의 체계에 의해서 설명되지 않는 오차를 발생시켰다. 이에 따라 좀 더 정확하게 관측치를 설명할 수 있는 수정이 천문학자들 사이에서 요구되었는데 이러한 문제에 대해서 고민한 사람 중 하나가 코페르니쿠스였다. 코페르니쿠스는 연구 끝에 프톨레마이오스의 체계에서 지구와 태양의 위치를 바꿔 놓으면 훨씬 단순하게 당시의 천체 데이터를 구제할 수 있다는 것을 발견하였다. 코페르니쿠스는 프톨레마이오스 체계에서 현상에 대한 기술 능력은 떨어뜨리지 않으면서 원의 개수를 줄이기 위한 가장 효과적인 방법이 태양중심설이라고 생각했다. 그는 태양을 우주의 중심에 놓고 그 주위를 수성, 금성, 지구, 화성, 목성, 토성의 행성이 돌게 하고 그 밖에 항성 천구를 배치하였다. 달은 지구 주위를 도는 것이 합당했다. 이로써 위성이라는 새로운 개념이 창출되었다. 코페르니쿠스는 경제성을 감안할 때 지구에 세 가지 운동을 부여하는 것이 타당하다고 판단했다. 자전, 공전, 세차 운동이 그것이다. 이 중에서 마지막 운동은 현대적인 세차 운동과는 개념이 다른 것으로서 코페르니쿠스가 여전히 프톨레마이오스의 천문학을 따르는 그리스적 천문학 전통에 매몰되어 있었음을 드러내 준다. 전통적으로 태양이 지구 주위를 공전한다고 본 것은 지구의 공전으로 대체되었고, 움직이지 않는 지구 주위를 항성 천구가 하루에 한 바퀴씩 돈다고 하는 것은 지구가 하루에 한 바퀴씩 자전한다는 것에 의해 대체되었다. 이로써 지구에는 운동을 부여하고 항성 천구는 고정시킬 수 있었다. 마지막의 세차 운동은 지구가 수정체 천구에 붙어서 태양 주위를 공전한다고 보았기 때문에 부여해야 하는 운동이었다. 그림처럼 지구는 지구의 공전면에 대하여 66.5도 기울어진 채로 공전하고 있는데 자전축의 북극이 가리키는 방향은 주지하다시피 계절에 관계없이 항상 북극성 방향이다. 그러나 지구가 고체인 수정체 천구에 붙어서 태양 주위를 돈다면 자전축의 방향이 항상 한쪽 방향을 가리킬 수가 없다. 그래서 팽이가 돌면서 팽이의 축이 원을 그리는 운동을 하듯이 지구도 고체인 수정체 천구 안에서 그와 같은 세차 운동을 해야 한다. 이때 지구의 자전축의 북쪽 부분이 회전하는 방향은 지구의 공전 방향과는 반대 방향인 시계 방향이 되어야 하고 그 주기는 1년이다. 이렇게 해서 코페르니쿠스 체계 내에서는 지구가 세 가지 운동(현재 우리가 받아들이고 있는 것은 두 가지 운동)을 하는 것으로 설정되었다.

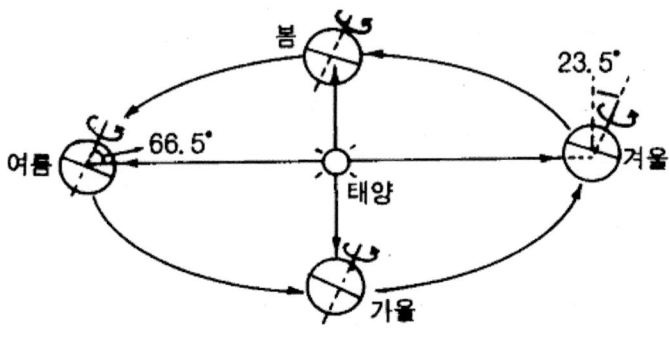

그림 10 지구의 공전

코페르니쿠스 체계에서는 내행성과 외행성의 운동 방식이 왜 상이한가에 대해서도 간단하게 설명되었다. 프톨레마이오스 체계에서는 내행성과 외행성의 구분이 없었고 수성과 금성이 왜 항상 태양에서 멀리 떨어지지 않는 위치에 머무는가에 대한 특별한 설명이 필요했다. 가령 금성의 최대 이각은 48도인데 이는 금성이 태양에서 가장 멀리 떨어졌을 때의 각도가 48도라는 의미이다. 우리는 상식적으로 금성이 새벽녘에 보일 때도 있고 초저녁에 보일 때도 있음을 알고 있다. 금성이 태양에 대하여 가장 서쪽으로 멀리 떨어지면 48도를 앞서기 때문에 태양보다 3시간 남짓 정도 일찍 뜨게 된다. 이는 지구가 1시간에 15도씩 자전하기 때문인데 금성의 공전 궤도면이 황도면(지구의 공전 궤도면)과 거의 일치한다는 점도 고려하여야 한다.

내행성의 운동을 기술하기 위해서 프톨레마이오스는 수성과 금성의 주전원의 중심이 공전하는 태양과 정지한 지구를 연결하는 동선 상에 항상 머물러야 한다는 가정을 추가하였다. 그래야 수성과 목성이 최대 이각 내에서 태양 근처에 항상 나타나는 현상을 설명할 수 있었다. 이때 수성의 주전원은 금성의 주전원보다 작았다. 그러나 코페르니쿠스의 이론에서는 이러한 추가적인 가정이 필요 없었다. 현대의 이론처럼 수성과 금성은 지구보다 안쪽에서 공전하는 행성이므로 별도의 가정이 없더라도 지구에서 볼 때에는 항상 태양 근처에 머물게 된다.

외행성의 운동을 기술하는 데 있어서도 코페르니쿠스의 이론은 이익이 있다. 역행 운동을 설명하기 위해 굳이 주전원을 도입할 필요가 없었다. 화성의 운동을 예로 들어 보자. 화성은 지구보다 큰 공전 궤도를 갖고 있다고 보는 것은 화성의 공전 주기가 지구보다 긴 것으로부터 추론할 수 있다. 공전 주기가 길다는 것은 공전 각속도가 작다는 의미이므로 화성은 지구에 비해 작은 공전 각속도를 가지고 있다. 그림에서

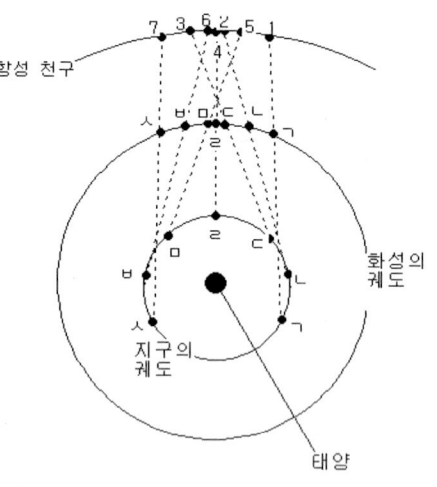

그림 11 화성의 역행 운동

지구가 지구 궤도 ㄱ에 있을 때 화성은 화성 궤도의 ㄱ에 있었다고 가정하자. 이때 지구에서 바라본 화성은 항성 천구에 1의 위치에 있는 것으로 보인다. 지구는 각속도가 크기 때문에 지구 궤도 ㄴ에 올 때 화성은 화성 궤도 ㄴ에 오고 그때 화성은 별자리에 대해서는 2에 나타난다. 그림처럼 두 행성의 운동을 추적해 가면 화성은 항성 천구 상에서 1, 2, 3, 4, 5, 6, 7의 순서로 움직여 간다. 1부터 3까지는 순행이고 3부터 5까지는 역행이고, 5부터 7까지는 다시 순행으로 나타난다. 이와 같이 역행 운동은 지구와 화성이 공전 궤도상에서 가장 가까워지는 위치 근처에서 일어나게 된다. 이렇게 당시 알려져 있었던 외행성인 화성, 목성, 토성이 역행 운동은 주전원을 개입시키지 않고 설명이 가능했다.

그렇다고 해서 행성의 운동을 기술하기 위해 주전원이나 이심원, 대심 체계가 필요 없어진 것은 아니었다. 오늘날의 관점에서 보았을 때 실제로 행성들은 태양을 한 초점으로 하는 타원 궤도를 그리며 속도가 일정하지 않은 운동을 하기 때문에 실제 이러한 부등속 비원(非圓) 궤도 운동을 태양을 중심에 두고 기술하려고 하면 뭔가 조치가 있어야 하는데 가장 용이한 방법은 프톨레마이오스의 개념적 도구들을 그대로 사용하는 것이었다. 그리하여 코페르니쿠스는 현상을 구제하기 위한 방안으로 프톨레마이오스의 주전원, 이심원, 대심 등의 개념을 그대로 사용했다. 그렇지만 원의 개수를 줄일 수 있었다는 점에서 프톨레마이오스 체계보다 더 단순했다.

코페르니쿠스는 자신의 새로운 천문학의 체계를 간단하게 핵심만 뽑아서 『개요』(*Commentariolus*)로 작성하여 천문학자들 사이에 배포했다. 예상되는 반응이 있었다. 레티쿠스(Georg Joachim Rheticus, 1514 – 1575)와 같은 열렬한 추종자가 있는가 하면 성경을 부인하는 사악한 학설이라는 반응도 있었다. 코페르니쿠스는 좀 더 자신의 이론에 대해서 신중함을 취해야 함을 깨달았고 좀 더 완결성이 있는 저술을 쓰는 데 치중했다. 비텐베르크(Wittenberg) 대학의 천문학자로서 코페르니쿠스의 태양중심설을 열렬하게 지지했던 레티쿠스는 코페르니쿠스를 찾아와서 직접 그의 이론의 상세 내용을 배웠고 그의 저서를 빨리 출판할 것을 종용했다. 그러나 코페르니쿠스는 성직자로서 자신의 지위도 있고 그 이론이 야기할지도 모르는 거부 반응에 민감했다. 1533년에 교황 클레멘스 7세(Clemens VII, 재위 1523 - 1534)마저 그의 이론을 승인했지만 그는 계속 주저했다. 그는 자신의 논설 『천구의 회전에 관하여』(De revolutionibus orbium coelestium)를 완성시켜 놓고도 출판을 계속 뒤로 미루었다. 결국 레티쿠스의 종용에 못 이겨 원고를 넘겨주었는데 그의 원고는 안전한 출판을 위해 몇 사람의 손을 거쳐 최종적으로 오지안더(Andreas Osiander, 1498 - 1552)라는 루터교 성직자의 손에 의해 출판이 되었다. 오지안더는 저자와는 협의도 없이 이 학설이 야기할 논란을 피하기 위해 임의로 서문을 첨가하였다. 그 서문에 따르면 그 책에서 제시된 새로운 천문 체계는 수학적 계산상의 편의를 위한 것이라고 했다. 즉 그러한 이론의 우주의 실재를 묘사하는 것이 아니라 개념적 도구일 뿐이라고 본래 이론의 취지를 약화시켜 버린 것이었다. 그 덕분에 한동안 코페르니쿠스의 책은 금서목록에서 빠질 수 있었다. 코페르니쿠스는 어렵게 출판된 책을 받아들고 곧 숨을 거두었다. 결국 코페르니쿠스는 자신의 이론이 가져올 큰 혼란을 목도하지 않고 조용히 숨을 거두었다. 1543년의 일이었다.

코페르니쿠스가 예견했듯이 그 이론에 대한 세상의 시선은 그렇게 달갑지 않았다. 천문학자들은 그 이론이 가진 단순성의 장점을 알아보았으나 그것이 가진 문제점에 대해서도 잘 인지했다. 코페르니쿠스의 말대로 지구가 공전한다고 보았을 때 연주시차가 관측되어야 한다는 것이었다. 연주 시차란 6개월의 간격을 두고 별의 위치를 관측하였을 때, 별의 위치가 달라지는 현상이다. 코페르니쿠스가 상정한 크기의 항성천구 상의 별들을 6

개월 차이를 두고 지구가 공전하는 원의 지름 상의 양쪽 끝에서 관측하였을 때 얼마나 다른 위치에서 보여야 하는지 그들은 계산할 수 있었고 그러한 각도는 당시 관측 기술로 관측이 가능해야 했지만 관측되지 않았다.

좀 더 넓은 관심사를 가지고 우주 구조를 바라보던 철학자들의 경우에는 코페르니쿠스의 이론이 일으키는 개념상의 문제점을 더욱 심각하게 느꼈다. 지구가 자전한다고 했을 때 왜 위로 던져진 물체는 뒤로 처지지 않고 제자리로 떨어지는지 물었다. 왜냐하면 아리스토텔레스의 운동 이론에 따르면 공중에 물체가 머무는 동안 물체를 지구의 자전하는 방향으로 밀어 주는 것이 아무것도 없기 때문에 물체가 공중에 떠 있는 동안 지구가 움직인 만큼 물체는 뒤로 처져야 할 것이다. 게다가 지구가 우주의 중심에 있지 않다면 위로 던진 물체가 허공으로 날아가지 않고 다시 지구로 돌아올 이유가 없었다. 물체는 오히려 우주의 중심인 태양으로 날아가야 마땅하다. 지구가 우주의 중심에서 벗어나 있다는 것 자체가 천상계와 지상계의 구분 자체를 무너뜨리는 주장임을 알 수 있다.

일반 지식인 또는 신학자의 관점에서 코페르니쿠스의 이론은 성경의 주장과 일치하지 않기 때문에 문제였다. 성경은 땅이 움직이지 않는다고 말하고 태양이 하늘을 가로질러 움직인다고 명시적으로 여러 구절에서 말하고 있기 때문이었다. 또한 인간이 신의 형상대로 지음 받은 특별한 존재로서 우주 전체에서의 중요성을 감안할 때 마땅히 우주의 중심인 지구에 머무는 것이 타당해 보였다. 이러한 입장에서는 가톨릭교회나 개신교나 마찬가지였다. 마르틴 루터가 코페르니쿠스를 일컬어 "땅이 움직인다는 바보가 있다."고 말한 것은 이러한 맥락에서였다. 이러한 교회의 입장은 학자들 사이에서 이 이론의 확산에 큰 장애가 되었다. 그리하여 코페르니쿠스의 저작이 나온 후 17세기 초까지 향후 50여 년간 코페르니쿠스의 이론을 믿었던 사람은 열 손가락에 꼽을 정도였다.

  이상에서 살펴본 대로 코페르니쿠스의 이론은 철저하게 프톨
레마이오스 체계의 개념들을 그대로 보존하고 있었다. 그는 수
정체 천구 개념이나 그 천구의 두꺼운 껍질 안에서 주전원을 따
라 도는 행성의 개념을 그대로 채용하였다. 천체의 운동이 기본
적으로 원운동이어야 한다는 생각에 있어서도 변함이 없었다.
그럼에도 불구하고 그의 이론이 그렇게 완강한 반대에 부딪힌
것은 그가 천문학적 문제를 해결하는 데에만 관심이 있었지 천
문학 외적인 문제, 가령 역학이나 우주론, 더 나아가서 신학적
문제는 고려하지 않았기 때문이었다. 코페르니쿠스는 그러한 문
제에는 전혀 관심이 없었다. 오히려 그런 문제에 대해 지나친
신중함이 있었다면 그의 이론은 다윈의 진화론이 그럴 뻔했던
것처럼 세상의 빛을 보지도 못하고 역사 속에서 사라져 버렸을
것이다.

3

근대 과학의 토대를 놓다: 갈릴레오

코페르니쿠스가 시작하였으나 본인은 책임질 수 없었던 혁명은 여러 사람의 삶에 지대한 영향을 미쳤다. 코페르니쿠스 이론에 고무되어 태양을 중심으로 하는 무한 우주론을 주장하는 등 자유로운 사상의 선구자가 되었던 조르다노 브루노(Giordano Bruno, 1548 – 1600)는 종교 재판에 회부되어 이단으로 판결받고 화형대와 함께 재가 되었다. 브루노와 비슷한 운명에 처했었지만 그의 처세술에 힘입어 사형을 모면했던 인물도 있었다. 우리는 그를 근대 과학의 선구자라고 부르고 있다. 혼돈의 시대에 발군의 지성을 활용하여 새로운 과학의 시발자로 나섰고 뛰어난 처세술로 명성을 누렸던 이 사람은 갈릴레오 갈릴레이(Galileo Galilei, 1564 – 1642)이다.

갈릴레오는 역학의 선구자가 되었고 망원경으로 천체를 최초로 관측하여 새로운 것을 많이 발견하였다. 말년에 자신의 신념을 따라 종교 재판에 회부되어 유죄 판결을 받고 죽을 고비에 이르렀다가 자신의 주장을 철회함으로써 목숨을 지켰다. 그가 생의 어려운 고비를 넘기면서 때마다 위기를 벗어날 수 있었던 것은 그의 뛰어난 상황 파악 능력과 처세술이 기여한 바가 컸다. 우리가 현대의 과학자에 대해 이야기하면서 뛰어난 지적 능력을 주로 이야기하지만 과학자가 세상에서 연구를 지속해 나가기 위해서는 많은 추가적인 역량이 필요하다. 그중에서도 중요한 요소

가 안정적인 연구 여건을 확보하는 능력이
다. 사회나 국가가 뛰어난 과학자에게 이
러한 필요한 여건을 마련해 주면 더할 나
위 없이 좋겠지만 세상이 항상 그렇게 협
조적이지는 않아서 끊임없는 생계의 위협
속에서 고통받으며 연구를 포기할 수밖에
없는 상황에 처한 경우도 많았다. 특히 17세
기 이전의 과학자들은 자신의 과학 연구 활
동의 사회적 가치를 인정받지 못하는 경우
가 많아 개인적 후원에 의지하여야 했다. 그

그림 12 갈릴레오 갈릴레이

나마 12세기부터는 자연철학자가 대학에서 철학을 가르칠 수 있는
기회를 얻으면서 대학은 과학을 가르치며 연구할 수 있는 장소로
부상하였다. 일찍부터 대학의 교양 과목에는 4과(quadrivium)가 핵
심 과목의 한 축이었기에 산수, 천문학, 기하학, 음악은 수학과 관
련 있는 과목으로서 중시되었고 의학부의 교육의 일환으로서 생리
학과 해부학을 비롯한 생물학 관련 과목들이 중시되었고 의학부
부설 식물원은 약재에 대한 관심 때문에 부대시설로 강조됨으로써
식물학 또한 중요 과목으로 교육되고 연구되었다.

갈릴레오의 경력

　갈릴레오가 연구를 위한 안정된 여건을 최초로 마련할 수 있
었던 곳도 대학이었다. 1564년에 그리 부유하지 않은 음악가인
빈첸초 갈릴레이(Vincenzo Galilei, 1620 - 1691)의 아들로 피사
(Pisa)에서 태어난 갈릴레오는 일찍 수학적 재능을 인정받아 피
사 대학에 진학하였고 그곳에서 의학부에 들어갔지만 그의 주된
관심사는 수학에 있었다. 그는 걸출한 능력을 인정받아 1589년

에 25세의 젊은 나이에 교수의 자리에 오를 수 있었다. 당시 수학 교수는 다른 교수에 비해서 대우가 그렇게 좋지 못했는데 갈릴레오에게는 가르치고 연구할 수 있는 여건이 마련되었다는 것만으로도 다행스러운 일이었다. 그는 운동의 문제에 관심을 기울였고 곧 아리스토텔레스와 그의 중세의 추종자들의 이론이 가진 근본적인 한계에 대해서 깨달았다. 그는 잘난 척을 잘하고 사람들과 논쟁을 벌이기를 좋아하는 성격 때문에 가만히 있지 못하고 곧 주변의 동료들에게 자신의 생각을 떠벌이기 시작했고 대학 당국으로부터 주목을 받게 되었다. 당시 피사 대학은 아리스토텔레스의 아성과 같아서 반아리스토텔레스적 사상은 발붙일 곳이 없었다 갈릴레오는 대학 당국으로부터 경고를 받았고 그의 연구 활동은 심리적으로나마 위축되지 않을 수 없었다.

다행히도 갈릴레오는 피사와는 달리 자유로운 기풍이 넘치는 파도바 대학에서 1591년에 교수 자리를 얻을 수 있었다. 파도바는 피사와는 달리 사상의 자유가 허락되었고 교회의 간섭이 거의 없이 자유롭게 학문을 할 수 있는 여건이 허락되었다. 이곳에서 갈릴레오는 역학상의 진보를 이룩할 수 있었고 망원경을 제작하여 천체를 관측하여 유명해졌다. 그는 목성의 위성인 칼리스토(Callisto), 유로파(Europa), 이오(Io), 가니메데(Ganymede)를 발견했는데 이 위성들은 지금도 갈릴레오 위성이라고 불린다. 그는 이 위성들을 피렌체의 지배 가문인 메디치(Medici)가(家)에 헌정했고 그 후로 그 위성들은 메디치가의 별이라고 불렸다. 이러한 그의 발 빠른 행동과 유명세에 힘입어 그는 1610년에 피렌체(Firenze)의 토스카나(Toscana) 대공의 왕실 수학자가 되었다. 이제 그는 안정된 지위를 누리면서 자신의 연구에 집중할 수 있었다.

갈릴레오의 망원경 관찰

갈릴레오가 출세 가도를 달리게 해
준 것은 망원경이었다. 그가 최초로
망원경을 발명한 것은 아니었다. 이미
안경이 300년 전부터 사용되고 있었고
여러 사람이 망원경이라는 것이 가능
하다는 것을 알고 있었을 것이다. 공
식적으로 알려져 있기는 네덜란드의
안경업자인 리퍼셰이(Hans Lippershey,
c. 1570 – 1619)라는 사람이 1608년 10
월 2일에 전쟁터에서 사용할 발명품을
네덜란드 정부에 제시하였다. 네덜란
드의 육군 개혁자 나소(Nassau)의 모리

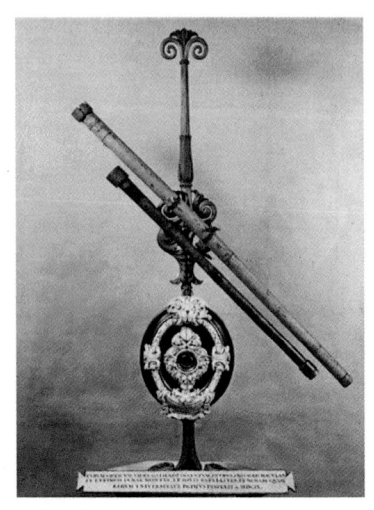

그림 13 갈릴레오 망원경

스 공(Prince Maurice, 1567 – 1625)은 그 망원경이 군사적으로 가
치가 있다는 것을 즉각적으로 알아보았다. 리퍼셰이는 상금으로
900플로린(florin)을 받았다. 망원경의 발명 소식을 전해들은 갈
릴레오는 즉시 스스로 렌즈를 만들어 망원경을 만들었다. 그는
개선을 거듭하여 30배의 배율까지 얻어 내었다. 망원경이 완성
되자 갈릴레오의 관심은 다른 사람과 다른 쪽을 향했다. 그것을
가지고 하늘을 보고자 했던 것이다. 이로써 그 이전 사람들이
전혀 볼 수 없었던 것을 갈릴레오는 최초로 보고 많은 천체의
발견자로서 과학사에 영원히 이름을 남기게 되었다.

그의 망원경 관찰 결과는 『별들의 메신저』(Sidereus Nuncius)라
는 저서에 잘 나타나 있다. 그가 제일 먼저 알게 된 것은 하늘의
별들이 육안으로 볼 때보다 훨씬 많다는 것이었다. 눈에 보이지
않는 작은 별들이 있다는 것, 심지어 자신의 망원경으로도 가물
가물 잘 보이지 않는 별들이 있다는 것은 별들이 지구로부터 같
은 거리인 항성 천구에 붙어 있는 것이 아니라 다양한 거리에,

그것도 아주 멀리까지 떨어져 있다는 것을 의미했다. 그의 생각은 옳았다. 이러한 관찰을 근거로 갈릴레오는 항성 천구의 개념을 비판하고 왜 코페르니쿠스의 이론에서 예상되는 연주 시차가 관찰되지 않는가를 설명했다. 그의 망원경으로도 연주 시차는 관찰되지 않았기 때문에 갈릴레오는 별들이 그동안 생각해 왔던 것보다 훨씬 멀리 떨어져 있다는 주장을 했다.

또한 갈릴레오는 아리스토텔레스의 우주론에 근본적인 개혁을 요구하는 사실들을 알아냈다. 달과 태양이 완전한 구형이 아니라는 점이었다. 갈릴레오가 달을 망원경으로 보았을 때 달은 단순히 얼룩이 있는 정도가 아니라(이 정도의 흠은 아리스토텔레스주의자들에게 달이 천상계에서 가장 밑에 있는 천체라는 점에서 용인될 수 있는 것이었다) 지구 표면처럼 산과 계곡이 있었다. 갈릴레오는 산이 계곡에 드리운 그림자의 길이를 통해 그 규모가 매우 크다는 것을 알아냈다. 갈릴레오가 그을음을 씌운 유리를 대고 태양을 관찰했을 때 태양에는 흑점이 있었다. 더구나 여러 날 관찰해 본 결과, 그 흑점의 수가 바뀌었고 일정한 방향으로 움직이고 있었다. 이는 태양이 자전하고 있다는 것을 의미했으며 태양이 완전무결한 불변의 천체가 아니라 흠이 있고 변하는 존재임을 드러냈다. 이것은 아리스토텔레스가 말한 천상계의 완전성의 개념 자체를 송두리째 흔드는 사실이었다.

갈릴레오가 망원경을 금성으로 향했을 때 거기에는 코페르니쿠스의 우주 구조를 지지할 또 다른 증거가 기다리고 있었다. 금성이 위상과 크기가 변하고 있었던 것이다. 육안으로 보았을 때에는 금성은 항상 같은 밝기로 빛나는 점처럼 보였다. 그렇지만 갈릴레오의 망원경으로 보는 금성은 달처럼 차고 기울었고 그 크기조차 시간에 따라 큰 변화를 보였다. 이러한 사실은 프톨레마이오스의 우주 구조로는 설명할 수 없는 것들이었다. 프톨레마이오스에 따르면 금성은 자체의 주전원에서 돌고 그것의 주전원의 중심은 항상 지구와 태양을 연결하는 선상에서 태양과 함께 같은 각속도로 움직이고 있었다. 이러한 상황이라면 금성이 태양의 빛을 받는 쪽은 환하고 반대쪽은 어두워야 하는데 항상 금성은 태양과 지구 사이에 있으므로 어떤 상황에서도 보름달에 가까운 모양은 나타날 수 없었다. 왜냐하면 태양은 주로 금성의 뒤쪽을 환하게 비추고 있기 때문에 지구에서 보이는 금성은 앞 쪽이 환하게 보일 수는 없었기 때문이다. 그런데 갈릴레오의 관찰은 금성이 완전한 보름달 모양으로 빛날 때가 있다

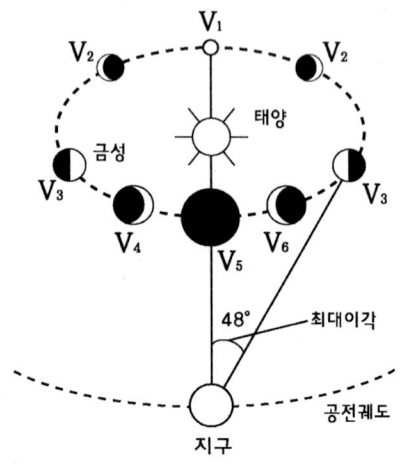

그림 14 금성의 위상변화

는 것이다. 그것은 금성의 크기가 가장 작게 보일 때였다. 금성의 크기 변화가 매우 큰 차이를 보이는 것도 역시 프톨레마이오스의 이론으로는 잘 설명이 안 되었다. 금성의 주전원은 항상 태양과 금성 사이에 있어야 하므로 지구와 금성 사이의 거리의 변화가 그 정도의 규모로 금성의 크기를 변화시키기에는 너무 가까웠다. 그렇지만 코페르니쿠스의 우주 구조에 따르면 금성은 태양 주위를 공전하고 있었다. 그러므로 금성은 태양과 지구 사이에 올 수도 있었고 태양보다 더 먼 쪽으로 갈 수도 있었다. 그러므로 태양보다 더 먼 쪽으로 갈 때에는 크기가 작아지면서 태양을 향하는 쪽이 지구로 향하기 때문에 지구에서 보는 금성의 모습은 원형에 가까워질 수 있었다. 반대로 금성이 태양과 지구 사이로 올 때에는 점점 커지면서 태양 빛을 받는 쪽이 지구에서 보았을 때 반대편에 있으므로 금성의 빛나는 부분이 점점 초승달 모양으로 날씬해졌다가 완전히 태양과 지구 사이의 위치에 오게 되면 보이지 않았다가 다시 그믐달 모양으로 나타났다. 초승달 모양은 해 진 후 서쪽 하늘에 보여야 하고 그믐달 모양은 해 뜨기 직전 동쪽 하늘에 나타나야 한다. 이런 모든 관

찰 사실이 코페르니쿠스 우주 구조와는 일치했다. 이런 관찰 결과를 사실로 받아들이면 더 이상 프톨레마이오스의 이론을 지탱시키는 것은 불가능했다.

앞서 언급한 목성의 위성의 발견도 코페르니쿠스의 우주 구조를 지지하는 효과가 있었다. 코페르니쿠스 우주 구조에서 지구는 하나의 행성이면서도 특이하게도 위성이라는 천체를 거느리는 것으로 제시되었다. 이에 대해서 왜 지구에만 위성이 있느냐라는 문제가 제기되었다. 어느 날 갈릴레오는 목성을 관찰하고 있었다. 그런데 이상하게도 목성 주위에 약하게 빛나는 천체들이 보였다. 그런데 그 위치가 매일 조금씩 달라지는 것이었다. 이에 대한 집중적인 관찰 결과 갈릴레오는 그것들이 목성 주위를 공전하고 있다는 것을 확인할 수 있었다. 이렇게 갈릴레오가 목성에 위성이 네 개씩이나 있다는 것을 발견함으로써 왜 지구에만 위성이 딸려 있느냐고 물을 수 없게 된 것이다.

이러한 갈릴레오의 망원경 관찰은 그 하나하나가 대단한 발견이었고 코페르니쿠스의 우주 구조를 지지하는 결정적인 증거들이었다. 그렇지만 반대자들은 순순히 그러한 사실을 받아들이려 하지 않았다. 그들에게는 근본적으로 무엇을 사실로 볼 것이냐는 인식론적 태도 자체가 달랐다. 우리는 그것을 아리스토텔레스 이론에 대한 맹목적 신봉으로 간주한다. 또는 그런 사람들을 교회의 세력을 등에 업고 진실을 숨기려 하는 진리의 배반자들로 취급한다. 이러한 이해는 모두 옳지 않다. 그들에게는 그들의 논리가 있었고 그러한 논리는 중세를 통해서 몇 백 년간 확고한 이론적 토대를 두고 대학에서 가르쳐지고 있었다. 12세기 번역의 시대를 거쳐 13세기에 아리스토텔레스의 이론은 여러 차례 교회와 충돌을 빚은 후 14세기에는 기독교 교리와 합치될 수 있는 부분만이 강조되고 충돌될 수 있는 부분은 논리적 장치에 의해 숨겨졌다. 아리스토텔레스주의자들에게는 경험보다는 논리적 완결성이 진리를 알 수 있는 수단으로 강조되었다. 아리스토텔레스의 자연철학에서 우주의 다양한 측면들을 설명하는 논리적 구도가 경험에 의해 지지받을 수도 있었지만 때로는 경험적 사실에 위배되는 것처럼 보일 수도 있었다. 그런 경우에 감각 경험은 이성적 추론에 비하여 오류를 범하기 쉬운 것으로 여겨졌다. 이러한 태도는 경험적 발견이라는 것을 가로막는 결과를 초래했다. 천상계의 완전성에 대한 믿음은 초신성의 출현과 같은 현상을 천체 현상으로 돌리지 않으려는 태도를 유발했고 다른 문화권에서 심심치 않게 보고되던 이러한 현상들에 대한 보고가 서양의 중세 천문학자들에게는 일체 보고되지 않은 것은 이러한 태도를 반영한다. 그들의 눈에는 이러한 관측 결과 자체가 착각이거나 의미 없거나 다른 원인에서 유발되는 현상으로 비쳤을 것이다. 이런 것이 중세를 거치면서 과학의 이론상 뚜렷한 변혁이 이루어질 수 없었던 이유일 것이다.

그런 태도는 17세기까지 이어지고 있었다. 그러므로 그들은 경험 자체를 신뢰하지 않았고 더구나 갈릴레오의 망원경을 신뢰하지 않았다. 이 묘한 기구가 인간의 경험을 왜곡 없이 확장시켜 준다는 것을 받아들일 수 없었던 것이다. 갈릴레오가 망원경을 써서 육안으로는 볼 수 없는 것을 보게 되었을 때 당시 사람들의 반응은 과연 망원경이 천상계의 사물을 있는 그대로 확대시켜서 보여주느냐는 것이었다. 앞서 언급했듯이 망원경이 지상계에서는 멀리 있는 물체를 가까이 있는 것처럼 보게 해 주므로 군사용으로 가치가 있음이 인식되었다. 그러나 갈릴레오의 발견들에 대해 그 진실성을 의심하는 이들에게는 천상계의 물체에 대해 망원경이 지상계와 동일한 방식으로 작동된다고 볼 근거가 없었다. 이것은 공연한 트집 잡기가 아니라 실제로 아리스토텔레스에게는 지상계와 천상계는 전혀 다른 물리적 법칙이 작용하는 공간이었다. 독자는 지상계의 자연 운동이 직선 운동인 반면 천상계의 자연 운동은 원운동이라는 점을 상기하기 바란다. 빛이 천상계에서 어떤 방식으로 작동되는지 아무도 알 수 없었다.

어떤 이들은 달에 산과 계곡이 있으니 완전한 구가 아니라는 갈릴레오의 주장에 대하여 망원경에는 보이지 않는 투명한 물질이 달을 덮고 있어서 완전한 구를 이루고 있을 것이라고 주장했다. 금성의 위상과 크기 변화는 코페르니쿠스의 이론이 아니어도 여전히 지구를 우주의 중심으로 보지만 수성, 금성, 화성, 목성, 토성은 태양 주위를 돌고 태양이 달과 함께 지구 주위를 돈다는 덴마크 출신의 천문학자인 티코 브라헤(Tycho Brahe, 1546 - 1601)의 모형으로도 설명이 되었다.

갈릴레오의 관성 개념

경험보다는 이성적 논증이 더 믿을 만하다고 여기는 지적 분위기 속에서 갈릴레오는 눈에 보이니 이것이 사실이라는 말을 언제까지나 주장할 수 없었다. 그에게는 다른 전략이 필요했다. 갈릴레오가 코페르니쿠스의 우주 구조를 지지하기 위해서는 새로운 역학 개념이 필요했다. 공중에 던져진 물체가 왜 움직이는 지구 위에서도 뒤처지지 않고 원래의 위치로 떨어지는지 설명할 수 있어야 했다. 이러한 현상을 설명하기 위해 필요한 개념이 관성이었다. 관성이란 외력이 작용하지 않으면 정지한 물체는 계속 정지해 있고 움직이는 물체는 계속 동일한 속력으로 움직이려는 성질을 말한다. 이러한 생각에서 앞부분은 아리스토텔레스주의자에게 문제될 것이 없으나 뒷부분은 용납되지 않는 것이었다. 아리스토텔레스가 선언하였듯이 운동은 반드시 원인이 있어야 일어나는 것이었다. 작용하는 힘이 없는데 운동이 지속된다는 것은 논리적으로 받아들일 수 없을 뿐 아니라 경험과도 부합하지 않는 것이었다. 실제로 관성의 법칙을 따르는 상황은 당시로서는 구현하는 것이 거의 불가능했다. 마찰력이 전혀 없는 상황을 만들어야 하는데 그렇게 하려면 진공 속에서 운동을 일으켜야 했다. 그러나 진공 펌프가 나오려면 몇 십 년을 더 기다려야 했다. 그런 상황에서 갈릴레오는 이상화된 상황을 상정하고 논리적으로 관성의 법칙이 그 공간에서 성립한다는 것을 보이고자 했다.

갈릴레오는 유명한 빗면에서 공을 굴리는 사고 실험에 의해 관성 개념을 제시하고자 했다. 갈릴레오는 단단하여 마찰이 전혀 없는 빗면에 단단한 쇠공을 굴린다고 가정한다. 이렇게 굴러 내린 쇠공은 속력이 점점 빨라지게 되는데 빗면의 맞은편에 같은 재료로 되어 있고 기울기도 동일한 빗면을 마주 설치하면 쇠공은 그 빗면으로 굴러 올라가 같은 높이에 이를 것이다. 이는 마찰이 전혀 없다고 가정하였기 때문에 가능하다. 그렇다면 이번에는 두 번째 설치한 빗면을 좀 더 완만한 경사로 설치하고 다시 처음 빗면에서 같은 공을 굴러 내린다. 그러면 역시 마찰에 의한 힘의 손실이 전혀 없으면 공은 맞은 편 빗면을 굴러 올라서 같은 높이에 이르게 될 것이다. 이때에 공이 굴러 올라가기 위해 굴러가는 거리는 더 길어졌다는 것을 주목하라. 이런 방식으로 한쪽 빗면의 기울기를 점점 완만하게 하면서 같은 높

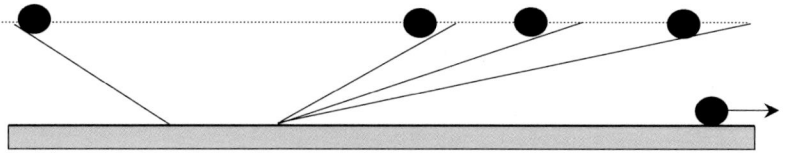

그림 15 갈릴레오의 빗면 사고 실험

이에서 공을 굴러 내리는 조작을 계속한다. 궁극적으로는 빗면은 수평면과 일치시킬 수 있고 쇠공은 빗면에서 굴러 내려온 후에 수평면에서 무한히 굴러가게 된다. 그러므로 우리는 마찰이 없는 상황에서 한번 운동을 시작한 물체는 외력이 작용하지 않는다면 그 운동을 무한히 지속하게 된다고 말할 수 있다.

이로써 갈릴레오는 자전하는 지구에서 수직으로 던져 올려진 물체가 왜 제자리로 떨어질 수밖에 없는지도 설명할 수 있었다. 물체가 위로 던져질 때 지구의 자전으로 물체는 이미 수평 방향의 운동을 하고 있다. 물체가 공중에 머무는 동안 수평 방향으로 작용하는 외력이 없으므로 물체는 공중에 떠 있는 동안에도 수평 방향으로 지구 표면이 운동하는 것과 같은 속력으로 움직이기 때문에 처음에 물체를 던졌던 위치로 물체는 떨어지게 된다, 이러한 논의를 성립시키기 위해 갈릴레오는 운동의 복합이라는 개념을 새로 도입해야 했다. 아리스토텔레스의 운동 개념에서는 한 물체가 두 가지 운동에 동시에 참여할 수 없었다. 가령, 디고 브라헤가 제시한 포탄의 경로는 기이하다. 비스듬히 대포를 발사하면 포탄은 수직 하강하는 자연스런 운동을 일으키는 본성보다 훨씬 강한 강제력을 받기 때문에 그 힘에 의해 곧장 직선을 그리며 날아간다. 이때 포탄은 조금도 아래로 처지지 않는데 그 이유는 본성을 강제력이 제압했기 때문에 본성을 따른 수직 하강 운동은 전혀 나타나지 못한다. 날아가던 물체가 공기 마찰에 의해 강제력이 약해지면 물체는 그때 하강을 시작한다는 것이다. 갈릴레오는 물체가 수직 하강하려는 경향에 따라 계속 운동하면서 수평 방향의 강제력을 따르는 운동에도 동시에 참가할 수 있다고 보았다. 이에 따라 갈릴레오는 비스듬히 던져진 물체는 수평 방향으로 등속 운동을 하면서 낙하 거리가 시간의 제곱에 비례하는 수직 운동에 모두 참여하면서 포물선 운동을 하게 된다는 올바른 결론에 도달했다.

이러한 운동의 복합 개념은 운동의 상대성 개념과 긴밀하게 연결되어 있었다. 갈릴레오는 말한다. 배 위에서 공을 굴리면 배의 운동과 공의 운동은 함께 일어난다. 배 밖에 있는 사람은 한 항구를 떠나 다른 항구까지 배와 함께 공이 움직인 것이 공이 겪은 주된 운동이라고 생각하겠지만 배 위에 타고 있는 사람에게는 한쪽 갑판에서 다른 쪽 갑판까지 공이 움직인 것이 더 의미 있는 운동이다. 그러므로 동일한 운동을 바라보는 사람의 운동 상태에 따라 물체의 운동은 달라진다는 것이다. 두 개의 좌표계가 상대적인 운동을 할 때 두 좌표계에서 서술되는 물체의 운동 상태는 달라진다. 즉 움직이는 배 위에 정지해 있는 물체는 배 밖의 부두에서 정지한 채로 배 위의 물체를 보는 관찰자에게는 배와 같은 속도로 운동하는 것으로 보인다. 그러므로 어떤 물체가 운동하는가, 정지해 있는가는 절대적으로 구분되는 것이 아니다. 그러므로 힘이 없으면 물체가 정지하고 힘이 있어야 물체가 운동한다고 생각한 아리스토텔레스는 운동과 정지가 절대적으로 구분되는 것으로 생각했던 점에서 잘못된 것이다.

갈릴레오의 낙하 법칙

새로운 역학을 통한 코페르니쿠스 우주 구조의 옹호에 덧붙여 갈릴레오는 낙하의 법칙을 새롭게 정립시키는 데 기여했다. 아리스토텔레스는 무거운 물체의 낙하 원인을 제시했고 그것의 당연한 귀결로 무거운 물체가 가벼운 물체보다 빨리 떨어져야 할 것을 제시했다. 무거운 물체가 가벼운 물체에 비하여 흙을 많이 가지고 있기 때문에 흙으로 돌아가려는 본성도 강할 것이므로 더 강한 힘을 받아 더 먼저 떨어져야 한다는 것이다. 그것은 실제로 일상적 경험과도 일치하는 부분이 많았다. 이에 대하여 갈릴레오는 공기의 저항이 없다면 무거운 물체나 가벼운 물체나 똑같이 떨어져야 한다고 주장하였다. 이와 관련하여 갈릴레오가 피사의 사탑에서 공개 낙하 실험을 수행했다는 상식은 역사적으로 근거가 없는 것으로 드러났다.

갈릴레오가 이 법칙을 증명하는 방식은 사고 실험을 통해서였다. 무거운 물체와 가벼운 물체를 동시에 떨어뜨렸을 때 무거운 물체가 가벼운 물체보다 빨리 떨어진다고 하자. 그러면 시간이 지날수록 두 물체의 간격은 점점 벌어질 것이다. 그러면 두 물체를 가벼운 끈으로 연결하여 떨어뜨려 보자. 그러면 둘 사이에 간격이 벌어지다가 끈 때문에 더 간격이 벌어지지 못할 것이므로 무거운 물체는 가벼운 물체 때문에 위로 끌릴 것이고 가벼운 물체는 무거운 물체에 의해 아래로 끌릴 것이다. 끈이 충분히 튼튼하다면 가벼운 물체와 무거운 물체의 속력은 같아야 하므로 가벼운 물체와 무거운 물체의 중간의 속력으로 가속될 것이다. 그렇다면 끈의 길이를 더 짧게 해 보자. 끈의 길이를 짧게 해도 여전히 상황은 다를 바 없으므로 여전히 두 물체는 평균 속력으로 가속된다. 끈이 짧아시다가 한 덩어리가 되어도 물체의 속도값은 바뀌지 말아야 한다. 그런데 이것은 모순이다. 두 물체가 합쳐지면 그 무게는 합쳐진 두 물체 중 무거운 물체보다 더 무거운 물체가 되었다고 볼 수 있으므로 이것은 가장 빨리 떨어져야 한다. 이러한 모순이 생긴 이유는 처음부터 무거운 물체가 가벼운 물체보다 빨리 떨어진다고 보았기 때문이다. 그렇다면 무거운 물체가 가벼운 물체보다 느리게 떨어진다고 가정하면 어떻게 될까? 역시 마찬가지의 논증 과정을 거쳐 모순이 발생한다. 그러므로 남은 경우의 수는 하나뿐이다. 무거운 물체나 가벼운 물체나 모두 똑같이 떨어진다고 보는 것이다. 그러면 모순이 생기지 않는다. 이러한 논증 과정을 거쳐서 갈릴레오는 무게에 관계없이 물체는 똑같이 가속되어야 한다는 것을 증명하였다.

갈릴레오는 여기에서 한 걸음 더 나아가 정량화 시도를 하였다. 갈릴레오는 낙하하는 물체가 낙하하면서 가속된다는 것을 알고 있었는데 가속되는 정도를 정량적으로 구하고자 하였다. 처음에 갈릴레오는 정지 상태에서 떨어뜨린 물체는 낙하 거리에 비례해서 속력이 늘어난다고 생각했다. 그러나 그것이 옳지 않다는 것을 깨닫고 낙하 시간에 비례해서 속력이 늘어난다고 생각하였다. 이러한 생각은 그래프에 의한 사고로부터 낙하 거리는 낙하 시간의 제곱에 비례하여 늘어난다는 결론에 이르렀다. 여기까지의 논의는 실험을 거치지 않고 철저하게 추리적 논증을 통해 이루어졌다.

정작 갈릴레오가 야외에서 공개 실험이 아니라 실험실에서의 실험을 계획한 것은 그다음 단계였다. 갈릴레오가 실험을 수행하기 위해서는 정확한 시계가 있어야 했는데 이러한 역할을 할 수 있는 것이 진자였다. 갈릴레오는 이미 피사에서 살던 시절에 진자의 등시성을 발견하였다. 곧 진자의 주기는 진폭에 무관하고 진자의 길이에만 의존한다. 갈릴레오는 이 원리를 바탕으로 탈진 장치에 대한 아이디어를 통해 진자시계에 대한 구상을 하였지만 그것을 실현시키지는 못했다. 그러므로 그가 진자를 이용하여 수행한 실험은 미세한 정확성을 확보하기는 어려웠을 것이고 낙하를 천천히 일어나게 하기 위한 방안이 필요했다. 그리하여 갈릴레오가 도입한 것이 빗면이었다. 빗면에 길이 방향으로 긴 홈을 만들고 거기에서 쇠구슬을 굴렸다. 이렇게 하면 낙하시킬 때에 비해서 공이 움직이는 속력이 줄어들어 실내에서 더 긴 시간 간격을 두고 실험을 수행할 수 있었다. 중요한 것은 갈릴레오가 이 실험 결과에 대해서 발표하지 않았다는 점인데 그가 수행한 실험이 자신의 주장을 뒷받침할 만큼 정확한 결과를 얻지 못했을 수 있다. 더욱더 확실한 것은 갈릴레오 자신도 실험이 사실을 확인할 수 있는 강력한 증거라고 보지 않았다는 점이다. 1630년대 이전까지 실험의 권위는 확립되지 않았고 갈릴레오 자신도 실험 결과를 자신의 논증의 근거로 사용하려 하지 않았다. 다만 스스로 자신의 이론적 추론 과정이 옳았는지를 확인하기 위한 보조적인 수단으로 실험을 수행한 것이었다. 실제로 갈릴레오의 낙하 실험은 시간의 제곱 법칙을 확실히 보여 줄 정도로 엄밀성을 확보할 수 없는 상황이었다. 마찰을 없애 주는 것이 가능하지도 않았고 정확하게 시간을 측정할 수단도 마련되지 않았기 때문이다.

갈릴레오의 역학의 특징은 이상적인 조건을 설정하고 그 상태에서 논의를 전개함으로써 현실 세계와는 유리된 이상화된 세계에서 성립하는 법칙들을 제시하고 있다는 점이다. 이러한 이상화된 조건을 상정함으로써 갈릴레오는 논의를 단순히 할 수 있었고 명확한 법칙화에 이를 수 있었으나 한편으로는 현실 세계와는 동떨어진, 다시 말해서 현실 세계에서는 맞지 않는 역학적 이론을 제시한 셈이 되었다. 경험하는 세계에서는 관성의 법칙도 낙하의 법칙도 성립하지 않았다. 그런 점에서 아리스토텔레스주의자들의 반대가 거세었다. 하지만 갈릴레오는 상당 부분 플라톤에게 안전하게 기대고 있었다. 그가 생각한 운동 법칙들은 사실상 형상의 세계에서 성립하는 법칙이었지 질료의 세계에서 성립하는 법칙이 아니었던 것이다. 그러므로 갈릴레오는 역학을 철저한 수학적인 법칙으로 논하면서 우리의 공간을 기하학화한 것이다. 그러므로 그가 논의하는 역학 법칙이 성립하는 공간은 우리가 실제로 살고 있는 공간이 아니었다. 이상화된 공간에서 이상화된 물질들이 수학적 법칙을 따라 움직이는 세계, 이후에 뉴턴에 의해 확립되는 근대적인 공간 개념이 창출되고 있었던 것이다.

갈릴레오 종교 재판

종교의 과학에 대한 핍박의 대표적인 사례로 거론되는 것이 갈릴레오의 종교 재판이다. 1633년 갈릴레오는 로마에서 코페르니쿠스의 주장을 지지한다는 이유로 유죄 판결을 받았고 사죄와 함께 다시는 태양중심설을 주장하지 않겠다는 서약을 하고 가택 연금으로 감형되어 집으로 돌아올 수 있었다. 갈릴레오가 이러한 곤경에 처하였던 것은 종교의 힘이 강했던 정치 상황과 갈릴레오 자신의 부주의하고 논쟁을 즐기는 성격, 옛 과학과 새 과학의

갈등 등이 복합적으로 어우러져 일어
났다고 볼 수 있다.

갈릴레오의 종교 재판을 유발시킨
원인을 제공한 것은 그가 1630년에
출판한 『두 가지 주된 우주 체제에
관한 대화』(*Dialogo sopra i due massimi
sistemi del mondo, tolemaico e copernicano*)
라는 책이었다. 이 책은 프톨레마이오
스-아리스토텔레스의 우주 구조와 코
페르니쿠스의 우주 구조를 비교하여
코페르니쿠스의 우주 구조가 타당하다
는 것을 입증하기 위해 쓴 책이었다.
일찍이 코페르니쿠스의 『천구의 회전
에 관하여』는 금서 목록에 올랐고 그

그림 16 『두 가지 주된 우주 체제에 관한
대화』 속표지

주장의 위험성은 널리 알려졌다. 그렇지만 갈릴레오는 망원경 관
찰을 통하여 코페르니쿠스의 우주 구조가 옳다는 것을 입증했다
고 생각했고 역학적으로도 새로운 역학 이론을 제시함으로써 코
페르니쿠스의 우주 구조를 옹호하려 하였다. 이러한 목적을 달성
하기 위해서 이 책은 좀 더 미묘한 방법을 취하였다. 세 사람의
인물이 대화하는 방식을 취하여 양 진영의 입장이 분명하게 기술
되게 하고 그 가운데서 독자가 스스로 누구의 견해가 옳은지 판단
할 수 있도록 제시한 것이다. 그렇지만 양식 있는 독자라면 이 논
의가 누구의 승리로 끝나고 있는가를 알 수 있었다.

이런 책이 출판될 수 있었던 것은 갈릴레오가 가톨릭교회 수
뇌부로부터 확실한 지지를 얻고 있었기 때문이었다. 갈릴레오는
신임 교황 우르바누스 8세(Urbanus Ⅷ, 재위 1623-1644)와 이
전부터 친분을 쌓고 있었다. 신임 교황은 학문적 기초가 탄탄한
인물로 갈릴레오의 저서 『시금자』(*Il saggiatore*)를 식사 시간마다
읽힐 정도로 갈릴레오의 과학적 성과에 지지를 보내던 인물이었

다. 그 교황을 만나 갈릴레오는 지동설과 천동설을 대등하게 비교하는 책을 쓰겠다는 의사를 전달했고 교황은 그런 종류의 책이라면 가톨릭교회의 지적 유연성을 과시할 수 있는 책이니 환영한다는 의사를 밝혔다.

갈릴레오는 책을 저술하였고 책은 검열을 거쳐 큰 어려움이 없이 출간되었다. 그렇지만 이 책을 읽은 가톨릭교회의 수뇌부는 이 책이 두 가지 우주 구조를 대등하게 비교하는 책이 아니라는 것을 알았다. 게다가 책에 등장하는 세 명의 화자 중에서 아리스토텔레스주의자인 심플리치오(Simplicio)가 교황을 모델로 했다는 소문이 돌면서 교황은 격노했다. 심플리치오는 이 책에서 며칠간의 논의가 전개되는 동안 코페르니쿠스 우주 구조를 주장하는 살비아티(Salviati, 갈릴레오의 대언자)에게 서서히 설득되어 가는 모습을 보이는데 심플리치오가 주장하는 내용이 어리석은 발언으로 묘사됨으로써 교황은 자신이 갈릴레오에게 속았다는 생각을 하게 된다. 더구나 교황의 측근들 중에서 갈릴레오와 친분이 깊었던 인물들이 실각을 하고 갈릴레오에게 적대적인 인물들이 교황의 주위에 포진하게 된 것이 갈릴레오에게는 매우 불리했다.

결국 갈릴레오는 종교 재판에 회부되었고 로마로 출두 명령을 받았다. 70을 바라보는 노인이었던 갈릴레오는 건강상의 이유를 들어 계속 출두를 미루었다. 실제로 그는 호흡기가 좋지 않았고 시력도 점차 나빠지고 있었다. 그렇지만 출두를 한없이 미룰 수는 없었다. 교황청의 계속되는 출두 촉구와 최후통첩까지 받고 갈릴레오는 어쩔 수 없이 로마로 올라갔다. 로마에서 갈릴레오는 여러 날을 객사에 머무르며 자신을 도울 사람을 수소문해 보았으나 상황이 여의치 않았다. 갈릴레오는 몇 차례의 심문을 받았는데 가장 문제가 된 것은 1616년에 갈릴레오 자신이 서명한 증서였다. 그 문서에서 갈릴레오는 스스로 코페르니쿠스의 이론을 옹호하지 않겠다고 서약을 한 것으로 되어 있었다. 이 서약을 어긴 것이 갈릴레오에게는 변명의 여지가 없는 잘못으로 치부되었다. 갈릴레오는 생명의 위협을 느끼며 자신의 신념을 철회하겠다는 자필 문서에 서명하였다. 자신이 심각한 오류에 빠져 있었음을 인정하며 교회의 선처를 부탁하고 다시는 이러한 내용으로 글을 쓰거나 주장하지 않겠다는 맹세를 했다. 그 정도로 교황의 분은 풀린 듯했다. 갈릴레오는 거동이 불편한 몸을 이끌고 로마를 떠났다. 그의 주변에는 평생 그를 감시하는 사람이 따라다녔다. 그런 와중에서도 1638년에 갈릴레오는 『두 가지 새로운 과학에 관한 수학적 논술』(*Discorsi e dimostrazioni mathematiche intorno a due nuove scienze attenenti alla meccanica*)이라는 책을 집필했다. 이 책은 우주 구조에 대한 논의는 전혀 담고 있지 않았기에 문제없이 출간될 수 있었다. 여기에서 말하는 두 가지 과학이란 낙하 이론과 재료 역학을 지칭한다. 이 책은 이후 새로운 근대 역학의 기초를 놓은 것으로 인정받는다.

갈릴레오의 재판은 갈릴레오 자신의 불행으로 끝난 것이 아니었다. 유럽 전체의 지적 분위기에도 매우 큰 영향을 미쳤다. 과학자들은 용기 있게 새로운 우주론에 대해서 논의를 전개하기가 어려워졌다. 특히 가톨릭에 속한 사람들에게는 그것이 더욱 어려워졌다. 그런 이유 때문에 데카르트(René Descartes, 1596 – 1650)는 코페르니쿠스의 우주 구조를 바탕으로 하는 자신의 우주에 관한 논의를 『세계』(*Le Monde*)에 자세히 전개해 놓았지만 감히 발표할 수 없었다. 그는 가톨릭 신자였기에 억압적 지적 분위기가 팽배했던 프랑스를 떠나 개신교 국가였고 모든 종교에 대해 관용을 베풀고 있었던 네덜란드에 정착하였다. 그럼에도 불구하고 그는 가톨릭으로 남아 있었고 갈릴레오의 재판 소식을 접하고 이 원고의 출판을 포기했다. 결국 이 책은 그의 사후에야 출판되었다. 그럼에도 불구하고 이 책은 아리스토텔레스의 우주 구조를 대신할 수 있는 깊이 있고 통합적인 우주, 물질, 운동에 관한 논의를 담고 있었기 때문에 코페르니쿠스의 우주 구조를 널리 전파하는 데 중요한 기여를 하게 된다. 데카르트는 다른 저서를 포함하여 자연에 관한 깊이 있는 논의를 전개하였고 생기 없는 물질로 이루어진 우주가 충돌과 관성의 법칙에 따라 움직이는 기계적 시스템임을 보이고자 하였다. 이러한 기계적 철학은 이후 호이헌스(Christiaan Huygens, 1629 – 1695)나 뉴턴(Isaac Newton, 1643 – 1727)과 같은 근대역학의 완성자들에게 지대한 영향을 미쳤다.

4

새로운 천문학의 창시자: 케플러

갈릴레오의 반대자들은 그의 망원경 관찰을 신뢰할 수 없다고 했고 갈릴레오 자신도 실험을 주된 논거로 사용하지 않았다. 갈릴레오 자신은 망원경 관찰을 통해 발견한 것을 믿었고 그것을 통해 새로운 과학을 수립해야 한다는 의식을 확고히 했지만 아직 실험의 권위에 대해서는 스스로 확신하지 못했다. 그런 점에서 갈릴레오는 중세를 지배했던 그리스 합리주의(Greek rationalism)에서 벗어나려는 의식을 보였지만 경험주의의 토대 위에 확고하게 서지는 못했다. 경험주의의 진작이 17세기 근대 과학의 출현에 결정적인 기여를 했다는 점을 부인하기는 힘들다. 기존의 그리스 과학 전통을 무너뜨리고 새로운 과학 전통을 수립하는 데 결정적인 역할을 한 것이 관찰과 실험을 통해 발견된 새로운 현상들이었기 때문이다.

경험주의의 융성

어떻게 이 시기에 경험주의가 널리 퍼지게 되었는가에 대한 다양한 연원을 추적할 수 있다. 그중에 하나가 14세기에 널리 퍼지게 된 유명론(nominalism)이다. 유명론은 매우 철학적이고 스콜라적인 논증 구조를 따르고 있었으나 13세기 아리스토텔레스의 철학에 대해 교회에서 내린 금지령과 직접적으로 연결되어 있었다. 13세기에 아리스토텔레스의 철학이 몇 차례의 금지령에 시달렸는데 그중에서 가장 전면적인 것은 1277년의 금지령이었다. 이 금지령은 파리 대학을 지목해서 내려졌는데 219개 명제가 금지당했다. 이 명제 중에는 아리스토텔레스의 책, 아리스토텔레스의 철학에 우호적이었던 토마스 아퀴나스(Thomas Aquinas, 1224－1274)의 저술, 철학 교수들의 가르침 등이 포함되었다. 이러한 가르침 중에서 상당 부분은 기독교와 아리스토텔레스의 철학이 심각하게 충돌하는 부분들을 드러냈다.

우선 아리스토텔레스는 우주의 영원성을 주장함으로써 기독교의 창조와 종말 교리와 충돌했다. 아리스토텔레스는 우주가 영원하므로 시작도 끝도 없다고 주장했다. 그러므로 이러한 우주관은 기독교에서 신이 우주를 무에서 창조했다는 주장과 마지막 날에 하늘과 땅이 모두 떠나간다는 종말 교리와 충돌했다. 더욱 심각한 것은 신의 전능성에 대한 제약과 관계되었다. 이것은 아리스토텔레스의 철학이 가진 그리스 합리주의의 전형이었다. 아리스토텔레스의 자연철학에서 천상계의 물체는 완전하며 이러한 완전한 물체는 등속 원운동을 해야 한다는 것이 당연하므로 신이라 할지라도 천체를 직선 운동하게 할 수는 없었다. 같은 맥락에서 신은 원한다 할지라도 천상계에서 새로운 천체를 만들어 낼 수 없었다. 이러한 중세 철학 교수들의 주장은 당시 대학 내의 신학자들의 심기를 건드렸다. 성경에 따르면 신은 전능한 존재라서 자신이 원하는 것은 무엇이든지 할 수 있다. 신은 만물을 창조할 때에도 자신의 원하는 대로 만들었지 어떤 제한을 받지 않았다. 그런 점에서 그리스적 신은 철저하게 자연의 합리적 설계에 스스로 구속되는 존재이다. 플라톤의 조물주인 데미우르고스는 형상의 질서에 구속되었고 아리스토텔레스가 말하는 자연은 자연에 내재하는 형상의 질서에 구속되었다. 그러므로 신이라는 존재가 이러한 질서를 어그러지게 하는 것은 허용될 수 없었다. 이러한 생각은 기독교의 신이 창조의 하나님이면서 동시에 기적의 하나님이라는 것에 위배되었다. 기적이란 자연의 법칙에 반하는 현상을 일컫는 것이니 기독교에 따르면 신은 자연의 입법자이면서 동시에 스스로 그러한 법을 일시적으로 정지시킬 수 있는 존재이기도 했다. 그렇기 때문에 성경에는 신이 자신의 신성을 드러내기 위해 특별한 목적으로 잔잔한 바다를 가르기도 하고, 태양을 하늘에 멈추기도 하고, 처녀가 잉태를 하게도 하는 것이다. 이러한 기적들은 신성의 위대함을 드러내는 도구로 사용되었다. 그러나 아리스토텔레스주의자들의 주장에 따르면 이러한 기적들은 허용될 수 없는 것이었다. 그들은 이러한 민감한 문제에 대해서 전면적으로 논하지는 않을지라도 신은 천상계에서 직선 운동을 일으킬 수 없다는 말을 통해서 신의 전능성을 제한하는 발언을 서슴지 않은 것이 교회의 입장에서는 문제로 여겨졌다.

이와 더불어 좀 더 민감한 교리와의 충돌이 금지령을 야기했다. 당시 교회는 미사를 드리는 동안 빵과 포도주가 그리스도의 살과 피로 바뀌어서 신자들이 그것을 받아먹고 마실 때 그리스도의 살과 피를 먹는 것이라고 가르쳤다. 이러한 성찬 의식이 단순히 상징적인 의식이 아니라 실제로 현장에서 물질적인 변환이 이루어진다는 주장이었는데 이것이 아리스토텔레스의 철학을 추종하는 자들에게는 조소거리였다. 왜냐하면 성찬에 참가하는 자들은 그들이 받아먹는 것이 여전히 빵의 씹히는 느낌과 포도주의 맛을 그대로 유지하고 있음을 체험하기 때문이다. 성찬에서 받아 먹는 빵이나 포도주는 여전히 빵과 포도주의 성질을 가지고 있었던 것이다. 여전히 빵과 포도주의 성질을 가지면서 그것이 그리스도의 살과 피일 수 있는가? 살과 피는 각각 살과 피의 성질을 가져야 살과 피다. 이것이 아리스토텔레스의 물질 이론의 핵심이었다. 형상과 질료가 실체에는 들어 있고 형상은 실

그림 17 오컴의 윌리엄

체의 모든 성질이며 질료는 아무런 성질을 갖지 않는 그릇에 불과하다. 그러므로 그 안에 담긴 형상(질료)이 바뀌게 되면 실체가 바뀐다. 그것이 4원소가 서로 전환되는 원리이다. 그런데 빵과 포도주는 실체가 바뀌었다고 주장되면서도 여전히 빵과 포도주의 성질을 가지고 있으므로 그것이 진정한 실체 변환을 거치지 않았음을 드러낸다는 것이 아리스토텔레스주의자들의 생각이었던 것이다.

아리스토텔레스주의에 대한 금지령은 파리 주교 탕피에(Etienne Tempier)가 주노가 되어 교황에 의해 칙서가 내려졌다. 금지 당한 명제들은 책에서 지워졌으며 말할 수도 가르칠 수도 없다고 되어 있었다. 그것을 어기는 자는 파문을 당하게 되어 있었지만 파문을 당한 사람이 있었는지는 선명하지 않다. 이러한 것으로 보아 이 금지령이 그렇게 심각하게 학문의 자유를 침해하지는 않은 것으로 보인다. 그럼에도 불구하고 아리스토텔레스주의자들이 이전처럼 드러내 놓고 교회의 심기를 건드릴 수는 없었고 기독교 교리와 충돌하지 않는 방향으로 아리스토텔레스 철학을 순화시킬 필요가 있었다. 이러한 순화의 과정에서 등장하게 된 것이 유명론이었다. 유명론을 정교화하고 발전시킨 14세기의 철학자는 오컴의 윌리엄(William of Okham, 1285 – 1343)이었다. 그는 영국의 오컴 출신이었는데 프란체스코 교단에 속해 있었다. 그는 유명론을 통해 기독교화한 철학의 길을 제시하였고 그것은 후세에 큰 영향을 미쳤다. 그의 주장에 따르면 신을 제외하고 우리가 지칭하는 모든 대상들은 단지 이름뿐이라는 것이다. 실체로서 존재하는 것은 신뿐이며 다른 것들은 단지 개념상으로만 존재할 뿐이라는 것이다. 그러한 개념과 세상에 존재하는 개별적 실체들의 연결은 매우 임의적이라는 것이다. 그러므로 유명론은 실재론과는 대립되었다. 그는 보편자란 마음 밖에는 존재하지 않는다고 보았다. 우리가 어떤 범주를 지어서 부르는 것들이 실제로는 그러한 범주를 갖지 않는 것이 며 그러한 범주 자체가 인간의 머리에서 만들어진 개념적인 것 일 뿐이란 것이다. 그러므로 오컴의 윌리엄은 형상의 세계를 따로 상정한 플라톤의 철학이 존립할 수 없다고 보았다. 가령, 소금이라고 하는 것을 어떤 식으로든 형상에 의해 규정할 수 있다는 것이 플라톤이나 아리스토텔레스의 생각이었는데 오컴의 윌리엄의 주장에 따르면 소금이라고 하는 것은 단지 이름일 뿐이다. 이 세상에 소금이라는 실체는 존재하지 않는다는 것이다. 개별자로서 소금의 범주에 들어가 있는 것들은 훨씬 다양한 속성들을 가지고 있는 것들인데 그것을 우리가 머릿속에서 그렇게 범주화해서 부를 뿐이라는 것이다. 그러므로 우리가 자연을 이해한다고 하는 것은 범주화된 무엇인가를 이해하려고 할 것이 아니라 실체적으로 나타나는 개별적 현상들이 대상이 되어야 한다. 여기에 유명론이 경험주의를 진작시키게 되는 핵심이 있다. 가령, 하늘에서 어떤 빛나던 물체가 갑자기 밝아진다. 우리는 그것을 초신성이라고 부른다. 그러나 중세에 그러한 하늘의 빛은 항성이거나 기상 현상이라고 범주화되었다. 기상 현상이라면 시차에 의해 그것이 매우 가깝다는 것을 쉽게 알아낼 수 있는데 시차를 조사한 결과 그것이 매우 멀리에서 일어난 현상이라면 그것은 천상계의 불변성이라는 아리스토텔레스 철학에 근거할 때 천상계에서 일어날 수 없는 일이므로 그러한 현상 자체가 받아들일 수 없는 대상이 된다. 이러한 상황에서 합리주의적 관점을 따르는 자들에게는 이러한 경험적 관찰 자체를 거부하는 쪽으로 갈 수밖에 없다. 측정이나 관찰 자체가 잘못되었다고 보는 수밖에 없다. 그러나 유명론에 따르면, 그러한 현상은 개별적인 현상일 뿐이고 그 자체로서 일어난 것이 된다. 그것이 우리의 눈에서 일어난 착시인지 머리에서 만들어 낸 것인지 하늘에서 일어난 것인지 알 수가 없으나 그런 현상이 여러 사람의 눈에 관찰되는 것으로 보고되므로 그 사건은 개별적 사건으로 보고될 수 있고 기록될 수 있다. 우리의 짧은 개념적 틀 속에 그것을 넣을 수 없다고 해서 그것을 거부하는 태도를 취하지 않게 되는 것이다. 이러한 태도가 과학으로 나아가는 데는 부족함이 있으나 새로운 현상을 있는 그대로 받아들이는 점에서 관찰의 지위는 이전에 비해 훨씬 올라갈 수 있었던 것이다. 이러한 유명론의 유행이 경험주의를 진작시켰다는 것은 그런 점에서 받아들일 만하다.

또한 중세 신학 상의 변화를 경험주의의 진작의 원인으로 볼 수도 있다. 그것은 주지주의(主知主義) 신학에 대한 반동으로 주의주의(主意主義) 신학이 등장한 셈이다. 주의주의 신학은 신학 상으로 오래된 그리스 철학 전통을 탈피하려는 움직임이었다. 아우구스티누스(Augustinus)부터 플라톤 철학을 기독교 신학에서 원용하려는 적극적인 노력이 있었고 이에 따라 아리스토텔레스의 철학도 기독교화하였다. 주지주의 신학은 합리적 이성에 의거하여 신을 질서의 하느님으로 상정하고 그러한 질서를 스스로 지키는 존재로서 신의 이미지를 만들어 갔다. 신은 합리적 설계에 대한 앎[知]을 스스로 거스르지 않는 존재로 묘사되었다. 그러나 주의주의 신학은 신의 뜻[意]를 강조하였다. 신이 원한다면 원하는 것은 무엇이든지 할 수 있는 존재라는 것이다. 이것이 신의 전능성을 위배하지 않는 것임을 둔스 스코투스(Duns Scotus, 1266 – 1308)와 오컴의 윌리엄은 분명히 했다. 이것은 그리스 철학에서 벗어나 성경이 가르치는 원래의 정신으로 돌아가고자 하는 것이었다. 성경은 기적을 자유롭게 행할 수 있는 신을 가르치며 기적의 체험을 통해서 믿음을 가질 수 있다고 가르친다. 그리스인들처럼 경험에 대한 천대가 아니라 인간의 사고를 뛰어넘는 놀라운 체험이 경험에서 비롯되고 그러한 체험 위에 기독교 신앙은 수립되어 있음을 강조하고 있는 것이다. 그리스도를 마지막 순간에 배신하고 달아나거나 부인했던 제자들이 순교하기까지 믿음을 저버리지 않는 존재로 바뀌게 된 계기는 부활한 그리스도를 만난 것이 었음을 신약성경은 여러 곳에서 드러낸다. 부활한 그리스도를 만났다는 다른 제자들의 말을 듣고도 믿지 못하겠다는 도마(Thomas)에게 나타난 부활한 그리스도는 못 자국 난 손과 창에 찔린 옆구리의 구멍에 손을 넣어 보라고 말한다. 그리고 의심하지 말고 믿으라고 한다. 그러므로 기독교는 부활의 증인들의 믿음 위에 수립되었다고 말하는 것이 정당하다. 그러므로 기독교에서는 이성적으로 받아들일 수 없는 사실이라도 기적으로 보고 믿음으로써 구원에 이르는 길을 제시하고 있는 것이다. 이런 점에서 기적은 매우 중요한 역할을 하고 기적을 알아보기 위해서는 감각 경험이 꼭 필요한 것이다. 그런 점에서 주의주의 신학은 이성만을 중시하고 논리적 접근만을 강조했던 주지주의를 탈피하는 것이 기독교 원래의 신앙을 회복하는 길이라고 보았던 것이다.

이러한 주의주의 신학의 태도는 현상을 있는 그대로 받아들이고 관찰을 통해서 새로운 지식을 쌓아 가려는 과학적 태도와 연결되었다. 17세기로 들어와 주의주의 신학이 널리 과학자들 사이에서 지지를 얻으면서 경험주의가 널리 퍼지게 된 것은 사실이다. 그들은 자연의 신비를 드러냄으로써 신의 전능성과 섭리를 널리 선포할 수 있으리라는 믿음으로 자연을 탐구했다. 그들은 새로운 사실을 관찰하고 보고하는 데 주저함이 없었고 그러한 경험을 통해서 새로운 자연의 질서를 구축하고자 하였다. 이러한 신학적 배경에서 17세기 초에 프랜시스 베이컨(Francis Bacon, 1561 - 1626)이 경험주의 철학적 기초를 놓음으로써 과학자들에게 널리 지지를 얻은 점은 근대 과학의 출현에 주효했다.

티코 브라헤의 천문학

그림 18 티코 브라헤

근대 과학의 출현 과정에서 근본적인 변혁은 경험적 발견들에 의해 주도되었다. 갈릴레오의 망원경 관찰이 그러한 방향에 있었음을 앞 장에서 언급하였지만 이러한 천문학의 변혁은 이미 개선된 천문 관측 데이터에 의해 선도되고 있었다. 주목할 만한 인물은 티코 브라헤(Tycho Brahe, 1546 - 1601)였다. 덴마크의 귀족이었던 티코 브라헤는 조상으로부터 물려받은 재산으로 넉넉한 생활을 누리며 그 여력을 다른 데 쏟지 않고 과학 연구에 쏟아 부었다. 티코 브라헤는 덴마크 국왕으로부터 지원을 받아서 흐벤(Hveen)이라는 섬에 우라니보르그(Uraniborg, 하늘의 성이라는 뜻)를 세웠다. 이 천문 관측소는 당시로서는 첨단 연구 시설을 갖춘 과학 기관이었다. 티코는 20여 년간 이 천문대에서 별을 관측하여 당시로서는 가장 정확한 천문 관측 기록을 얻었다. 티코 브라헤는 자신의 천문 관찰로 기존에 알려져 있었던 전통적인 천문학의 틀을 깨는 데에도 거리낌이 없었다.

1572년, 티코는 하늘에 전에 없던 별이 나타난 것을 목격하였다. 이것은 오늘의 견지에서 초신성이었고 없었던 것이 아니라 육안으로 보이지 않을 정도로 작고 어두운 별이었는데 갑자기 폭발을 하여 밝아진 것이었다. 이 천체는 점점 밝아졌기 때문에 매우 놀라운 것으로 여겨졌는데 아리스토텔레스 철학의 견지에서 보면 천상계의 변화가 불가능하다는 측면에서 볼 때 달보다 가까운 곳에서 빛나는 것이어야 했다. 이에 대해서 시차를 연구한 티코는 신중한 관측을 통하여 이 빛이 다른 별만큼이나 멀리 떨어져 있다는 것을 알아냈다. 이 발견은 결국 아리스토텔레스의 철학 자체에 문제가 있다는 것을 보인 격이었다. 1577년에 혜성이 나타났을 때에도 마찬가지였다. 아리스토텔레스는 이미 이러한 꼬리별에 대하여 그것이 달보다 낮은 높이에 존재한다고 언급했다. 티코는 이 천문 현상에 대해서도 엄밀한 관측을 토대로 이 천체가 달보다 멀리 떨어져 있다는 것을 입증했다. 이 또한 천상계의 완전성에 대한 오랜 믿음을 무너뜨리는 것이었다.

그렇지만 티코 브라헤는 코페르니쿠스의 태양중심설을 받아들일 정도로 급진적이지는 않았다. 그는 이 사상이 항상 급진적 신학과 결부되어 교회와 마찰을 일으키고 있다는 것을 잘 알고 있었다. 그렇지만 코페르니쿠스의 우주 구조가 가지고 있는 장점에 대해서도 잘 알고 있었다. 그리하여 그는 지구를 우주의 중심에서 벗어나지 않게 하고 지구에 운동을 부여하는 것을 배제하면서도 코페르니쿠스의 우주 구조의 장점을 취할 수 있는 방안을 연구하였다. 그렇게 해서 나오게 된 것이 티코 브라헤의 우주 구조였다. 티코는 우주의 중심에 지구를 두고 그 주위에 달과 태양을 돌게 하고 가장 바깥쪽에 항성 천구를 돌게 하였다. 그리고 태양 주위를 나머지 행성들이 돌게 하였다. 이렇게 하면 사실상 코페르니쿠스의 우주 구조와 수학적으로 동등했다.

지구를 공간상에 고정시킬 것인가 태양을 고정시킬 것인가의 차이만 있었다. 티코 브라헤는 왜 금성과 수성이 항상 태양 주위에서 일정한 각도 이상 벗어나지 않는가를 별도의 주전원을 도입하지 않고 설명할 수 있었고 화성의 역행 운동을 설명하기 위해서도 별도의 주전원이 필요 없었다. 그러면서도 지구에 공전이나 자전을 부여하지 않았고 지구를 우주의 중심에서 벗어

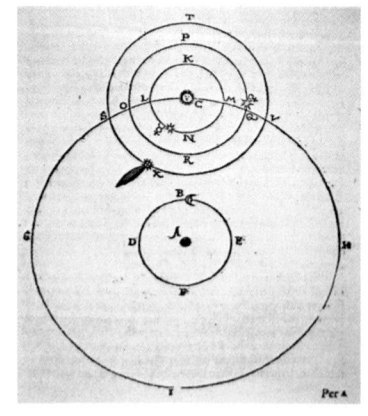

그림 19 티코의 우주 구조

나게 하지 않았기 때문에 아리스토텔레스의 철학 구도와 충돌을 최소화할 수 있었다. 나중에 갈릴레오의 망원경 관찰에서 왜 금성의 위상과 크기가 변하는가도 그의 우주 구조로는 설명이 가능했다. 이런 이유 때문에 티코 브라헤의 우주 구조는 절충적인 안으로서 당시 천문학자들 사이에서 널리 받아들여졌다.

티코와 케플러

이렇게 티코가 보수적인 인물이었음에도 불구하고 근대 천문학의 발전에 가장 지대한 공을 세우게 된 것은 그가 케플러에게 넘겨준 천문 관측 데이터를 통해서였다. 요하네스 케플러(Johannes Kepler, 1571 – 1630)는 독일의 슈투트가르트 근교에서 태어났으며 처음에는 성직자가 되기 위해 튀빙겐(Tübingen) 대학에 들어갔다. 그는 수학에 탁월한 재능을 보이면서 천문학에 관심을 갖게 되었다. 그는 코페르니쿠스의 천문학을 지지하고 있었던 매스틀린(Michael Maestlin, 1550 – 1631)에게서 천문학을 배우면서 태양중심설로 전향하였다. 그는 1594년에 그라츠(Graz) 대학의 수학 강사가 되었다. 그는 1596년에 코페르니쿠스의 우주 구조를 옹호하기 위하여 쓴 책 『우주의 신비』(*Mysterium Cosmographicum*)로 천문학계에서 유명해졌다. 이 책은 코페르니쿠스의 이론을 출발점으로 하여 "행성의 수가 여섯 개인 이유는 정다면체가 5개뿐이기 때문"이라는 주장을 담은 신비주의적인 성격을 띤 저술이었다. 그가 생각한 우주의 구조는 새둥지 모형이라고도 불리는데 이는 정다면체와 구가 겹겹으로 둘러싸고 있는 모양이 새둥지와 흡사하기 때문이다. 코페르니쿠스처럼 그는 우주의 중심에 태양을 배치하였고 가장 바깥의 행성 천구로 토성의 천구를 배치하였다. 그는 그 천구 안에 정육면체를 내접시

켰다. 그리고 그 정육면체에 목성의
천구를 내접시켰다. 이렇게 해서 토
성과 목성의 공전 반지름의 비율이
결정된다는 것이 케플러의 주장이었
다. 다음에 목성의 천구 안에는 정사
면체를 내접시켰고 그 안에 다시 구
를 내접시키면 그것이 화성의 천구였
다. 이런 식으로 목성의 천구와 화성
의 천구의 반지름의 비율이 정해진다

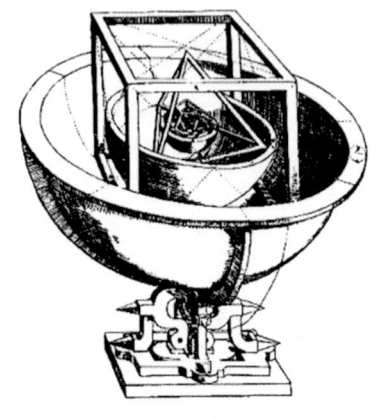

는 것이다. 그 다음에는 화성의 천구

그림 20 케플러의 새둥지 우주 모형

안에 정십이면체를 내접시켰고 그 안
에 다시 천구를 내접시키면 그것이 지구의 천구였다. 지구의 천
구 안쪽에 정이십면체를 내접시키고 그 안에 다시 구를 내접시
키면 그것이 금성의 천구였다. 마지막으로 금성의 천구 안에 정
팔면체를 내접시키고 그 안에 다시 천구를 내접시키면 그것이
수성의 천구였다. 이런 방식으로 6개의 행성의 천구가 하나씩
할당되고 그 사이에 5개의 정다면체가 하나씩 들어가 있는 구조
였다. 이런 방식으로 행성이 6개일 때 그것들의 태양 주위의 공
전 반지름의 비율은 5개의 정다면체에 의해 정해지게 되어 있다
는 것이 케플러의 '신비한' 우주 구조였다. 이러한 신비한 수적
조화를 갖추고 있는 우주는 신의 창조물이며 이러한 우주의 중
심에는 당연히 우주에서 가장 밝은 천체인 태양이 있어야 한다
는 것이 케플러의 생각이었다. 실제로 행성들까지의 반지름이
이러한 비율을 갖는지 아닌지는 당시 관측 데이터로서는 확인되
지 않았지만 케플러는 대범하게 그러해야 한다는 주장을 펼쳤다.
이러한 자신에 넘친 젊은 수학자의 책을 읽고 갈릴레오나 티코
는 강한 인상을 받았다.

그렇지만 개인적으로 케플러의 삶은 그리 순탄하지 못했다.
당시는 종교 분쟁이 심각했고 지역별의 종교의 선택은 통치자의

자율에 맡겨졌다. 통치자가 선택한 종교를 그 지역의 신민은 따라야 했고 그것을 원하지 않으면 그 지역을 떠나야 했다. 케플러가 살던 지역의 통치자가 가톨릭을 자신의 종교로 택하면서 루터교 신자였던 케플러는 종교를 바꾸든지 그 지역을 떠나든지 선택해야 하는 처지에 처했다. 그는 어느 것도 하려고 하지 않았는데 갑자기 그의 어린 딸이 죽었을 때 교회는 그녀의 딸의 장례를 치러 주지 않았다. 케플러는 이런 불이익을 감수하며 자신의 임무를 다하려고 하였다. 그러나 그는 어쩔 수 없이 그곳을 떠날 수밖에 없었다. 그때 프라하(Praha)에 티코 브라헤가 와 있다는 소식을 접했다. 당대에 가장 뛰어난 천문학자인 티코에게 가면 일할 수 있는 자리를 얻을 수 있으리라는 소망을 가지고 케플러는 프라하로 향했다.

티코 브라헤는 케플러가 자신을 찾아온다는 소식을 듣고 기뻤다. 이 젊은 수학의 천재를 꼭 한 번 보고 싶었기 때문이었다. 그는 혹시 이 젊은이라면 자신의 방대한 천문 관측 기록을 정리해 줄 수 있는 인물일 것이라고 기대했다. 그렇지만 티코 브라헤가 그렇게 쉽게 외국인을 믿어 주는 사람은 아니었다. 케플러가 티코의 성에 도착하였을 때 그는 여러 날을 기다린 후에야 티코를 만날 수 있었고 그에게 일할 자리를 부탁하였으나 바로 긍정적인 답변을 얻지 못했다. 티코는 이미 조수들이 있었지만 그들은 케플러처럼 탁월한 자질을 갖추지는 못했다. 티코는 관측 데이터의 일부를 케플러에게 맡기고 작업을 해 보도록 했다. 무엇보다도 티코는 케플러가 코페르니쿠스의 우주 구조를 옹호하고 있다는 것이 못마땅했다. 그는 케플러가 자신의 우주 구조를 가지고 자신이 하지 못한 일을 해 주기를 기대했다. 그렇지만 정작 케플러는 코페르니쿠스의 우주 구조를 옹호하고 자신의 미흡한 행성 운동의 법칙을 완성하기 위해서 티코의 관측 기록이 필요했다. 두 사람의 신경전은 얼마간 계속되었다. 그럼에도 불구하고 티코는 루돌프 2세(Rudolph Ⅱ, 재위 1576 – 1612) 신성로마제국 황제에게 케플러를 소개했고 이것은 티코 사후에 케플러가 황제의 천문학자가 되는 계기가 되었다.

몇 달 후 티코는 황제가 연 연회에 참가했다가 소변을 오랫동안 참았고 그것이 계기가 되어 방광에 문제가 생겼다. 게다가 티코는 중금속에 중독되어 있었다. 그는 젊은 시절에 결투를 벌였다가 코를 베인 일이 있었다. 그는 베인 코를 자신이 직접 물질을 조합하여 만든 인조코로 가렸다. 티코는 연금술에 상당한 조예가 있었기 때문에 물질을 다루는 기술에서도 그는 일가견이 있었다. 그러나 그는 자신의 인조코의 성분 중 하나인 중금속의 해악에 대해서 별로 지식이 없었다. 중금속은 서서히 티코의 몸으로 녹아 들어갔고 그 몸에서 농축이 이루어졌다. 이러한 것이 원인이 되어 티코는 고열에 시달리게 되었다. 그는 사경을 헤매면서 자신이 이룩해 놓은 방대한 천문 관측 데이터가 제대로 분석되지 못한 것을 몹시 아쉬워했다. 결국 그는 결단을 하여 유서를 작성하게 하였는데 그 안에 자신의 천문 관측 데이터의 정리 권한을 케플러에게 맡긴다고 적게 했다. 며칠 후에 티코는 사망했고 당시 세계에서 가장 정밀한 천문 관측 데이터는 케플러에게 맡겨졌다.

커플러의 법칙들

케플러는 이내 그 데이터를 분석하는 작업에 들어갔다. 그는 우선적으로 화성의 궤도를 태양 중심으로 정확하게 확립하는 일을 시작했다. 16세기 말에 그가 시작했던 일을 완수하려는 첫발을 내딛은 것이었다. 이후 그의 지적 여정은 1609년에 출판된 그의 자서전적 저서인 『신천문학』(*Astronomia nova*)에 수록되었다. 티코 브라헤의 관측 데이터는 당시 육안으로 관찰할 수 있었던 가장 정밀한 수준인 4분의 오차 내에 있었다. 그는 원운동의 조합에 의해 티코 브라헤의 관측치를 구제하려는 노력을 경주했다. 그러나 8분의 오차를 결코 줄일 수 없다는 결론에 도달했다. 여기에서 우리는 케플러의 위대한 결단을 보게 된다. 당시로서는 8분의 오차는 그렇게 큰 수치가 아니었다. 어떤 수학적 이론도 8분의 오차 이내에서 현상을 설명하는 이론은 나온 적이 없었다. 그러므로 케플러 자신은 성공을 거두었다고 보아도 무방했다. 그럼에도 불구하고 케플러는 지적으로 정직했다. 그는 스스로를 속이지 않았다. 그는 티코 브라헤의 관측치의 정밀성을

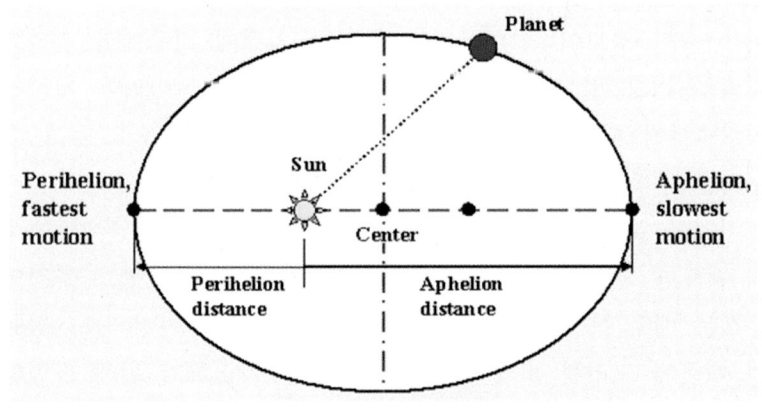

그림 21 케플러의 제1 법칙

신뢰했다. 그렇기 때문에 자신이 힘들여서 철저하게 계산한 결과를 버렸다.

　케플러는 수년간의 노력의 결과를 과감히 포기하고 새로운 가정으로부터 출발하여 4분의 오차 범위에서 현상을 구제하기 위한 방안을 연구하였다. 그는 우여곡절 끝에 타원 궤도에 도달했다. 그는 비로소 원으로부터 탈피할 수 있었다. 케플러가 그토록 오래도록 천체의 운동은 원운동의 조합 이외에는 가능하지 않다는 선험적인 법칙으로부터 탈피할 수 있었던 것은 그가 철저하게 티코 브라헤의 관찰이 옳다는 신념을 가지고 있었기 때문에 가능하였다. 자연이 철저하게 수학적 질서를 가지고 있다

는 선험적인 믿음과 태양이 우주에서 첫째가는 천체이므로 마땅히 우주의 중심이어야 한다는 또 다른 선험적인 믿음이 결합하여 근대 과학의 첫 번째 위대한 수학화의 성과를 이루어 내었다는 것은 아이러니다. 이러한 결론에 이르기가 얼마나 어려웠을지는 우리가 상상하기 어렵다. 케플러가 알고 있었던 정보는 태양을 주위로 돌고 있는 지구에서 태양 주위를 역시 조금 더 큰 궤도로 돌고 있는 화성이 항성을 배경으로 하여 나타나는 상대적 위치와 그 위치에 있을 때의 시간 정보뿐이다. 이때의 시간 정보란 특정한 날짜에 특정한 항성이 몇 시에 어느 방향에 있는지에 대한 정보이다. 케플러는 특정한 시점에 지구에서 화성까지의 거리가 얼마나 되는지는 알 수가 없었다. 이러한 제한된 정보로부터 태양 주위를 화성과 지구가 어떠한 궤도로 돌고 있는지를 어떻게 찾을 수 있는지 상상해 보라.

이러한 복잡한 문제를 풀기 위해서는 어떤 식으로든지 행성의 궤도를 상정해야 계산을 할 수 있었는데 이러한 궤도 추정의 문제는 매우 복잡했다. 케플러는 타원에 대해서 이미 알고 있었기 때문에 그러한 도형을 천체의 운동을 기술하기 위해 도입할수 있었지만 각 행성의 궤도의 이심률과 궤도 긴반지름을 알아내는 과정이 쉽지 않았다. 케플러는 행성이 타원 궤도를 그린다는 것을 알아내는 데 그친 것이 아니라 그것이 어떠한 법칙을 따르면서 부등속 운동을 하는지도 알아냈다. 이른바 케플러의 제2 법칙 곧 면적

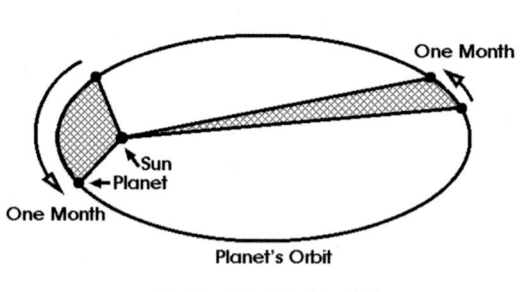

그림 22 케플러의 제2 법칙

속도 일정의 법칙이 그것이다. 즉 태양과 어떤 행성을 연결하는 동경이 단위 시간당 휩쓸고 지나가는 면적은 항상 같다. 다시

말하자면 행성이 태양에 가까이 접근하면 공전 속도가 빨라지고 행성이 태양에서 멀어지면 공전 속도가 느려진다는 것이다. 이러한 부등속 운동을 행성에 부여한 것은 오랫동안 무비판적으로 받아들여졌던 대로 행성을 포함한 천체는 등속 운동만 할 수 있다는 믿음을 무너뜨린 점에서 새로운 시대를 연 것으로 기억되어야 한다. 원을 깬 사람이 등속까지 깼다. 위대한 발견자는 하나의 위대한 발견으로도 부족하여 또 하나의 위대한 발견을 연이어 한다. 다른 사람은 하나도 찾아내기 힘든 것을 둘씩 셋씩 찾아낸다. 갈릴레오도 그렇고, 뉴턴도 그렇고, 아인슈타인도 그렇다. 정말 빈익빈 부익부가 심한 곳이 과학계이다.

결국 과거에는 당연시되었던 원운동과 등속 운동이 깨어지자 왜 타원 운동과 부등속 운동이 일어나는지를 설명해야 할 필요성이 제기되었다. 이에 대해서 케플러는 신비주의자답게 대응하였다. 태양으로부터 바큇살 모양으로 운동령(anima motrix)이 뻗어 나와 행성에 미치게 되는데 행성이 가까이 있을 때에는 영향력이 크고 행성이 멀리 있을 때는 영향력이 약하다. 그래서 행성이 가까이 있을 때에는(또는 가까이 있는 행성은) 빨리 돌고, 멀리 있을 때에는(또는 멀리 있는 행성은) 천천히 돈다는 것이다. 이것은 그럴듯하게 케플러의 제2 법칙을 설명하는 듯이 보이지만 실상 왜 행성이 어떤 때에는 멀어졌다가 어떤 때에는 가까워져서 타원 궤도를 그리는지는 설명하지 못했다. 신비주의적 색채를 빼기 위해 나중에 케플러는 운동령을 운동력(viva motrix)으로 바꾸었지만 그렇게 해도 문제는 해결되지 않았다. 결국 케플러의 변혁은 오랫동안 불변이었던 천문학의 토대를 흔들어 놓음으로써 역학상의 변혁을 요청하게 하였고 이것은 뉴턴에 의해 이루어짐으로써 근대 천문학 혁명은 역학 혁명을 유발하게 되고 역학 혁명을 통해 천문학의 혁명이 미결로 남겨두었던 문제는 해결의 실마리를 얻게 된다.

어떤 독자는 왜 케플러의 제3 법칙은 언급되지 않는지 의문을 품을 것이다. 케플러의 제3 법칙은 1619년에 『우주의 조화』(*Harmonice Mundi*)를 통해 발표되었다. 책의 이름에 맞추어 조화의 법칙이라고 불리는 이 법칙은 1596년에 제시하였던 행성의 궤도 반경의 비율에 대한 케플러의 법칙을 개정한 법칙이다. 더 이상 5개의 정다면체와 행성의 궤도 반경을 연결 짓는 것이 타당하지 않다는 것을 인식한 케플러는 행성의 궤도 반지름과 행성의 공전 주기의 관계를 역시 티코 브라헤의 관측치로부터 유도해 내었다. 행성의 공전 간반지름의 세제곱을 그 행성의 주기의 제곱으로 나눈 값은 모든 행성에 대하여 일정하다는 것이다. 자연의 수학적 질서를 보여주는 또 하나의 법칙으로 역시 뉴턴의 만유인력 법칙에 의해 다른 두 법칙과 함께 설명됨으로써 역학 혁명을 돈독하게 하는 중요한 역할을 하게 될 법칙이다. 신비주의와 근대성의 교차가 극명하게 나타나는 케플러의 독특한 면모를 다시 드러내 주는 부분이다.

신비주의자로서의 케플러의 면모는 그가 점성술에도 일가견이 있었다는 점에서 더욱 두드러진다. 케플러 자신이 황실 수학자, 곧 황실 점성술사로서 명성을 얻게 되는 과정은 그가 젊어서부터 생계를 잇기 위한 수단으로서 시도한 점성술이 상당한 성공을 거두면서 이루어졌다. 그는 전통적인 점성술 지식에 정통했으며 점성술에 관한 책을 집필할 정도였다. 실제로 혹한이나 가뭄, 외적의 침입 등과 같은 중대 사건을 예언해 적중시켰고 한 젊은이가 장차 큰 권력을 얻게 될 것이라는 예언을 해 주었다가 몇 십 년 후에 실제로 그 젊은이가 황제가 되어 황제의 점성술사가 된 사례도 있었다. 케플러가 티코 브라헤를 만난 이후에 대학에도 몸담지 않고 계속 황실 수학자로서 연구를 수행할 수 있었던 것은 점성술사로서 그의 능력을 인정받았기 때문에 가능했다. 케플러는 점성술이 어리석은 짓이라고 말하면서도 스스로 그것이 자신의 생계를 이어 가는 직접적인 수단이 된다는 점에서 그것을 포기하지 못했다. 그가 열악한 환경에서도 연구를 이어 갈 수 있는 직접적인 수입원이 그것에 있었다는 점은 당시 과학자의 지위가 견고하지 못했음을 잘 드러내 준다. 그는 티코 브라헤가 남긴 방대한 천문 관측 데이터를 정리하여 1627년에 루돌프 천문표(Rudolphine Table)를 출판하였는데 이러한 천문표는 축일의 계산, 달력의 제작, 배의 위치 파악 등의 다양한 목적에서 사용되었다. 그런 점에서 케플러의 계산 작업은 실용적인 수학의 유용성을 잘 드러낸 사례였다.

케플러의 업적이 얼마나 시대에 앞서 있었던지 그의 천문학 이론이 담고 있는 혁명성은 과학혁명가로 볼 수 있는 갈릴레오마저도 거부하였다. 갈릴레오는 코페르니쿠스의 태양중심설을 힘겹게 옹호하었는데 그는 1630년대에 이르러서도 여전히 원운동의 조합으로서 그것을 받아들이고 있었다. 이러한 경향은 데카르트에게도 마찬가지였다. 그도 열렬한 코페르니쿠스의 옹호자였지만 그가 생각한 행성의 궤도는 원형이었다. 이러한 17세기 초의 위대한 코페르니쿠스주의자들은 코페르니쿠스 자신이 그랬던 것처럼 행성들의 원 궤도를 버리지 않으려고 했다. 그런 점에서 케플러의 개혁이 얼마나 시대에 앞선 근본적인 것이었는지가 더욱 선명해진다. 뉴턴의 역학 법칙이 케플러의 법칙에 철저하게 의지하게 될 것임을 감안할 때 케플러가 없었다면 뉴턴도 만유인력의 법칙에 도달할 수 없었을 것이라고 감히 말할 수 있다. 케플러가 남겨 놓았던 미결의 문제 그것의 해결이 강하게 과학자들을 압박하고 있었기 때문에 뉴턴의 업적은 그러한 필요를 채우는 업적으로 제시될 수 있었던 것이다. 그렇게 등속 원운동으로부터의 탈피는 중세로부터 근대가 벗어나는 길에서 중요한 역할을 수행하였다. 또한 이러한 케플러의 위대한 업적의 이면에는 정밀한 관측을 수행한 티코 브라헤와 그의 관측의 정확성을 믿고 끝까지 관측에 입각한 수학적 이론을 수립하려고 하였던 경험주의자 케플러의 정신이 시대를 앞서 흐르고 있었던 것이다.

5

근대적인 생리학의 시작: 하비

자연사의 기원

오늘날 생물에 대한 모든 연구를 포괄하는 생물학(biology)이라는 분야는 우리가 흔히 생각하는 것보다 최근에 성립된 분야이다. 19세기에 이르러서 생물학이라는 용어가 사용되었고 그것이 하나의 통합된 분야로 인식되게 된 것은 19세기가 한참 지난 뒤였다. 생물학을 구성하게 된 주요 부분은 자연사(natural history) 중 식물사와 동물사에 해당하는 부분과 의학 중에 생리학과 해부학이었다. 자연사라는 분야는 고대에 그 연원을 갖고 있는 분야인데 자연에 대한 백과사전식 지식의 총체로 일찍부터 발전하였다. 고대 그리스에서부터 이미 이러한 자연사적 저술들을 접할 수 있다. 아리스토텔레스는 『동물학』(*Animalium*)을 저술하여 동물에 대한 자신의 연구를 정리하였고, 그의 제자인 테오프라스토스(Theophrastos)는 『식물지』(*Historia Plantarum*)를 출판하여 식물에 대한 연구에서 일가를 이루었다. 로마 시대에도 방대한 분량의 자연사 저술들이 백과사전의 일부로서 편찬되었다. 자연사 분야에서 동물과 식물에 대한 부분은 광물에 대한 부분과 함께 일찍부터 고대인들의 많은 관심을 끌었는데 그것이 전적으로 과학의 범주에 넣을 수 있는 연구만을 포함하는 것은 아니었다. '사'(史)라는 말은 historia를 번역한 말인데 꼭 역사만을 의미하지 않고 일반적인 '연구'를 총칭하는 말이었다. 동물이나 식물에 대한 연구라고 하면 동식물의 생태, 분포, 구조 등에 대한 논의를 담고 있을 것이라고 짐작하지만 고대인들은 그 못지 않게 식물이나 동물 또는 광물의 상징에 큰 관심을 가졌다.

이러한 연구들은 특히 점성술이나 신비주의 사조가 유행하였던 3세기 이후부터 자연의 신비한 네트워크의 일부로서 상징적 의미를 더욱 주목하였다. 『피지올로구스』(*Physiologus*)라는 저술은 2세기에 처음 만들어지기 시작했는데 현존하는 것은 5세기경에 편집된 것이다. 이 책은 고대 지중해 연안에서 발견할 수 있는 동물, 식물, 광물, 상상의 동물 등을 다루었는데 자연물의 상징적 의미에 대해서 기독교의 관점에서 논의 하고 있다. 중세를 거치는 동안에는 더욱 자연물에 대한 상징이 이 분야의 연구의 주류를 이루면서 과학적인 탐구라고 부를 만한 것은 소멸되었다.

생리학의 발전

한편 생리학 분야의 연구는 일찍부터 의학의 일부로서 의사들에 의해 이루어졌다. 메소포타미아와 이집트의 의학에서 두드러지는 특징은 질병의 원인과 치료를 초자연적인 힘에 의지했다는 점이다. 많은 질병이 영적인 존재에 의해서 비롯되는 것으로 여겨졌기 때문에 치료를 위해서도 무당과 영매의 힘을 의지하는 경우가 많았다. 이들 치료자들은 자신의 치료의 효과를 높이기 위해서 때로는 자연적인 수단을 동원하기도 하였다. 진통제나 소화제, 관장약, 설사약 등 기본적인 약효를 내는 식물이나 동물에 관한 정보들이 조금씩 누적되었다. 이집트의 의학 문서로 기원전 16세기에 기록된 에버스(Ebers) 파피루스에는 877가지 내과 관계 증상이 기록되어 있고 그에 대한 처치법이 소개되어 있다.

역시 대부분은 주문이나 축문 외우기 등이 사용되었으나 더러는 시진이나 촉진에 의한 진찰과 식물성, 동물성 약제의 사용이 시도되었다. 에드윈 스미스(Edwin Smith) 파피루스는 기원전 2000년경에 이집트에서 기록되었는데 외과술의 내용이 주종을 이루는데 성형수술을 행했다는 기록도 남아 있다. 또한 기름을 환부에 바르는 방법 등 이미 자연적인 치료법을 쓰고 있었음을 보여준다. 이집트인들이 만들어 온 미라는 그들이 이미 인체의 기관과 기능에 대한 상당한 이해에 도달해 있었을 가능성을 시사해준다. 그럼에도 불구하고 그들의 해부학과 병리학적 지식은 초보적 수준을 벗어나지 못하였다. 그리스에서는 여러 가지 치료술이 발전했는데 그중에서 기원전 5세기 말부터 4세기 초에 걸쳐 활동한 의사 히포크라테스(Hippocrates of Cos, B.C. 460?－370?)는 경험적인 진단을 통해 합리적인 질병 치료를 추구하는 점에서 시대를 앞서 나갔다. 그는 자신의 가르침을 따르는 사람들과 함께 히포크라테스학파를 이루었는데 그의 학파의 저술이 히포크라테스 전집으로 남아 있다. 그중에는 히포크라테스학파에 속하지 않은 사람들의 저술도 일부 포함되어 있다. 히포크라테스학파는 질병의 원인을 신체적인 데에서 찾고자 했다는 점에서 이전 시대와 분명히 차별화되었다. 심지어 '신성한 병'이라고 불리던 간질과 같은 질병도 신체적인 이상에 의해서 비롯된다는 인식을 가졌다. 그러므로 이들은 신체의 상태를 자세히 관찰하여 병을 진단하려는 노력을 경주했다. 이를 위해 발병 이후 병의 진전을 면밀하게 관찰하여 결말을 꼼꼼하게 기록해 놓았다. 이러한 정보가 쌓이자 의사들은 병의 초기 증세만 보면 이후에 병이 어떻게 진행될 것인지를 예단(prognosis)할 수 있었다. 이러한 임상적인 활동을 통해서 히포크라테스학파의 의사는 병을 구분하고 이해하고 처치하기 위한 지식을 쌓게 되었다.

히포크라테스학파는 질병을 발생과 치료에 관하여 4체액설을 받아들여서 이후 서양 의학에 지대한 영향을 미쳤다. 사람의 몸에는 네 종류의 체액이 있다고 하였는데 혈액, 황담즙, 흑담즙, 점액이 그것이다. 혈액을 제외하고는 각각이 무엇을 지칭하는지는 정확하게 알 수 없지만 이 네 가지 체액이 사람의 몸에서 균형을 이룰 때 사람은 건강하고 그것의 균형이 깨질 때 병에 걸린다고 했다. 그러므로 병을 치료하기 위해서 취해야 할 조치도 체액의 균형을 이루어 주기 위한 것이었다. 가령, 어떤 사람이 미쳐 날뛰어서 사람들이 그를 끌고 오면 의사가 진단하여 혈액이 많다는 결론을 내리면 사혈(瀉血) 조치를 취하게 된다. 혈관을 잘라서 혈액을 빼 주면 이내 사람이 조용해진다. 그러면 확실히 치료가 되었다는 식이었다. 사혈 요법 시행 중에 과다 출혈로 19세기까지 많은 사람이 죽었다. 그런데도 상당히 효과가 있었던지 그렇게 오랫동안 이 방법은 서양에서 시술되었다. 그 밖에도 체액을 조절하기 위해서는 설사나 구토 등을 유도하는 방법이 사용되었고 이를 유도하는 약제들이 동원되었다. 또한 신체의 특정 부위에 체액이 몰리는 현상으로 질병이 유발되는 것으로 보았으므로 이를 해결하기 위해 마사지나 냉탕이나 온탕 요법 등 물리 치료술을 시행하기도 했다.

갈레노스의 생리학

  히포크라테스학파의 경험주의적이고 합리적인 치료법은 이후에 더욱 발전을 거듭하였고 로마 황제 마르쿠스 아우렐리우스(Marcus Aurelius, 재위 161 – 180)의 시의였던 갈레노스(Claudios Galenos, 129? – 199?)는 그리스 의학을 집대성하여 방대한 저술로 남겼고 그의 저술들은 이후 서양 의학의 바이블이 되었다. 갈레노스의 치료법은 체액균형설을 더욱 정교화하고 확장시켰는데 특히 신체의 기능을 설명하기 위하여 3가지 영의 소모에 의한 생리 기능설을 제창하였다. 갈레노스의 체계에 따르면 신체의 중심 기능은 소화, 호흡, 신경인데 이 세 기능을 담당하는 중심 기관이 있고 이 기관으로부터 세 가지 영이 생산되어 온몸으로 각각 독특한 통로를 통해 퍼져 나가 생리적 기능을 다한 후 소모된다고 했다. 이 세 가지 기능은 세 가지 영을 통해서 서로 긴밀하게 연결되어 있었다.

우선 소화의 중심 기관은 간이었다. 사람이 먹은 음식물은 위로 가는데 위와 장에서 흡수된 음식물의 영양분은 간으로 모이게 된다. 간에서 자연의 영(natural spirit)이 생산되는데 이는 영양분을 온몸에 전달하는 역할을 한다. 자연의 영은 정맥을 타고 흐르게 되어 있었으니 검붉은 혈액이었고 영양분이 많이 들어 있었다. 정맥을 타고 자연의 영이 온몸으로 퍼져서 신체 각 기관에 자연의 영을 전달해 준다고 했다. 이 중 일부는 심장으로 들어가게 되는데 심장의 우심방으로 들어온 피는 우심실로 내려 오는데 우심실의 피는 우심실과 좌심실을 가르는 격막에 뚫려 있는 구멍을 통과하여 좌심실로 이동한다. 좌심실에는 폐정맥을 통하여 폐로부터 공기가 유입되어 좌심방을 통해 좌심실에서 자연의 영과 만나서 생명의 영(vital spirit)이 만들어진다. 생명의 영은 동맥을 타고 온몸으로 생기와 온기를 실어 나른 후에 소모된다. 그중에 일부가 뇌로 가서 뇌 속에 레테 미라빌레(rete mirabile)라는 곳에 들어가서 동물의 영(animal spirit)으로 바뀌게 된다. 동물의 영은 신경을 타고 온몸으로 흘러가면서 운동과 감각의 신경 작용을 일으킨 후에 소모된다.

이렇게 갈레노스의 체계에서는 3가지 영이 생리적 기능의 중추를 담당하고 3가지 영이 온몸에서 모두 소모되는 소모 이론이었다. 갈레노스의 생리

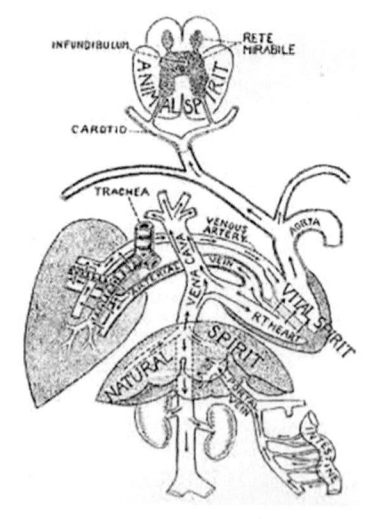

그림 23 갈레노스의 세 가지 영

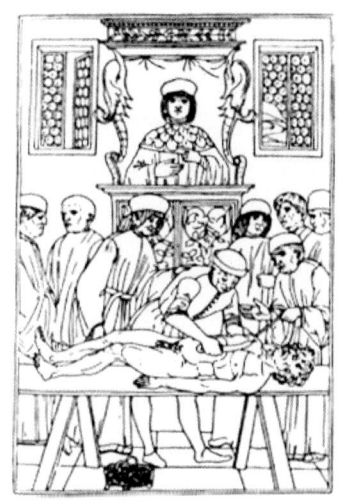

그림 24 이탈리아 대학에서의 의학
강의(15세기 말)

학 체계는 갈레노스가 원숭이나 돼지와 같은 동물에 시행한 해부학으로부터 얻은 지식에 기초하여 수립되었다. 이미 기원전 3세기에 알렉산드리아에서 헤로필로스(Herophilos, B.C. 335?−280?)와 에라시스트라토스(Erasistratos, B.C. 304?−250?)는 프톨레마이오스 왕이 특별히 제공해 주는 사형수의 시체를 해부하여 인체 신경의 중심이 뇌인 것은 알아냈지만 심장의 구조와 피의 경로에 대해서는 살레노스에게 알려준 것이 없었다. 갈레노스가 인체 해부를 했다는 증거는 없었으나 그의 이론은 해부학에 대한 치밀한 검증 없이 아랍 세계를 거쳐서 다시 서양 세계까지 전래되어 근대 초기까지 서양 의학을 지배했다. 16세기에도 갈레노스의 의학은 아랍에서 들어온 의학을 포함해서 가장 권위 있는 의학 이론이었기에 이를 비판하는 자는 의사 자격을 상실하기까지 했다. 파라켈수스(Paracelsus, 1493−1541)는 스위스의 바젤 대학에서 의학을 가르치다가 갈레노스의 체액 이론에 반기를 들고 약제에 의한 질병 치료를 주장하면서 갈레노스의 책들을 광장에서 불태웠는데 이로 인하여 대학에서 쫓겨나 순회 의사가 되었다.

새로운 의학 전통

근대적인 생리학과 해부학의 탄생을 위해서는 갈레노스의 의학 이론을 극복하는 것이 급선무였다. 이러한 움직임은 이탈리아의 파도바 대학에서 시작되었다. 파도바 대학은 17세기 초에 갈릴레오에게 그랬던 것처럼 자유로운 학문적 기풍이 넘치는 곳이었다. 16세기에 이곳에서 새로운 의학 전통을 수립하려는 움직임이 시작되고 있었다. 그것은 의학 교육의 개혁으로부터 시작되었다. 전통적인 의학부의 교육은 중세로부터 갈레노스의 저술들을 교수가 읽고 그것에 따라 조교인 이발사 겸 외과의가 강단 아래에서 시체의 해당 부위를 메스로 잘라 보여주는 방식으로 진행되었다. 그러나 실상 시체 해부는 형식적이었고 갈레노스의 텍스트를 위주로 강의가 진행되었다. 이는 경험주의가 그 가치를 인정받지 못하던 오랜 전통 때문이었다. 또한 외과술이 대학 교육 내에서 차지하는 낮은 지위 때문이기도 했다. 당시에 외과술은 대학 내에서 정식으로 가르쳐지는 과목이 아니었고 외과의의 배출 방법도 대학 교육을 통해 이루어진 것이 아니라 이발사 겸 외과의 길드를 통해서 중세식의 도제 수업에 의해 이루어졌다. 외과의는 이발사도 겸업했는데 오늘날의 사고방식으로는 이상하기 그지없는 결합쌍이지만 지금도 이발사의 가운과 의사의 가운이 비슷한 점과 이발소를 상징하는 원기둥에 흰색, 청색, 적색의 띠가 말려 있는 것이 붕대, 정맥, 동맥을 상징한다는 것을 안다면 이 두 업종 사이의 긴밀성을 짐작할 수 있을 것이다. 당연히 해부학이나 외과학은 대학 교육에서 별로 중시되지 않았다.

이러한 전통에 새바람을 불어넣은 인물은 파도바 대학의 베살리우스(Andreas Vesalius, 1514-1564)였다. 그는 파리 대학과 파도바 대학에서 의학을 공부하고 젊은 나이에 파도바 대학에서 해부학 및 외과학 교수가 되었다. 그는 스스로 해부학 연구에 매진하였고 이를 바탕으로

그림 25 베살리우스의 해부학 강의

정밀한 해부학 교재를 집필하였다. 그의 해부학은 전문적인 화가의 그림을 담고 예술적으로 그려져 있어서 해부학의 수준을 한 차원 끌어올렸다. 그는 학생들이 직접 둘러보는 가운데 직접 메스를 들고 시체를 해부하면서 학생들을 가르쳤다. 이러한 새로운 경험적 전통은 갈레노스 생리학에 문제가 있음을 드러내고 그러한 새로운 의학이 받아들여질 수 있는 사상적 토대를 마련하는 계기가 되었다.

1543년, 코페르니쿠스의 책『천구의 회전에 관하여』가 출판된 해에 베살리우스는 『인체 해부에 관하여』(De Humani Corporis Fabrica)를 출판하였다. 이 책을 통하여 베살리우스는 갈레노스의 해부학의 오류들을 지적하였다. 그에 따르면 갈레노스가 설정한 격막 구멍은 존재하지 않았으며 폐정맥에는 공기가 아니라 피가 차 있었다. 이러한 사실들은 갈레노스의 소모 이론이 근본적으로 문제를 가지고 있음을 의미했다. 그렇지만 의학자들이 이러한 발견 때문에 쉽게 갈레노스의 이론을 포기할 수는 없었다. 얼마 지나지 않아 세르베투스(Michael Servetus, 1611? – 1653)와 콜롬보(Matteo Realdo Colombo, 1616? – 1659)가 피는 우심실에서 나와 폐를 거쳐 좌심방으로 돌아온다는 폐순환을 논리적 추론과 해부 관찰을 바탕으로 주장하였다. 폐순환이 존재한다는 것은 체순환도 존재할 수 있음을 지시하고 있었지만 보수적인 의학자들은 폐순환의 발견이 격막 구멍이 없기 때문에 갈레노스의 이론에서 문제가 되는 부분, 즉 자연의 영이 심장의 오른쪽에서 왼쪽으로 이동할 수 없는 문제를 해결해 주는 것이라고 이해했다. 이로써 베살리우스가 제시한 문제는 해결되는 것처럼 보였다.

그러나 베살리우스가 한번 시작한 해부 관찰의 전통은 파도바 대학 내에서 하나의 경향을 형성했고 후속적으로 이어진 해부 관찰의 전통은 새로운 발견들을 이어지게 했다. 이 시점에서 영국의 젊은이 윌리엄 하비(William Harvey, 1578 – 1657)가 파도바 대학으로 유학 왔다. 하비는 베살리우스의 전통을 잇는 교수인 파브리치우스(Hieronymus Fabricius, 1537 - 1619)에게 배웠다. 파브리치우스는 정맥에서 판막을 발견하여 갈레노스의 생리학 체계에 문제를 제기한 적이 있었다. 갈레노스의 체계에서 정맥은 자연의 영을 간에서부터 신체의 말단 부위로 실어 나르는 역할을 하기 때문에 정맥피의 흐르는 방향은 중심에서 말단 방향이어야 했다. 그러나 파브리치우스가 발견한 판막의 방향은 반대 방향의 피의 흐름이 원활하도록 기울어져 분포하였다. 이런 상태에서는 피가 중심부에서 말단 부위로 흐르려는 것을 방해하게 되어 있었다. 이에 대해서 갈레노스 추종자들은 판막이 정맥피의 흐름을 차단하지는 않고 속도를 늦추는 정도의 기능만을 한다고 주장했다.

하비는 파도바 대학에서 유학하면서 이러한 경험적 연구 방법에 대해서 깊은 인상을 받았고 실제로 시체를 해부하여 연구하는 기술을 익혔다. 또한 당시 파도바에 널리 퍼져 있는 새로운 기풍, 즉 아리스토텔레스를 다시 강조하는 분위기에 강한 인상을 받았다. 파도바 대학은 갈레노스의 생리학에 대한 대안으로서 아리스토텔레스의 생리학에 새로운 관심을 기울이고 있었는데 아리스토텔레스는 갈레노스와는 달리 간이 아니라 심장을 인체에서 가장 중요한 기관으로 보았다.

그리고 아리스토텔레스의 자연철학은 순환을 강조하였다. 천상계의 이상적인 운동이 순환하는 원운동이듯이 우주의 영원성은 순환을 통해서 보장될 수 있다는 것이 아리스토텔레스의 견해였다. 가령, 샘물의 기원에 대하여 아리스토텔레스는 빗물 기원설을 주장하였는데 이는 그의 스승인 플라톤의 견해와는 상반되는 주장이었다. 플라톤은 지하에 거대한 수원이 있어서 물이 계속 흘러나온다고 보았

그림 26 윌리엄 하비

는데 아리스토텔레스는 이러한 방법으로는 샘물이 영원히 흘러 나오는 것을 보장할 수 없으므로 물은 순환을 해야 한다고 보았 다. 즉 강이나 바다 표면에서 증발된 수증기가 하늘로 올라간 후에 하늘에서 응결하여 구름을 이루었다가 그것이 두꺼워지면 땅으로 떨어져 흙 속으로 스며든 후에 샘물로 솟아나서 다시 강 과 바다로 흘러간다는 것이다. 이런 방식으로 지구상에서 물은 계속 일정한 양이 돌고 도는 순환을 하고 있다는 것이 아리스토 텔레스의 주장이었다.

피의 순환의 발견

파도바에서 학위를 받고 영국으로 돌아간 하비는 실력을 인정 받는 의사가 되었고 결국에는 왕궁으로 들어가 제임스 1세(James I, 재위 1603 – 1625)의 시의가 되었고 이어서 찰스 1세(Charles I, 재위 1625 – 1649)의 시의로 섬겼다. 그는 병을 치료하는 의 사로 그치지 않고 인체를 연구하는 일을 지속하였고 이 과정에 서 피의 순환 이론을 정립할 수 있었다. 하비의 피의 순환 이론 은 1628년에 『심장과 피의 운동에 관하여』(De motu cordis et sanguinis)라는 저술을 통하여 세상에 알려졌다. 이 책을 보면 하 비가 어떻게 하여 피의 순환 이론에 이르게 되었는지가 자세히 나타나 있다. 그의 성공은 아리스토텔레스의 순환 개념과 심장 의 중심성, 정량적 사고, 기계적 사고, 가설 연역적 방법, 확인 실험 등이 복합하여 얻어졌다.

그는 그의 생리학의 중심을 심장으로 생각하였고 이에 대하여 집중적으로 탐구하였다. 이는 그가 아리스토텔레스의 철학의 영 향을 많이 받았기 때문이었다. 그는 심장을 중심으로 생리학 체 계를 새롭게 구축하고자 하는 생각을 가지고 있었다. 그는 실제 심장의 해부를 통해서 심실 벽이 매우 두꺼운 것을 보고 심장이 이완하면서 피를 받아들이는 정도가 아니라 수축하면서 피를 밀어낸다는 생각을 하였고 이러한 밀어내는 작용은 좌심실에서만 일어나는 것이 아니라 우심실에서도 일어나게 되어 있다는 것을 주목하였다. 이미 폐순환은 알려져 있었기 때문에 폐순환을 위한 원동력이 우심실의 수축이라는 생각을 하게 되었고 그렇다면 좌심실의 수축도 이러한 순환을 일으킬 것이란 생각으로 나아간 것으로 보인다.

이러한 순환의 사고를 이끌어 내는 데 있어서는 정량적이며 기계적인 사고가 매우 중요한 역할을 했다. 그는 심장이 한 번의 수축을 할 때 밀어내는 피의 양을 심장의 용적을 재서 계산하였다. 이는 심장을 기계식 펌프로 간주하는 기계적인 사고를 하비가 가지고 있었음을 드러낸다. 그는 한 번의 박동으로 밀어내는 피의 양을 적게 잡아서 실제 심장의 용적의 8분의 1로 추정했다. 그것에 1분간의 평균 박동 수를 곱한 후에 1시간 동안 심장이 밀어내는 피의 양을 계산했다. 그로부터 하비가 계산해 낸 하루 동안 심장이 밀어내는 피의 양은 사람의 몸무게의 수십 배를 능가하는 양이었다. 작게 잡았는데도 그 정도로 많은 양의 피를 심장은 밀어내고 있었다. 갈레노스의 이론에 따르면 사람이 먹는 음식물로부터 자연의 영은 만들어지고 자연의 영으로부터 생명의 영은 만들어진다고 했다. 그러므로 이 때 만들어지는 양이 이렇게 많다면 사람이 먹는 양은 더 많아야 한다는 것이 하비의 판단이었다. 사람이 하루 동안 먹는 양은 사람의 체중에도 미치지 못하는데 실제로 심장이 밀어내는 그렇게 많은 양의 피들이 어떻게 간이나 심장

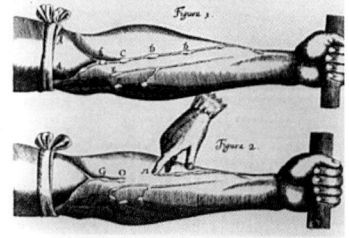
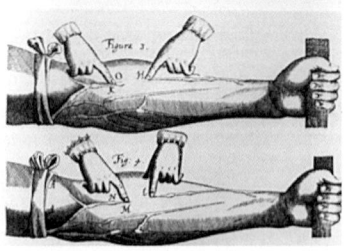

그림 27 하비의 결찰사 실험

에서 만들어질 수 있다는 말인가? 하비는 이것이 불가능하다고 보았고 이것을 가능하게 해 주는 것은 아리스토텔레스가 샘물의 기원에서 생각했던 것처럼 순환밖에 없다는 것이 그의 판단이었다. 이 대목에서도 하비가 아리스토텔레스주의자였다는 것이 그의 혁신적 발견을 이루는 데 중요한 역할을 하였다.

이러한 가설을 세우자 하비는 직접 실험을 통해서 이것을 확인할 수 있다고 보았다. 살아 있는 사람을 해부해서 피의 흐름을 읽어 낼 수는 없었으므로 그는 간접적인 방법으로 피의 순환을 알아내고자 했다. 그러나 시체에서는 피가 흐르지 않기 때문에 살아 있는 사람을 가지고 실험을 해야 했다. 그는 자신의 팔에 실험을 했다. 그는 결찰사(ligature)라는 의학용 끈으로 그의 팔을 강하게 묶었다. 이 방법으로 그는 팔을 통과하는 정맥과 동맥을 함께 압박할 수 있었다. 이렇게 팔을 압박하자 결찰사로 압박한 동맥의 부위 중 심장에 가까운 쪽이 부풀어 올랐다. 그리고 점점 손은 혈색을 잃으면서 파리해져 갔다. 동맥을 통하여 심장에서 손 쪽으로 피가 흐르는 것이 분명했다. 잠시 후 묶은 결찰사를 약간 늦추어서 팔 안쪽의 동맥은 압박이 해소되지만 팔 바깥쪽의 정맥은 여전히 압박하는 상태로 만들었다. 그러나 손은 이내 혈색을 회복했고 이번에는 정맥을 압박하는 부위 중 심장에서 먼 쪽이 부풀어 올랐다. 결찰사에 압박되어 흐르지 못하던 동맥의 피가 손을 돌아서 정맥을 타고 심장 쪽으로 오다가 결찰사로 압박한 곳에 모이는 것이라고 판단할 수 있었다. 이로써 피가 몸을 순환한다는 가설은 검증되었다고 하비는 생각했다. 이런 현상이 일어날 수 있는 다른 가능성은 없기 때문이라는 것이 그의 판단 근거였다. 이러한 사고 과정은 가설 연역적 방법의 초기 형태를 보여준다.

이런 과정을 통해 하비는 피의 순환 경로에 대해서 오늘날 우리가 이해하고 있는 것과 동일한 방식으로 이해하였다. 좌심실을 떠난 피가 대동맥을 거쳐서 몸의 여러 부위로 갈라지는 동맥을 통과해서 온몸의 기관들로 들어갔다가 정맥을 통해서 대정맥으로 모여서 우심방으로 들어온다. 우심방으로 들어온 피는 우심실로 내려갔다가 폐동맥을 타고 폐로 갔다가 폐정맥을 타고 좌심방으로 들어온다. 좌심방으로 들어온 피는 다시 좌심실로 내려가 새로운 순환을 시작한다. 이렇게 폐순환과 체순환을 반복하는 2중적인 구조를 제시하였는데 그조차 왜 폐순환이 필요한지는 정확하게 설명할 수 없었다. 또한 동맥을 떠난 피가 실제로 정맥으로 흘러드는 것을 보이려면 그 사이를 연결하는 혈관을 제시해 줄 수 있어야 하는데 해부를 통해서 이 사이를 연결하는 어떤 혈관도 찾아내지 못했다. 마치 동맥과 정맥의 말단 부위는 점점 갈라지고 가늘어지다가 마침내는 열려 있는 것처럼 보였다. 이러한 증거들은 갈레노스의 추종자들에게는 하비의 이론이 문제가 있음을 보여주는 것으로 간주되었다. 이 문제는 얼마 가지 않아 1661년에 이탈리아의 현미경학자이자 해부학자인 말피기(Marcello Malpighi, 1628 – 1694)가 동맥과 정맥을 연결해주는 모세혈관을 개구리의 폐와 방광에서 현미경을 사용해서 발견하고 이어서 사람에게서도 발견함으로써 해결되었다.

하비의 피의 순환 개념은 서양 의학에서 갈레노스의 오랜 전통을 무너뜨린 점에서 천문학에서 프톨레마이오스의 이론, 역학에서 아리스토텔레스의 전통을 무너뜨린 것과 비교할 수 있다. 이들 고대에서 유래한 이론의 절대적 권위가 1000년 이상 추앙을 받고 절대적인 권위를 누리다가 마침내 무너지게 되었다는 것은 새로운 시대가 왔음을 보여준다. 흥미로운 점은 생리학의 변혁에서는 아리스토텔레스라는 고대 사상에 힘입어 갈레노스가 무너졌다는 점이다. 다른 분야에서 아리스토텔레스는 배격되어야 할 대상이었는데 생리학 분야에서는 다른 권위를 무너뜨리는 데 도움을 주는 역할을 했다. 그렇지만 아리스토텔레스의 이론으로 돌아간 것은 아니었다. 실험과 정량적 및 기계적 사고, 가설 연역법이라는 새로운 방법들이 동원되어 근대적인 이론의 창출을 가져온 것이었다. 갈레노스의 생리학 체계는 심장과 피의 운동만을 다룬 것이 아니었으므로 하비의 체계는 무너뜨리는 일만 했지 세워야 할 것은 아직 너무 많았다. 갈레노스 체계가 무너지자 비어 버린 공백을 다른 식으로 메우는 일은 이후의 생리학자들과 해부학자들에게 맡겨졌다. 폐가 인체 생리에서 어떤 중요성을 갖는가와 폐순환의 의미를 이해하기 위해서는 산소의 역할에 대한 이해가 필요했고 피가 온몸을 돌면서 어떤 일을 하는가를 이해하기 위해서는 세포에 대한 이해가 필요했다. 신경의 작용에 대해 제대로 된 이해를 얻기 위해서도 좀 더 치밀한 신경 작용에 대한 실험적 연구가 필요했다. 이러한 분야에서의 발전은 18세기와 19세기를 거치면서 천천히 이루어졌다. 생리학이 근대적인 체계를 수립하기 위해서 나아가야 할 길은 멀었지만 그 시발점은 하비였다.

6

근대 과학의 상징: 뉴턴

과학혁명과 뉴턴

뉴턴은 흔히 과학혁명의 완성자라고 불린다. 그는 17세기에 형성된 근대 과학을 완성시키고 근대 과학의 상징적 인물이 되었다. 그의 업적은 단순히 역학이나 광학에서 머물지 않고 근대 과학을 완성시키고 새로운 과학의 이미지를 만든 인물로 추앙받는다. 뉴턴에게 돌아가는 이러한 평가가 올바른가를 판단하기 위해서는 과학혁명의 실체를 알아야 할 필요가 있다. 16세기 중엽부터 17세기를 거치면서 서양 과학의 모습은 크게 바뀌었다. 그것은 내용상의 변화, 방법상의 변화, 제도상의 변화, 지위상의 변화로 나누어 볼 수 있다. 우선 내용상의 변화를 보면 천문학 혁명, 역학 혁명, 생리학 혁명과 같이 과학의 내용이 고대 그리스 전통의 이론들에서 새로운 근대 과학의 토대를 이루는 이론으로 대체되었다. 천문학에서는 아리스토텔레스 – 프톨레마이오스의 우주 구조가 코페르니쿠스의 우주 구조로 대체되었고 새로운 타원 궤도가 케플러에 의해 수립되었다. 역학에서는 아리스토텔레스의 역학이 갈릴레오의 관성과 낙하의 법칙, 더 나아가서 데카르트의 직선 관성 개념, 호이헌스의 충돌의 법칙과 원심력의 정식화 등을 거쳐서 뉴턴의 운동의 법칙과 만유인력의 법칙으로 진전되었다. 생리학에서는 갈레노스의 영의 소모 이론이 하비의 순환이론으로 대체되었다.

내용상의 변화도 중요하지만 과학의 방법이 변화된 것은 더 중요했다. 베이컨에 의해 관찰과 실험에 토대를 둔 귀납적 방법이 수립되었고, 뉴턴에 의해 가설 연역적 방법이 수립되었다. 갈릴레오, 케플러, 호이헌스, 뉴턴 등에 의해 수학적 방법이 수립되었다. 이제 믿을 만한 지식은 관찰과 실험을 통해서 획득되거나 수학적 추론 과정을 통해서 연역되었다. 또한 얻은 지식은 관찰과 실험을 통해서 검증되어야 한다는 법칙이 수립되었다. 이러한 과학적 방법의 수립은 근대 과학 출현의 핵심이었다. 그러므로 이러한 방법을 쓰지 않았던 16세기 이전의 자연 연구 활동은 과학으로 볼 수 없다는 견해도 있는 것이다.

과학혁명기에 과학 지식 수립의 방법상의 변화 외에도 과학이 수행되는 장소와 방식에 있어서도 큰 변화가 일어났다. 이전까지는 사실상 과학자라고 부를 수 있는 집단이 존재하지 않았다. 과학자와 가장 유사한 활동을 한 사람들이 이전 시대에는 대학에 있었다. 대학이 지식을 전수하고 연구하는 기관의 역할을 하면서 대학은 철학과 수학의 일환으로 과학 관련 과목들을 가르쳤고 연구하였다. 그렇지만 역시 대학 체제 내에서 과학자는 독립적인 지위를 갖지 못했다. 17세기에 이르러 과학은 새로운 내용과 방법을 취하기 시작했는데 이러한 새로운 과학에 대하여 대학들은 주로 적대적이었다. 물론 파도바 대학처럼 새로운 지적 분위기 속에서 새로운 과학의 수립 과정에서 중요한 역할을 하는 경우도 있었지만 대다수의 대학들은 지적 보수주의의 온상이었다. 그리하여 새로운 과학의 연구자들은 새로운 모임을 만들어 내기 시작했다. 그렇게 하여 설립된 것이 과학단체였다. 과학이 과학단체를 중심으로 연구되고 교류되면서 과학단체 회원이 과학자라는 인식이 자라났고 수준 높은 지식을 생산하는 전문가로 과학자의 이미지가 굳어지게 되었다.

이러한 과정을 거쳐서 과학의 사회 속의 지위 또한 상승하였다. 이 마지막 과학혁명의 요소는 앞의 요소들이 종합적으로 작용하여 얻어진 결과라고 할 수 있고 그 영향을 현대를 살아가는 우리까지 지대하게 받고 있다. 근대 과학이 출현함으로써 자연에 대한 더 정확하고 깊이 있는 이해가 가능해졌다. 이러한 큰 변화를 초래할 수 있었던 것은 실험과 수학이라는 조직적이고 체계적인 방법론을 합리적으로 사용했기 때문임이 널리 알려졌다. 이로써 과학자들이 과학단체에서 조직적인 업무 수행과 새로운 연구를 통해 사회 속에서 과학의 위상을 높여 감으로써 과학이라는 분야 자체가 타 분야의 모범이라는 인식이 자라나게 되었다.

이러한 모든 요소들이 복합적으로 나타난 인물이 뉴턴이었다. 그렇기 때문에 뉴턴은 근대 과학혁명의 완성자이자 상징이 된 것이다. 18세기 초에 프랑스의 계몽철학자인 볼테르(Voltaire, 1694 – 1778)는 『뉴턴 철학의 요소들』(*Éléments de la philosophie de Newton*)이라는 책을 써서 프랑스에 뉴턴 과학을 소개하였고 프랑스의 계몽을 위해 뉴턴 철학의 장점들을 배워야 할 것을 역설하였다. 이러한 선구적 노력의 성과에 힘입어 18세기 중반에 파리 과학 아카데미는 뉴턴 과학의 열렬한 추종자들이 장악하게 되었고 프랑스 과학은 뉴턴이 시작한 일을 완수해 나가는 중요한 사명을 선도적으로 수행해 나가게 되고 이러한 맥락에서 라그랑주(Joseph Louis Lagrange, 1736 – 1813)의 『해석역학』(*Mécanique analytique,* 1788)과 라플라스(Pierre Simon Laplace, 1749 – 1827)의 『천체역학』(*Mécanique céleste,* 1799 – 1825)을 비롯한 뉴턴 과학의 완성 과정이 프랑스에게 맹렬하게 일어나게 된다. 단순히 천문학 분야에서만 뉴턴이 맹위를 떨친 것이 아니었다. 18세기 말에 이르면 라플라스 프로그램이라는 이름으로 모든 과학을 뉴턴주의화하려는 노력이 광학, 열학, 화학, 음향학, 역학, 전기, 자기 등 관련 분야에서 광범위하게 추진되었고 프랑스 과학의 수준을 세계 최고로 이끌어 갔다. 그리하여 우리는 18세기 과학은 뉴턴주의 과학이 주도해 갔다는 말을 할 수 있을 정도로 뉴턴은 모든 과학의 정형이자 모든 계몽된 인간들이 배워 가야 할 가치의 창시자로 추앙받았다.

과학단체의 출현

17세기 초에 활동했던 유명한 과학단체로는 린체이(Lincei) 아카데미와 치멘토(Cimento) 아카데미가 있었다. 이 과학단체들은 이탈리아에서 수립되었는데 유명한 과학자들이 회원이 되어서 과학 정보를 교환하고 함께 연구를 수행하기도 하였다. 린체이 아카데미는 코페르니쿠스의 이론을 옹호하다가 교회로부터 압박을 받았고 이러한 전철을 밟지 않기 위해 치멘토 아카데미는 실험 위주의 정보 교환 활동에 주력하였다. 갈릴레오도 이 단체의 회원으로서 온도계 등의 과학 기구의 개발에 대해 보고하고 그러한 기구의 가치를 인정받기도 했다. 과학단체가 실험의 결과를 보증하고 실험 결과를 널리 전달하는 역할을 수행하게 되고 그러한 역할이 중요하다는 것을 과학자들에게 인식시키기 시작하였다.

한편 프랑스에서는 미님(Minim) 교단의 수사인 메르센(Marin Mersenne, 1588 – 1648)이 과학단체의 역할을 하고 있었다. 그는 유럽 전역의 과학자들과 서신을 주고받으면서 중요한 과학적 발견이나 주장을 담은 서신을 다른 과학자들에게 전달해 주는 역할을 하였다. 가령, 이탈리아의 토리첼리(Evangelista Torricelli, 1608 – 1647)와 비비아니(Vincenzo Viviani, 1622 – 1703)가 수은 기둥을 세웠을 때 76센티미터 이상의 수은 기둥을 세울 수 없었다는 실험 사실을 편지로 써서 리치(Michaelangelo Ricci, 1619 –

1682)라는 사람에게 보냈고 리치는 그 편지의 사본을 메르센에게 보냈다. 메르센은 이 사실을 프랑스의 파스칼(Blaise Pascal, 1623 - 1662)을 포함한 몇 사람에게 알렸다. 그로부터 수년 후에 파스칼은 토리첼리의 실험을 직접 해 보았고 수은 기둥이 76센티미터 이상 유지될 수 없는 이유를 지상에 쌓인 공기의 무게가 그 정도이기 때문이라고 생각했다. 그렇다면 높은 산에서는 쌓인 공기가 더 얇기 때문에 수은 기둥은 더 낮게 유지될 것이라고 그는 추론하였다. 그는 이 실험을 직접 수행할 만한 산지가 근처에 없었기 때문에 그의 처남인 페리에(François Périer)에게 편지를 썼다. 그가 사는 곳인 클레르몽페랑(Clermont Ferrand)은 산에 둘러싸인 곳이었고 거기에는 푸이 드 돔(Puy de Dome)이라는 해발 1460미터에 달하는 높은 산이 있었다. 토리첼리가 죽은 지 1년이 지난 1648년 9월 19일, 페리에는 몇몇 사람들과 함께 두 대의 수은주 장치를 하나는 산기슭에 하나는 산 정상에 설치하여 비교하는 실험을 수행하였고 예상대로 수은 기둥의 차이를 감지함으로써 기압의 존재를 확립하였다. 이로써 기압계가 탄생하게 되었다. 이 사례는 과학의 발전을 위해 정보의 전달이 얼마나 중요한가를 보여주며 이러한 정보 전달을 위해 메르센이 중심적인 역할을 담당하였음을 보여준다.

그러나 이런 초기 과학단체들은 모두 단명하여 수십 년간 지속되다가 소멸되었다. 이 단체들의 존립의 열쇠가 이 단체를 주도하는 개인에게 있었기 때문에 그 개인이 죽거나 더 이상 과학을 지원할 수 없는 처지가 되면 단체는 와해되었다. 그러나 1660년에 설립된 런던 왕립학회(Royal Society of London)는 더 안정적이었고 현존하는 최고의 과학단체가 되었다. 윌킨스(John Wilkins, 1614 - 1672)를 중심으로 그레샴 칼리지(Gresham College)에 모이던 '철학 대학'이라는 사적 과학 토론 집단이 왕정복고 이후에 과학의 실용적 가치를 내세우면서 국왕으로부터 헌장을 수여받고 왕립학회로 출범하였다. 초기 서기였던 올덴버 그(Henry Oldenberg, 1619－1677)가 발표된 논문들이나 편지를 묶어서 1665년부터 출간하던 것이 ≪철학회보≫(*Philosophical Transactions*)라는 이 학회의 정식 학술지가 되어 정기적으로 출간되기 시작했다. 국가와 사회를 위해 봉사하는 과학의 기치를 내건 이 과학단체는 실용적으로 활용 가능한 과학 정보를 제시하여 항해술이나 천문학, 광업 등에서 필요한 실용적인 지식을 전달하는 매체로서 역할도 수행하였다. 우선권을 둘러싸고 벌어지는 논쟁을 중재하고 과학 지식을 널리 유포하는 기능을 담당하는 민간단체로서 과학에 관심이 있는 사람이면 큰 어려움 없이 회원으로 가입할 수 있었기 때문에 아마추어적 속성이 강한 과학단체였다. 그렇기 때문에 이 단체 회원들이 수행하는 연구들은 천차만별로 수준과 주제가 다양했다. 하지만 이러한 전통 자체가 영국인들에게 과학을 널리 퍼뜨리고 대중적으로 과학을 탐구하는 전통을 수립하는 데 중요한 역할을 하였다. 그리하여 영국 내의 다른 지역에도 왕립학회라는 이름을 갖는 유사한 성격의 많은 단체들이 수립되었다.

영국의 사례에 자극을 받아서 국가 주도의 안정적인 과학단체를 수립한 나라는 프랑스였다. 루이 14세(Louis ⅩⅣ, 재위 1643－1715)의 재상이었던 콜베르(Jean－Baptiste Colbert, 1619－1683)의 주도로 과학 연구의 장려를 위하여 1666년에 국가 주도의 과학단체인 파리 왕립 과학 아카데미(Académie royale des sciences)가 출범하였다. 이 과학단체는 국가 산업의 발전과 국민의 실제적 삶의 유익을 주기 위한 과학이라는 베이컨주의의 이상을 목적으로 내걸었다는 점에서는 런던 왕립학회와 같았지만 단체 자체의 구성과 성격은 많이 달랐다. 과학 아카데미는 왕립학회처럼 민간단체가 아니라 국가가 회원들에게 급료를 지급하는 정식 국가 기관이었다. 그러므로 회원의 자격 또한 까다로웠다. 프랑스를 비롯하여 유럽 전역에서 우수한 과학자들을 회원으로 영입하였으므로 왕립학회와 같은 아마추어 단체가 아니라 전문가 또는 엘리트 집단이었다. 그렇기 때문에 연구도 매우 전문적인 수준으로 국가 주도의 프로젝트를 많이 수행하였다. 18세기 말에 수행된 미터법의 제정과 같은 프로젝트가 대표적이다. 하지만 과학 논문의 심사와 출판뿐 아니라 특허 심사의 기능까지 감당했기 때문에 과학자들을 연구 이외의 업무에 시간을 낭비하게 만드는 문제도 있었다. 그렇지만 수준 높은 과학적 성과들을 지속적으로 내어놓음으로써 프랑스 과학이 세계 과학을 선도하는 데 지속적인 공헌을 하게 되었고 다른 유럽의 국가들에도 비슷한 성격의 과학 아카데미들이 출현하게 되는 계기를 마련하였다.

뉴턴의 역학

뉴턴의 역학은 1687년에 출간된 『자연철학의 수학적 원리』(*Philosophiae Naturalis Principia Mathematica*, 줄여서 프린키피아라고 부른다)에 정리되었다. 3권으로 이루어진 이 책을 통해서 뉴턴은 유명한 뉴턴의 세 가지 운동 법칙과 만유인력의 법칙을 제시하였다. 라틴어로 쓰인 이 책은 법칙적 자연을 구축하는 방법을 기하학을 사용하여 체계적으로 제시함으로써 근대 역학을 확립시킨 저술로 평가된다. 뉴턴은 갈릴레오로부터 시작되어 데카르

그림 28 아이작 뉴턴

트, 호이헌스로 이어지는 근대 역학의 맥락 속에서 에우클레이데스(Eucleides, B.C. 330? 275?)의 『원론』(*Stoikeia*)처럼 공리적 법칙으로 세 가지 운동 법칙과 만유인력의 법칙을 제시하고 그것으로

부터 케플러의 행성 운동 법칙 세 가지를 포함하여 달의 운동, 조수 운동 등 구체적인 현상들을 수학의 연역적 논리에 의해 끌어냄으로써 자연철학의 수학적 원리를 제시하였다. 중력 현상에 국한하여 깊이 있는 논의를 전개하였지만 이러한 논의는 다른 힘에 대해서도 논의를 전개할 수 있도록 일반론적 논의도 심층적으로 다루고 있기 때문에 다른 여러 분야로 얼마든지 확장이 가능한 그러한 지침까지 제공해 주는 성격을 갖고 있었다.

갈릴레오에 의해 제시된 관성의 법칙은 데카르트에 의해 수정되었다. 왜냐하면 갈릴레오의 관성은 원운동 관성 개념이었기 때문이다. 갈릴레오가 빗면을 타고 내려온 공이 수평면을 만나면 한없이 굴러간다고 말했을 때 그것은 지구 표면을 따리시 한없이 굴러간다는 의미였다. 역시 갈릴레오는 이상화된 조건에서 지구 표면이 완전히 매끈하다고 보고 그 매끈한 표면을 한번 구르기 시작한 공은 마찰이 없다면 계속 구르게 된다는 의미였던 것이다. 여기에서 우리는 갈릴레오가 원운동을 자연스러운 운동으로 보는 관념을 엿볼 수 있다. 그는 천상계뿐 아니라 지상계에서도 아무런 마찰이 없다면 원운동이 일어나는 것이 자연스러운 운동이라고 보았던 것이다. 그렇기 때문에 그는 케플러가 제시한 행성의 타원 운동을 받아들이려 하지 않았던 것이다. 원이 아닌 특수한 이 도형은 그에게 전혀 자연스러운 것이 아니었던 것이다.

갈릴레오의 이상적인 운동으로서 원운동의 개념은 데카르트의 직선 관성 개념에 의해서 제대로 비판을 받고 수정되기에 이른다. 데카르트는 신이 우주를 창조할 때 그 안에 있는 모든 물질들을 창조하고 각각의 입자들에게 최초의 운동을 부여했다고 보았다. 그리고 신의 완전성에 입각하여 이러한 최초의 운동들은 줄어들지 않고 계속 보존된다고 주장하였다. 그리하여 이 우주라는 기계는 한번 움직여 놓으면 멈추지 않는 시계와 같았다. 그는 운동의 양이라는 개념을 주창했는데 운동의 양은 어떤 물체의 물질의 양(질량)과 그 물체의 속력의 곱으로 표현되는 양이었다. 오늘날의 운동량과 비슷하나 운동량에서는 속도가 벡터량으로서 방향까지 고려하는 양이었으나 데카르트의 운동의 양은 속도가 아니라 스칼라량인 속력을 사용하였기 때문에 그의 운동의 양은 보존될 수 없는 성질의 것이었다. 그렇지만 데카르트는 우주 안에 존재하는 모든 물체의 운동의 양은 일정하며 그 전체 양은 보존된다는 법칙을 제시했다. 그것이 우주가 영원히 작동될 수 있게 해 주는 이유가 되었다. 그렇지만 개별 물체의 운동의 양은 끊임없이 변할 수 있는데 이러한 과정은 충돌에 의해 일어나며 그러한 충돌 과정에서 충돌한 두 물체의 운동의 양의 합은 충돌 전후에 보존된다고 하였다. 이러한 충돌에 관한 구체적인 법칙을 7가지 경우에 대하여 데카르트는 제시하였다. 그렇지만 그의 충돌 법칙은 벡터량이 아니라 스칼라량으로 제시된 운동의 양의 보존 법칙을 따르고 있었기 때문에 나중에 틀린 것으로 드러나게 된다. 그렇지만 어떤 물체가 다른 물체와 접촉하지 않는다면 그 물체는 아무런 외력을 받지 않게 되고 그러한 물체의 속력은 변하지 않기 때문에 물체는 무한히 직선으로 운동하게 된다는 직선 관성 개념이 도출되었다. 뉴턴이 그의 운동의 제1법칙으로 채택한 것이 이것이었다. 뉴턴의 제1 법칙은 그가 발견한 것이 아니라 데카르트의 성과였던 것이다.

데카르트의 충돌의 법칙이 잘못되었다는 것을 보인 이는 호이헌스였다. 그는 갈릴레오의 운동의 상대성 개념을 가지고 데카르트의 충돌의 법칙의 오류들을 바로잡았다, 호이헌스는 원운동에 관심이 많았다. 그는 원운동하는 물체가 왜 원심력을 받는지 궁구하였다. 어떤 물체를 줄에 매어 빙빙 돌리다가 원주 상에서 줄을 놓아 원운동에서 벗어나게 하면 물체는 접선 방향으로 멀어지게 되는데 이때 원주에서 물체까지의 거리는 줄을 놓은 시점부터 측정하여 시간의 제곱에 비례하여 멀어진다. 이는 마치 물체가 원심력을 받아서 갈릴레오의 낙하의 법칙을 따라 낙하하는 것과 같다. 원에서 멀어지는 물체는 낙하하는 물체처럼 가속되면서 원에서 멀어질수록 강한 힘을 받는다. 호이헌스는 유도에 의해 원심력은 질량과 속도의 제곱에 비례하고 반지름에 반비례한다는 것을 알아냈다. 이러한 논의에서 호이헌스는 원운동을 당연하게 보고 원운동에서 벗어나게 하는 힘으로서 원심력을 본 점에서 그도 갈릴레오처럼 원운동을 당연한 것으로 보았음을 알 수 있다.

뉴턴은 호이헌스와는 반대로 생각했다. 직선 운동이 당연한 것이므로 직선 운동에서 이탈시키는 힘이 클수록 운동 방향이 크게 바뀐다고 생각했다. 그러므로 원운동은 결코 자연스러운 운동이 아니며 진행 방향의 수직으로 계속 일정한 힘을 받는 운동이었다. 그는 천상계나 지상계나 모든 물체가 동일한 법칙에 의해 운동이 지배된다고 본 점에서 천상계와 지상계의 통일을 모색하였다고 말할 수 있다. 직선 운동의 경우에도 힘은 운동 방향과 같은 방향으로 작용하거나 반대 방향으로 작용한다. 같은 방향으로 작용하는 힘은 가속 작용을 일으키고 반대 방향으로 작용한 힘은 감속을 일으킨다. 이런 의미에서 뉴턴은 운동의 변화를 일으키는 것이 힘이며 운동의 변화는 힘의 방향으로 일어난다고 했다. 이것이 뉴턴이 제시한 형태의 운동의 제2 법칙이다. 이것은 오늘날 우리가 알고 있는 $F = ma$와는 다른 형태이다. 뉴턴은 속도를 시간으로 미분한 형태로 가속도를 제시하지 않았고 단지 운동의 변화량이 힘과 비례한다는 개념을 제시한 것이다. 뉴턴은 운동량의 변화를 방향까지 고려하면서 논의했기 때문에 운동량을 제대로 벡터량으로 간주했음을 알 수 있다.

뉴턴의 운동 제3 법칙은 작용과 반작용의 법칙으로 뉴턴의 고유한 업적이다. 어떤 물체에 작용하는 힘은 반드시 그 물체로부터 반대 방향의 힘을 받으며 그 힘은 처음에 가해 준 힘과 크기는 같고 방향은 반대인 힘이다. 작용과 반작용은 동시에 생기는 힘이며 서로 다른 물체에 작용하기 때문에 평형을 이룰 수 없다. 이것은 운동량 보존의 법칙을 다른 형태로 기술한 것으로 서로 밀거나 당기는 두 물체는 운동량의 변화가 서로 일어나게 되지만 그 변화량은 서로 반대 방향으로 일어나기 때문에 결국 두 물체의 운동량의 합은 변하지 않게 된다. 이는 데카르트가 운동량을 스칼라로 생각함으로써 운동량 보존의 법칙이 오류에 빠졌던 것을 바로잡아 제시한 것이다. 이러한 올바른 인식은 호이헌스와 같은 역학자에 의해 운동의 상대성에 입각한 물체의 운동의 서술이다. 이는 사과가 왜 떨어지느냐에 대해서 지구가 사과를 잡아당길 뿐 아니라 사과도 지구를 잡아당겨서 지구나 사과나 모두 운동량의 변화를 겪게 된다는 올바른 인식에 도달함으로써 더 이상 사과가 일방적으로 고정된 지구를 향해 떨어진다는 잘못된 인식에서 벗어나게 만들어 주었다.

뉴턴의 세 가지 운동 법칙은 이로써 모든 동역학적 계를 취급할 수 있는 이론적 기초를 다졌다는 점에서 매우 중요한 발전이었다. 그렇지만 이러한 발전은 뉴턴 혼자의 힘으로 이룩 되지 않았고 그의 뛰어난 선배들의 노고에 힘입은 바 컸다. 실제로 운동의 제1 법칙인 관성의 법칙은 제2 법칙의 특수한 형태에 불과하다. 즉 물체에 작용하는 힘이 0이면 물체는 운동의 변화가 없다. 그럼에도 불구하고 뉴턴이 제1 법칙을 따로 떼어 놓은 것은 데카르트의 공로를 자신의 공로와 분리시키고 힘이 없는 상태에서 운동을 논의하는 관성계를 논의의 출발점으로 사용하고자 하는 의도를 가진 것이었다고 볼 수 있다.

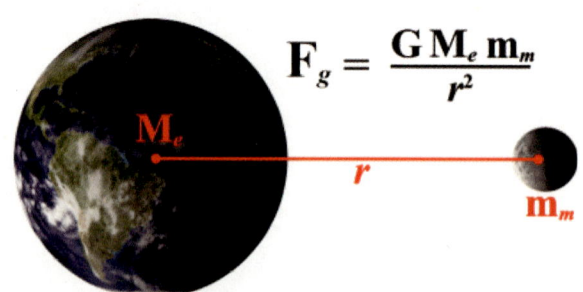

$$F_g = \frac{G M_e m_m}{r^2}$$

그림 29 현대적으로 표현된 만유인력의 법칙

운동 법칙들이 『프린키피아』의 1권에서 논의된 반면에 만유인력의 법칙은 3권에서 논의되었다. 1권이 특정한 실재적 힘이 아니라 여러 가지 수학적 조건을 부여받은 다양한 힘에 관한 논의를 담고 있었던 반면에 3권은 실재하는 힘으로서 만유인력을 상정하고 그러한 힘이 존재할 때 실재 세계에서 어떤 일이 벌어질지를 논의하였다.

여기에서 우리는 뉴턴이 과학의 방법론으로서 새롭게 도입하는 가설 연역법을 목격한다. "모든 질량을 갖는 두 물체 사이에는 두 물체 각각의 질량의 곱에 비례하고 두 물체가 떨어져 있는 거리의 제곱에 비례하는 힘이 존재한다."라는 만유인력의 법칙은 실험의 결과로 얻어진 것도 아니며 다른 기초적인 법칙으로부터 수학적으로 연역된 것도 아니었다. 이러한 보편적인 힘이 지상계와 천상계의 구분 없이 모든 우주에서 질량만 있으면 작용한다는 것은 혁신적인 발상이었다. 그런데 갑자기 이 법칙은 하늘에서 뚝 떨어진 것처럼 제시되었다. 그리고 논리적이고 수학적인 논의가 여기에서 출발한다. 뉴턴은 이런 힘이 현실 세계에 존재하면 어떤 일이 생겨야 하는지를 논의한다. 운동의 법칙들을 적용하고 행성을 모든 질량이 그 중심에 모여 있는 질점으로 간주할 수 있는 이유가 제시된다. 이러한 논의로부터 최종적으로 도달하게 되는 법칙은 케플러의 행성 운동의 3가지 법칙이다. 경험적 관찰에 입각하여 얻어진 법칙이 만유인력의 법칙으로부터 수학적으로 유도되는 것이다. 이로부터 뉴턴이 주장하는 것은 만유인력이 실재하는 힘이 아니겠느냐는 것이다. 아직도 확신하지 못하는 이들을 위해서는 달의 공전 운동에 대한 설명이 제시된다. 만유인력이 지구와 달 사이에 작용하면 달이 어떤 운동을 하여야 하는지가 제시되고 그것이 관측치와 일치함이 제시된다. 이 정도면 만유인력이 실재하는 힘이라고 믿을 만하지 않은가? 그래도 부족하다고 하는 이들이 있으면 조금 불완전하지만, 태양과 달의 인력을 받은 물의 운동인 조수 운동을 가능한 범위까지 서술해 보도록 하겠다라고 뉴턴은 말한다. 조수 운동에 대한 다양한 이론들이 나와 있었지만 어느 것 하나 관측 결과를 근사적으로도 설명해 주지 못했는데 뉴턴의 설명은 그중에서도 가장 큰 가능성을 보였다. 이에 대해서는 18세기에 뉴턴의 이론을 확장시킨 라플라스에 의해 더욱 성공적인 논의가 이루어진다.

여기에서 나타난 뉴턴의 과학 방법을 정리하면 이렇다. 먼저 가설을 설정한다. 가설이란 잠정적인 과학 명제이다. 이러한 명제를 만드는 방법에는 특별한 제한이 없다. 가설을 제시하는 것은 어떤 논리적 과정이 아니다. 그러므로 원한다면 상상력이나 통찰력을 발휘하여 그럴듯하게 만들면 된다. 뉴턴이 만유인력의 법칙을 얻기 위해 쓴 방법은 현상에 대한 많은 관찰과 다른 연구자의 논문을 참고하는 것이었다. 뉴턴이 거리의 제곱에 비례하는 인력 개념을 얻은 곳은 훅(Robert Hooke, 1635 - 1703)이었다. 훅은 지구상에 떨어지는 물체의 운동에 대한 탐구 과정에서 이미 역제곱의 법칙을 사용한 적이 있었고 그에 관해 뉴턴에게 편지를 쓰기도 했다. 그러므로 뉴턴은 만유인력의 법칙을 제시할 때 마땅히 훅에게 진 빚을 언급해야 마땅했다. 그러나 이 책의 어느 곳에도 훅의 이름은 언급되지 않았다.

다음 단계는 명제로부터 구체적인 현상들을 연역해 낸다. 이것은 철저하고 논리적인 과정이어야 한다. 뉴턴은 케플러의 법칙들, 달의 운동 법칙 등을 연역하였다. 다음 단계는 이렇게 유도한 명제가 현상과 일치하는지 확인하는 과정이다. 이를 위해 관찰이나 실험을 할 수도 있고 이미 이루어진 관찰이나 실험 결과와 유도한 명제가 일치하는지 확인할 수도 있다. 이 과정에서 일치하는 결과를 얻으면 최초의 가설이 검증된 것으로 간주한다. 일치하지 않으면 가설은 배격되고 새로운 가설을 찾는 과정이 되풀이된다. 뉴턴은 이러한 방법으로 성공을 거두었고 이후 과학계에서는 그의 방법인 가설 연역법이 널리 채택되었다. 이러한 근대 과학의 방법론을 수립한 공로 자체만으로도 뉴턴은 큰일을 했다고 인정할 수 있다. 그렇지만 뉴턴의 업적은 여기에서 그치지 않는다.

뉴턴의 광학

뉴턴은 1704년에 『광학』(*Opticks*)이라는 책을 출간하였다. 일생에 걸쳐서 이루어진 뉴턴의 광학 연구 결과를 담고 있었다. 뉴턴은 색이 사물이 빛을 반사하는 속성에 의해 결정되는 것이지 원래부터 존재하는 것은 아니라고 보았다. 빛이 없는 곳에서는 색이 안 보이는 것이 아니라 색을 만들 빛이 없기에 색이 보이지 않는 것이라고 보았다. 그리고 햇빛과 같은 백색광을 받은 물체가 특정한 색을 띠는 이유는 그 색의 빛만을 반사하고 다른 색의 빛을 흡수하기 때문이라고 보았다. 이러한 사고는 백색광이 결국 모든 색이 섞여 있는 혼합광이라는 생각과 연결되었다.

뉴턴은 프리즘을 통과한 햇빛이 만들어 내는 무지개를 관찰하고 그것은 혼합되어 있었던 색이 분해된 것이라는 결론을 내렸다. 이러한 현상에 대해서는 데카르트가 이미 설명을 제시한 적이 있었다. 데카르트는 햇빛이 프리즘을 통과한 후에 여러 색이 나타나는 이유를 빛 입자가 유리 입자와 상호 작용을 하면서 빛 입자의 회전력의 차이에 의해서 여러 가지 색으로 갈라지게 된다고 설명했다. 이는 백색인 빛 입자의 성질이 변해서 다른 색의 빛 입자가 되었다는 뜻이다. 이에 대하여 뉴턴은 백색광 안에는 이미 모든 무지개 색의 빛들이 그대로 들어 있고 프리즘은 그러한 빛줄기를 분해시키는 일만 하는 것으로 간주한 것이다. 이러한 논쟁적인 문제를 어떻게 해결할 것인가? 여기에서 뉴턴은 이론 간의 진위를 밝힐 수 있는 '결정적인 실험'(crucial experiment)

을 제시하였다. 잘 설계된 실험은 이렇게 논쟁을 종식시킬 수 있는 결정적인 실험이 될 수 있다는 것이 뉴턴의 생각이었다.

뉴턴이 데카르트주의자들과의 논쟁에 대응하여 생각한 결정적인 실험은 두 개의 프리즘을 사용하는 실험이었다. 뉴턴은 암실에 친 블라인드에 원형의 구멍을 뚫어서 햇빛이 들어오게 한 후에 프리즘을 통과시켜 스크린에 무지개 색상이 생기게 하였다. 무지개 색은 원형의 빛줄기가 갈라졌기 때문에 길쭉한 타원형 형태였다. 이 무지개의 한쪽 끝 색(빨간색)이 닿는 부위에 원형의 구멍을 뚫어 빛줄기가 스크린 뒤로 빠져나오게 했다. 이렇게 나온 빛줄기를 다시 프리즘을 통과시켰더니 이번에 생긴 상은 퍼지지 않고 색이 바뀌지도 않고 빨간색 원형의 상만이 다른쪽 스크린에 생겼다. 이 실험을 통해 뉴턴은 이미 한 번 분해된 빨간색의 빛은 다시 분해되지 않는다고 말했다. 데카르트의 주장대로 빛이 프리즘과의 상호 작용으로 회전수의 변화가 일어난다면 두 번째 프리즘을 통과할 때에도 빛이 회전수의 변화를 겪으면서 다른 색들로 다시 갈라져야 했을 것이다. 그런데 그런 일이 생기지 않은 것을 보면 자신의 주장이 옳음을 알 수 있다는 것이 뉴턴의 결론이었다. 이렇게 결정적인 실험을 설계함으로써 이론을 논쟁의 여지없이 증명해 가는 방법도 뉴턴주의 과학의 중요한 방법론 중 하나로 이후에 널리 사용되게 되었다.

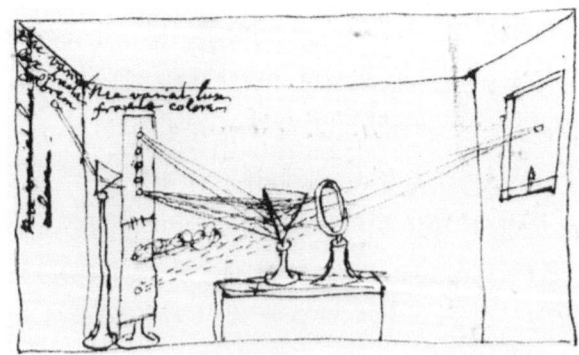

그림 30 뉴턴의 노트에서 나온 "결정적인 실험"

『광학』 이후 뉴턴주의 과학의 핵심적인 요소가 된 언급이 나온 곳이 이 책의 부록으로 제시된 '질문들'(Queries)이었다. '질문들'은 뉴턴이 아직 연구해 보지는 않았지만 연구할 만한 것들을 질문 형식으로 제시해 놓은 것이었는데 특히 마지막 질문인 31번이 이후에 과학의 경로에 중대한 영향을 미쳤다. 질문 31은 뉴턴이 중력 분야의 수학화에서 상당한 성공을 거두었던 것처럼 모든 자연 현상에서 그러한 현상을 일으키는 입자들과 그 입자들의 운동을 지배하는 힘을 찾아내어 그들 간의 수학적 관계를 구축할 수 있다면 자연의 이해에 큰 진척이 이루어질 것이라는 제안이었다. 이러한 뉴턴의 제안은 큰 호응을 얻어 18세기 동안 전기, 자기, 빛, 열, 연소, 화학 등 다양한 자연 현상을 지배하는 입자를 설정하고 입자들 간의 힘의 역학 관계를 찾아내려는 입자 철학의 융성을 가져왔다. 이러한 입자들은 성질을 갖지만 중력의 영향을 받지 않기 때문에 무게 없는 입자(imponderables), 또는 '미묘한 유체'(subtle fluid)라고 불렸다. 특히 18세기 말에 파리 근교 아르케유(Arcueil)에 근거지를 두고 44활동한 라플라스학파는 이러한 입자 철학을 과학으로 구체화하기 위한 노력을 전개하였다. 푸아송(Siméon Denis Poisson, 1781 – 1840), 베르톨레(Claude Louis Berthollet, 1748 – 1822), 푸리에(Jean Baptiste Joseph Fourier, 1768 – 1830), 말뤼(Etienne Louis Malus, 1775 – 1812), 아라고(François Arago, 1786 – 1853), 비오(Jean – Baptiste Biot, 1774 – 1862) 등과 함께 프랑스 과학을 선도하였던 라플라스는 결국에는 그 한계에 봉착하게 되었지만 한동안은 프랑스 과학을 수학화하고 세계 최고의 수준으로 유지하는 데 혁혁한 공을 세웠다.

신비주의자 뉴턴

　뉴턴이 역학이나 광학의 구체적인 내용상의 기여뿐 아니라 방법론상의 기여를 통해서 근대 과학의 확고한 기초를 놓음으로써 근대 과학의 출현에 실질적으로 기여하였음을 확인할 수 있다. 그렇기 때문에 18세기에 그에게 붙여진 수많은 칭호와 존경의 증표들은 당연하게 생각될 수도 있지만 뉴턴의 실재 면모를 자세히 들여다보면 그의 생각이 당시 사람들의 견지로 볼 때에도 상당 부분은 매우 신비주의에 경도되어 있어서 문제의 소지가 많은 것으로 여겨졌다는 점이다.

　앞서 잠시 언급하였듯이 데카르트의 추종자들과 뉴턴과는 그렇게 좋은 관계가 아니었는데 역학 분야에서도 그 충돌 상황은 지극히 선명했다. 데카르트는 힘의 전달은 반드시 접촉이나 충돌에 의해 일어난다고 보았다. 그런데 뉴턴의 이론은 떨어져 있는 두 물체 사이에 힘이 작용한다는 것이었다. 이는 접촉에 의한 힘의 전달이 아니라는 점뿐만 아니라 물체에 활동성을 부여한다는 점에서도 신비주의적 사고였다. 데카르트에게 물질은 죽어 있는 것이고 죽어 있는 물체는 스스로 자발적으로 움직이거나 다른 것을 움직이게 할 수도 없다. 오직 운동하다가 다른 것에 부딪치면 자신의 운동의 양을 변화시키면서 다른 물체에 운동의 양을 전달해 줄 뿐이었다. 물질에서 이렇게 활동성을 빼앗는 것은 데카르트의 철학에서 정신-물질 이원론의 핵심적 요소였다. 그는 실체를 정신과 물질로 나누면서 정신은 사고(thinking)를 본성으로 하는 실체이고 물질은 연장(extension)을 본성으로 하는 실체라고 하였다. 그리하여 사고와 같은 주체적인 본성은 물질에서 완전히 제거하였기 때문에 물질은 수동적인 실체였다. 이 두 가지 실체는 근본적으로 공통점을 갖지 않는 것으로 설정되었다. 이러한 관점에서 물질을 바라보는 것이 데카르트의 기계적 철학의 핵심이었다. 그의 기계적 철학에 따르면 우주는 죽어 있는 물질에 의해 만들어져 있었다. 그 안에 존재하는 모든 물질적인 것은 죽어 있었다. 심지어 생물조차도 죽어 있는 물질로 이루어져 있었다. 그럼에도 불구하고 생물을 포함하여 자연은 마치 살아 있는 것처럼 정교하게 움직이고 있다. 이것을 어떻게 설명해야 하는가? 데카르트는 죽어 있는 물질로도 그러한 복잡하고 정교한 움직임을 만들어 낼 수 있다고 보았다. 그것은 자연이 신에 의해 만들어진 정교한 기계이기 때문이었다. 17세기 초 당시에는 정교한 기계 장치들이 사람들을 놀라게 하던 시대였다. 13세기부터 만들어지기 시작한 기계식 시계는 진자를 사용하지 않았지만 굴대 – 폴리옷 체계(verge and foliot system)라고 하는 탈진 장치를 사용하여 제법 정확한 시각을 얻어 낼 수 있었다. 굴대 – 폴리옷 장치는 수직으로 매달린 진자가 아니라 수평으로 굴대를 중심으로 흔들리는 폴리옷이라는 막대의 진동에 의해 거기에 걸려 있는 톱니바퀴가 한 칸씩 움직이게 되어 있었다. 이때 톱니바퀴를 움직이는 동력은 축바퀴에 걸려 있는 줄에 달린 무거운 추였다. 그러므로 이 기계식 시계를 돌려주기 위해서는 주기적으로 추를 감아 올려놓아야 했다. 그렇게만 해 주면 폴리옷이 수평으로 흔들리면서 굴대를 돌려주어 한 칸씩 톱니바퀴가 돌아가면서 시곗바늘을 움직이게 되어 있었다. 당시의 시계는 오늘날의 시계처럼 시침, 분침, 초침이 달려서 세 가지 시간 정보를 주는 데 그치지 않았다. 훨씬 복잡한 기계장치를 동원하여, 중요 별자리의 위치, 행성의 위치, 달의 위상 등 훨씬 더 많은 정보를 제공하는 장치였다. 가히 천문시계라고 말할 수 있는 장치였다. 이러한 시계들이 주요 도시의 시계탑에 하나씩 설치되곤 했는데 도시의 형편에 따라 제공하는 정보에는 차이가 있었다. 이러한 시계 장치에 더하여 당시에 부유한 사람들의 관심을 크게 끌었던 것은 자동인형(automaton)이었다. 보통 자동인형은 사람의 형상을 하고 있었는데 기계적 작동에 의해서 정교한 동작을 수행하는 장치였다.

이러한 기계가 사람을 놀라게 하던 시대에 데카르트는 죽어 있는 물질도 얼마든지 정교하고 복잡한, 그리하여 마치 살아 있는 듯한 동작을 만들어 낼 수 있다고 주장할 수 있었다. 그리하여 그는 눈에 보이지는 않더라도 자연의 미시적 메커니즘을 통하여 자연의 복잡한 작용을 설명하고자 하였는데 이때 모든 작동은 철저하게 접촉과 충돌이라는 기계적 힘의 전달 방법에 의해 이루어진다고 하였다. 행성의 운동을 설명하기 위하여 데카르트는 소용돌이 이론을 제시하였다. 그는 진공은 없다고 보았고 눈에 보이지 않는 공간조차도 물질의 작은 입자들이 가득 메우고 있다고 했다. 행성의 운동을 일으키는 것은 우주 공간을 메우고 있는 작은 입자들이었다. 모든 물체들은 그 주위에 이 작은 입자들의 소용돌이를 가지고 있는데 태양처럼 무겁고 큰 천체는 강력한 소용돌이를 만들어 낸다. 이 3차원 공간상에 만들어진 소용돌이 속에서 행성들은 소용돌이 입자들의 충돌을 받아서 태양 주위를 돌게 된다. 이것은 마치 대야에 물을 담고 손을 저어서 만들어 낸 소용돌이에 탁구공 몇 개를 띄운 것과 비슷하다. 소용돌이 가까이에 있는 탁구공은 빠르게 돌고 멀리 있는 탁구공은 천천히 돌 것이다. 이런 식으로 행성들은 태양 주위를 공전한다는 것이다. 달이 지구 주위를 공전하는 이유도 마찬가지다. 지구 주위에 태양보다는 규모가 작은 소용돌이가 생기기 때문인데 그 소용돌이를 타고 달이 지구 주위를 돈다. 눈에 보이지 않는 작은 입자들이 이러한 신비한 운동을 일으킨다는 것이 데카르트의 설명 방식인 것이다.

심지어 데카르트는 자석과 같이 떨어진 물체 사이에 힘이 미치는 경우에도 그 사이를 메우는 어떤 기계적 작동 메커니즘이 있어서 쇳덩이를 끌어당길 수 있다고 설명하였다. 그렇기 때문에 원격 작용은 물질이 신비한 영향력을 발하여 아무것도 없는 공간을 뛰어넘어 영향을 미친다는 의미를 가졌기에 마땅히 배격되어야 할 대상이었다. 이러한 맥락에서 그는 인체의 모든 기관들도 기계적 작동에 의거하여 움직이는 것으로 설정하였다. 사지의 작용뿐 아니라 눈의 작동을 설명하기 위해서 이러한 기계적 설명 방식은 매우 성공적이었으나 피의 순환을 보일러 시스템으로 설명하고 신경의 작용을 작은 입자에 의한 신경 전달 작용으로 설명하는 방식은 사실과 부합하기에는 무리였다.

데카르트가 일견 이러한 극단적인 관점을 피력한 데에는 이유가 있었다. 이는 그가 16세기에 팽배했던 신비주의로부터 사람들의 사고를 자유롭게 해야 한다는 사명감에 불타고 있었기 때문이었다. 신비주의는 인간의 이성의 한계를 설정하고 인간의 이성으로 해결할 수 없는 영역을 신비로 돌려 버렸다. 그러면서 사물들이 서로 신비한 영향력을 주고받는 공감(sympathy)의 네트워크에 의해서 모든 자연 현상을 물활론적으로 설명하려고 했다. 파라켈수스(Paracelsus, 1493 – 1541)의 의학 이론이나 반 헬몬트(Van Helmont, 1477 – 1544)의 버드나무 실험은 이러한 당시 지식인들의 사고방식의 전형을 잘 보여주었다. 데카르트는 이러한 마술적인 세계관을 비판하고 모든 물질의 설명에서 영적인 요소, 즉 주체적 개입을 제거하는 것이 과학을 이성에 복종시키는 길이라고 생각하고 죽어 있는 물질에 의한 정교한 메커니즘을 제시하는 기계적 철학을 부르짖고 나선 것이었다. 그러한 방향은 현대적 관점에서 볼 때 상당히 옳은 방향이었지만 상당히 과격한 측면도 가지고 있었다. 중요한 점은 데카르트의 영향력이 매우 커서 그가 제시한 자연철학이 17세기 후반 유럽의 여러 대학에서 정규적인 커리큘럼에 편성되어 아리스토텔레스의 철학을 대신하여 가르쳐지게 되었다는 점이다. 아리스토텔레스의 철학을 대신할 수 있는, 정교하고 광범위한 철학적 논의를 데카르트의 철학이 담고 있었기 때문에 이런 일이 가능했으나 세부적으로 들어가 보면 그의 자연철학에는 문제가 많았다. 17세기 후반에는 과학자들이 나서서 이러한 오류들을 조금씩 수정해 나갔고 그런 과정에서 충돌은 피할 수 없었다.

그러한 충돌이 뉴턴에게도 왔다. 뉴턴의 책이 나오기도 전에 유럽 대륙에서는 뉴턴의 책이 원격 작용을 포함하는 이론을 담을 것이라는 소문이 돌면서 벌써부터 술렁였다. 『프린키피아』가 출간되자 역시 우려는 현실이 되었다. 이 책이 담고 있는 수학적 논의의 정교함에도 불구하고 만유인력이라는 원격 작용을 제안함으로써 데카르트의 추종자들과의 충돌은 피할 수 없는 것이 되었다. 오늘날 우리는 너무나도 당연하게 받아들이고 있는 떨어져 있는 두 물체 간에 진공을 뛰어넘어 전달되는 힘이라는 것이 17세기 말의 사람들에게는 받아들이기 매우 어려운 신비한 사상으로 비쳤던 것이다. 그 정도로 우리는 주입식 교육에 무비판적으로 노출되어 있는 것이다. 이런 신기한 힘에 대해서 어린 아이들이나 의심을 품을까, 우리는 뉴턴의 명성에 짓눌려 별 의심 없이 이 사상을 받아들이고 있다. 그러나 17세기 말에 지식인들에게는 아무것도 없는 공간에 전달되는 힘, 그러한 힘을 죽어 있는 물질이 발휘할 수 있다는 것 자체가 데카르트가 그렇게 배격하기 원하였던 신비주의로 다시 회귀하는 시대착오적인 발상으로 비쳤던 것이다. 데카르트의 추종자들은 뉴턴에게 만유인력은 어떻게 해서 발휘되는지를 따져 물었다. 그에 대해서 뉴턴은 제대로 된 답을 줄 수 없었다. 오히려 그는 "나는 가설을 꾸며대지 않는다."라는 말을 했다. 여기에서 '가설'이란 데카르트가 즐겨 사용하였던 방식대로 자연의 작동을 설명하기 위해서 제시된, 경험적으로 검증할 수 없는 미시적 메커니즘을 말한다. 뉴턴은 설명할 수 없는 것은 설명될 수 있을 때까지 그냥 두겠다는 태도를 취했다. 다만 만유인력이 존재한다는 것은 그것을 사용하여, 다른 방법으로는 만족스럽게 설명되지 않는, 여러 가지 현상을 설명할 수 있기 때문이라는 주장을 했다. 결국 이러한 뉴턴의 전략이 성공을 거두었다고 역사는 말한다. 뉴턴의 주장의 힘은 수학에 있었다. 어떠한 수학적인 논의도 제대로 제공하지 못한 것이 대부분이었던 데카르트의 설명 방식과는 달리 뉴턴은 정교한 수학을 사용하여 그의 논의를 전개하였다. 가령, 『프린키피아』의 2권은 마찰이 있는 공간에서의 물체의 운동을 다루었는데, 데카르트의 우주론인 소용돌이 우주론을 비판하는 데 주목적이 있었다. 뉴턴의 운동 법칙을 쓰면 데카르트가 상정하는 방식대로 저항이 있는 공간에서 행성들의 운동이 케플러가 제시한 법칙과 같은 방식으로 일어날 수는 없다는 것이다.

그렇다면 뉴턴 자신에게는 데카르트의 추종자들이 부딪혔던 것과 같은 문제, 즉 원격 작용을 사용하는 신비적인 사고가 문제를 일으키지 않았을까? 답은 'No'이다. 이유는 뉴턴 자신이 신비주의자였기 때문이다. 뉴턴의 이러한 측면은 18세기 이후 철저하게 숨겨졌다. 전술한 대로 계몽 시대에 뉴턴이 근대성의 상징이 된 후에 뉴턴은 합리성의 상징이었기에 이러한 신비주의적 색채는 그에게서 찾아볼 수가 없었다. 그러나 20세기에 들어와서 남아 있었던 뉴턴의 노트를 면밀하게 검토한 과학사학자들은 신비주의자 뉴턴의 면모를 여실히 복원할 수 있었다. 그는 비밀리에 연금술적 실행을 자신의 케임브리지 대학 연구실에서 지속하고 있었다. 연금술사에게 필수적인 노(furnace)를 방 한구석에 마련해 놓고 그는 연금술에 관련된 비싼 책들을 사들였고, 연금술을 실행하기 위해 필요한 화학 약품들과 실험 기구들을 사들였다. 16세기 신비주의 사상가들의 저술에 심취하면서 그는 독자적인 경지에 도달하기 위해서 많은 노력을 쏟아 부었다. 당시 대학의 분위기에서 이러한 행동은 용인될 수 없는 것이었기 때문에 뉴턴은 비밀리에 모든 것을 진행시켰다. 그렇지만 그의 지적 세계는 통일되어 있었다. 그가 과학적인 이론을 수립하고 연구를 수행하는 데 이러한 연금술적 물질관이 영향을 미치고 있었다. 만유인력이 대표적인 사례였다. 그는 물질의 활동성을 믿었고 그러한 영향력이 별로부터 지구의 생물들에게 영향력이 미치듯이 물질로부터 다른 물질로 영향력이 미친다는 것을 인정했다. 이러한 영향력을 수학적으로 표현해 놓은 것이 만유인력이었다. 뉴턴이 광학 실험에 그렇게 심취하였던 것도 연금술을 통해서 익숙해진 실험적 실행과 관련이 있었다. 실제로 17세기에 과학의 방법으로서 실험이 널리 채용되는 과정에 연금술사들의 실행이 미친 영향력이 컸고, 특히 근대 화학의 성립 과정에서는 거의 핵심적인 역할을 했다. 빛 입자의 신비한 영향력에 대한 뉴턴의 확신은 그의 물질론을 넘어 광학 이론에까지 영향을 주고 있었던 것이다.

또 하나의 숨겨진 뉴턴의 면모는 그가 이단적 신학에 매우 심취해 있었다는 점이다. 뉴턴이 남긴 노트의 분량은 과학적인 논의보다 신학적인 논의가 월등히 더 많다. 뉴턴은 당시 국교회에서 받아들일 수 없는 아리우스(Arius)파의 신학을 추종했다. 뉴턴이 신학을 하게 된 배경은 그가 케임브리지 대학에서 신학을 공부하고 명목상이라도 국교회 성직자가 되었기 때문이다. 그는 자신의 연구를 통해서 3위일체를 부인하고 그리스도의 신성을 부인함으로써 이단적 신학으로 나아갔는데 그러한 사실을 숨기고 살았다. 그는 죽을 때 국교회 성직자에게 성사를 받는 것을 거부하였다. 그렇지만 그에 대한 영국인들의 존경심은 쇠하지 않았고 그는 웨스트민스터 수도원(Westminster Abbey)에 다른 명사들과 함께 묻혔다.

뉴턴은 평생을 독신으로 살았고 성격적으로 결함이 있었다. 그의 어머니가 뉴턴이 태어난 지 얼마 되지 않아 재가를 했다가 다시 남편을 여의고 집으로 돌아올 때까지 어머니의 사랑을 받지 못한 것이 원인이 되어서 남을 신뢰하지 않는 성격적 결함을 갖게 되었다. 이것은 평생 그의 대인 관계를 어렵게 했는데 그런 이유에서 그는 당시 영국 과학계의 중심인 왕립학회 활동을 하지 않고 케임브리지 대학의 수학 교수로 조용하게 살려고 하였다. 특히 왕립학회의 간사였던 훅과 우선권 다툼이 일어난 후에는 더욱 왕립학회와는 거리를 두었는데 결국 그의 명성이 높아지고 훅이 사망하자 얼마 되지 않아 그는 왕립학회 회장으로 추대되게 된다. 그렇지만 그는 훅이 왕립학회에서 이룩한 업적을 철저하게 가리는 작업을 진행시켰다. 그리하여 훅에 관련된 많은 자료들이 뉴턴에 의헤 피괴되있다. 그의 성격석 셜함은 라이프니츠(Gottfried Wilhelm Leibniz, 1646 - 1716)와의 우선권 논쟁에서도 나타났다. 뉴턴과는 별도로 독일인 수학자 라이프니츠는 미적분학을 발명하였다. 두 사람의 접근 방식은 상이했지만 개념상 상통하는 부분이 많았다. 처음에는 뉴턴도 별로 이 문제에 대해서 관심을 기울이지 않았으나 다른 사람들이 라이프니츠가 그의 업적을 가로채려 한다고 뉴턴을 충동질하자 라이프니츠를 적으로 인식하게 된 뉴턴은 철저하게 이 문제를 물고 늘어져서 인신공격 발언을 서슴지 않는 지경까지 치달으면서 다른 사람들을 놀라게 했다.

개인적인 인격적 결함의 문제와 관계없이 뉴턴이 근대 과학의 형성 과정에 미친 영향력은 지대하다. 그는 천체 역학 분야에서 자연을 철저하게 수학적 법칙에 복종시키는 일을 성공적으로 수행하여 과학자들로 하여금 그것을 자신들의 분야에서도 실현시킬 수 있지 않겠냐는 희망을 갖게 하였다. 또한 그는 이런 과정을 위해서 실험이 중심적인 역할을 해야 한다는 것을 확고히 하여 실험을 과학 연구의 중심에 확고한 권위적 위치에 올려놓았다. 뉴턴은 이런 방식으로 오늘날의 과학 활동이 어떠해야 하는지를 보여주었다. 이를 통해서 그는 천문학 혁명을 완성시키고 역학 혁명을 완성시켰다. 이제 아리스토텔레스는 완전히 가고 새로운 서광이 과학의 앞길을 비추고 있었다. 뉴턴은 이미 당대에 과학혁명의 완성자로 인정을 받았다. 그는 근대성의 상징으로 인식되었고 심지어 정치적 진보를 부르짖는 자들에게도 희망의 빛이 되었다. 인류 발전의 가능성을 보여주었다는 점에서 뉴턴의 중요성은 아무리 강조해도 부족하지 않다. 뉴턴에 대한 당대의 인식이 왜곡된 것이든 사실에 입각한 것이든 뉴턴의 성공은 영국뿐 아니라 유럽 전역에서 대대적으로 선전되어 과학의 위상을 드높일 뿐 아니라 과학자의 활동을 위한 사회적 지지를 광범위하게 얻어 내는 데 널리 사용되었다. 그를 통하여 근대의 이미지가 구축되었고 이제 이성의 시대가 열렸다는 확신을 많은 사람들이 갖게 되었다. 뉴턴 자신이 모든 문제를 해결한 것이 아니었지만 뉴턴주의 과학은 모든 과학의 모범적 방법을 제시해 주는 것이란 믿음에 따라 널리 추종되었다.

7

근대 화학의 출현: 라부아지에

천문학, 역학, 생리학이 17세기를 거치면서 큰 변화 과정을 거쳤지만 화학 분야에서의 변혁은 이루어지지 않았다. 화학 혁명은 그로부터 1세기 후에 이루어지게 되는데 이러한 변혁의 중심인물이 라부아지에(Antoine – Laurent Lavoisier, 1743 – 1794)였다. 그는 화학계에서 받아들여지던 전통적인 연금술적 물질관을 뜯어고치고 근대적인 물질 개념을 정립시켰고 근대 화학의 발전을 위한 토대를 마련하였다. 그런 점에서 화학 혁명을 '지연된 과학혁명'이라고 부르는데, 놀라운 것은 근대적인 전문 과학 분야로 화학이 정립되는 과정은 다른 분야보다 빨랐다는 점이다. 19세기가 되면 화학은 가장 전문화되고 가장 빨리 산업 현장에서 혁신을 이루어 내는 과학 분야가 된다. 늦게 난 뿔이 우뚝하다는 말을 이런 데 쓸 수 있겠다.

연금술과 플로기스톤

18세기에 들어와서도 화학은 여전히 연금술의 영향력에서 벗어나지 못하고 있었다. 물질의 속성을 연구하는 분야로서 화학은 본래 따로 존재하던 분야가 아니었다. 기본적으로 그 뿌리가 연금술에 닿아 있었다. 서양의 연금술은 그 뿌리가 고대 이집트에 있었는데 나중에 알렉산드리아에서 아리스토텔레스의 물질 이론이 연금술의 물질관에 스며들면서 원소들을 변환시켜 금이나 은을 만들 수 있으리란 믿음이 연금사들에게 확고해졌다. 신비주의 사조와 깊이 연결되면서 연금술은 신비한 처방에 따라 화학적 조작, 점성술적 실행, 수비학적 연관성을 따지는 복잡한 성격을 띠게 되었다. 연금술의 영어 단어인 'alchemy'는 그 어원이 아랍어인데 이는 아랍의 영향력이 이 분야에서 컸음을 짐작하게 하는 부분이다. 중세에 아랍인들이 그리스 문헌들을 대거 번역하여 연구하면서 다양한 화학적 조작법과 화학 물질에 대한 지식과 실험 기구들이 정착되었고 그것이 나중에 서양 세계로 유입되면서 큰 영향을 미치게 되었다. 자비르(Jabir Ibn Hayyan, 라틴명 Geber, 721–815)는 같은 아랍의 연금술사는 이후 연금술의 화학적 기초를 놓았다는 점에서 기여한 바가 크다. 그는 여러 가지 화학 물질 조작 방법과 실험 방법을 찾아내어 화학의 아버지로까지 추앙을 받는다.

서구에서는 르네상스를 거치면서 신비주의 사조가 크게 융성하였는데 이 과정에서 연금술도 새로운 인기를 누리기 시작했다. 많은 지식인들이 연금술을 연구하였고 세계를 이해하기 위한 마술적 세계관의 일환으로 연금술이 관심을 끌었다. 특히 파라켈수스와 같은 의사는 연금술을 질병의 치료를 위한 도구로서 적극적으로 채용하였고 다양한 화학 약품의 조작을 통하여 질병을 치료하는 광물성 약제의 효과에 대해서 많은 논설을 남겼다. 그는 이후 의화학파(iatrochemistry)의 효시가 되었는데 화학 물질에 의한 질병의 치료라는 매우 근대적인 질병 치료관을 수립하였다. 이 과정에서 대우주-소우주 유비에 대한 신념과 자연물 간의 공감의 네트워크를 질병 치료에 이용할 것을 주창하면서 전통적인 체액 균형설에 반기를 들었다. 그는 네 가지 체액의 기초를 이루는 그리스의 물질관인 4원소설을 비판하고 염(salt), 수은, 황을 모든 물질의 기본 성분인 3원리로서 제창하였다. 이 중에서 염은 고체성과 안정성의 원리이고 수은은 액체성과 금속성의 원리이며, 황은 가연성과 기체성의 원리라고 했다. 이 물질들은 모두 연금술사에게 매우 친숙한 물질들이었고 이러한 물질들을 통하여 모든 연금술적 조작들을 이해하려는 시도가 이루어졌다.

베허(Johann Joachim Becher, 1635 – 1682)는 파라켈수스의 3원리설을 원용해서 '기름진 흙'이라는 개념을 만들어 냈고 1697년에 슈탈(Georg Ernst Stahl, 1660 – 1734)은 플로기스톤(phlogiston)이라는 개념을 제시하였다. 플로기스톤은 모든 탈 수 있는 물질 속에 들어 있어서 탈 때 불꽃을 이루면서 나오는 성분이다. 그러므로 가연성의 원리라고 할 수 있겠는데 동시에 금속성이 원리이기도 하다. 슈탈에 따르면 모든 금속이 광택을 내는 것은 바로 플로기스톤 때문인데 플로기스톤이 빠져나오면 물질은 광택을 잃게 된다. 플로기스톤 화학은 18세기 전반기에 형성되어 모든 화학적인 과정에서 플로기스톤을 관련시켜 설명을 시도하였다. 그러므로 플로기스톤은 화학의 중심 개념으로서 화학 작용을 일으키는 근본적인 원리였다. 그렇지만 때로는 질량을 갖는 것이었다가 때로는 질량이 없기도 했고 때로는 음의 질량을 갖는 것이어서 혼란을 일으키고 있었지만 이에 대해서 제대로 된 정리가 이루어지지 않았다.

가령, 금속의 하소(calcination)나 물질의 연소는 모두 플로기스톤이 빠져나가는 과정이라고 했는데 여기에서 하소란 금속이 금속재(calx)가 되는 과정, 즉 산화하는 과정을 일컫는 말이다. 플로기스톤이 금속성의 원리이므로 하소에서는 금속이 광택을 잃으며, 플로기스톤이 가연성의 원리이므로 연소에서는 물질이 탄다. 그렇지만 하소의 경우에는 금속의 질량을 하소 전후로 측정해 본 결과 오히려 무거워졌으나 연소의 경우에는 주지의 사실이듯이 연소 후 물체의 질량이 가벼워졌다. 그러므로 플로기스톤은 양의 질량을 갖는 것인지 음의 질량을 갖는 것인지 알 수 없다는 것이 당시 화학자들의 판단이었다. 그럼에도 불구하고 여러 가지 화학 변환 과정을 플로기스톤이 설명할 수 있다는 생각에 플로기스톤은 화학에서 계속 사용되고 있었다.

Georg Erneftus Stahl, Onoldo Francus,
Med.Doct h.t Prof Publ. Ord. Hall

Abb. 34. Georg Ernst Stahl 1660—1734.

그림 31 게오르크 슈탈

기체 화학의 발전

18세기 전반기를 지나면서 기체 화학에 큰 발전이 이루어졌다. 원래 기체는 그리스의 4원소 중 하나로서 '공기'였다. 이때 공기는 모든 기체를 지칭하는 말이었고 모든 기체는 한 가지 종류밖에 없다는 인식이 널리 퍼져 있었다. 그렇지만 헤일스(Stephen Hales, 1677 – 1761)에 의해 시작된 기체 연구는 의외의 결과를 쏟아 내었다. 헤일스는 『식물정역학』(Plant Staticks)이라는 책을 출간했는데 이 책은 다양한 식물을 가열했을 때 나오는 기체에 대한 연구 결과를 담고 있었다. 헤일스는 오늘날 수상치환법이라고 부를 수 있는 방법을 채용하는 기체 포집기를 고안하여 여러 종류의 성질이 다른 기체를 포집할 수 있는 길을 마련해 놓았다.

헤일스는 이산화탄소를 포집하고 그것에 '고정된 공기'라는 이름을 붙였다. 기체가 식물 속에 고정되어 있다가 풀려나온다는 의미였다.

그 후 몇 십 년간은 기체의 종류가 가장 많이 발견된 시기였다. 캐번디시(Henry Cavendish, 1731 – 1810)는 수소를 발견하였고, 셸레

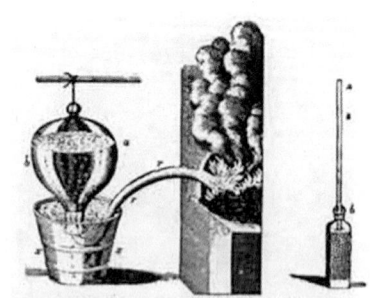

FIG. 44.—APPARATUS USED BY HALES.

ON THE LEFT IS THE GUN BARREL (g) HEATED IN A FIRE. THE GAS IS COLLECTED IN THE GLOBE (aa) OVER WATER IN THE TUB (ee). ON THE RIGHT IS A BOTTLE FILLED WITH FERMENTING PEAS OVER MERCURY. THE PRESSURE OF THE GAS EVOLVED DRIVES THE MERCURY INTO THE VERTICAL TUBE (dd), WHICH IS FIRMLY FIXED INTO THE BOTTLE AND DIPS INTO THE MERCURY ON WHICH THE PEAS FLOAT.

그림 32 헤일스의 기체 포집기

(Carl W. Scheele, 1742 – 1786)는 산소를 최초로 포집하였고, 블랙(Joseph Black, 1728 – 1799)은 잠열 이론을 세웠다. 프리스틀리(Joseph Priestley, 1733 – 1804)는 옆집에 양조장이 있어서 맥주가 발효되는 큰 통에 각종 물질을 넣어 보는 실험을 통해서 이산화탄소의 성질을 연구하였다. 그 과정에서 그는 이산화탄소를 물에 녹였을 때 톡 쏘는 맛을 느낄 수 있다는 것을 알았고 소다수를 실용화하여 왕립학회의 영예인 코플리(Copley) 메달을 수상했다. 그는 수은재를 가열하여 수은이 환원되어 나올 때 산소를 포집하였고 그것의 다양한 성질을 연구하였으며 그것에 '플로기스톤이 빠진 공기'라는 이름을 붙였다.

프리스틀리가 산소에 이런 이름을 붙인 이유는 산수 속에 연소하는 물체를 넣었을 때 찬란한 빛을 내며 타는 것을 보았기 때문이었다. 이 기체 속에서는 플로기스톤이 아주 활발하게 빠져나온다. 그것은 이 기체가 플로기스톤이 빠진 공기이기 때문에 이 공기가 머금을 수 있는 플로기스톤의 자리가 많아서 그 자리를 메우기 위해서 플로기스톤이 활발하게 빠져나오느라 찬란한 빛을 내면서 물체들이 탄다는 생각이었다. 이는 나름대로 과학적인 발상이라고 볼 수 있는 것이 건조한 공기 속에 젖은 수건을 놓으면 수분이 젖은 수건에서 건조한 공기로 방출되면서 빨리 마르지만 습한 공기에서는 똑같은 젖은 수건이 마르는 속력이 느린 것과 비슷하기 때문이다. 또한 똑같은 부피의 밀폐된 공간의 경우에 일반 공기에 비해서 산소 속에서 물체를 태우면 더 오래 타다가 꺼지는 것을 볼 수 있다. 이것은 일반 공기에 비해서 이 기체가 플로기스톤을 품을 수 있는 공간이 많다는 것을 드러내는 것으로 해석되었다. 모든 기체는 플로기스톤을 품을 수 있는 양에 한계가 있어서 밀폐된 공간 속에서 연소가 일어나는 경우에 그 안의 기체에 플로기스톤이 포화되면 더 이상 탈 수 있는 물질이 있어도 더 타지 못하고 꺼지는 것이라고 프리스틀리는 설명했다. 이는 마치 마른 공기에도 습기를 품을 수

있는 데 한계가 있어서 젖은 물체에서
습기를 빼앗다가 그 능력의 한계에 도
달하면, 즉 상대 습도 100%에 이르면
더 이상 습기의 증발이 일어나지 않는
것과 같다는 것이다. 즉 습기로 포화
된 공기 속에서는 더 이상의 습기의
증발이 일어날 수 없듯이 플로기스톤
으로 포화된 공기는 더 이상의 플로기
스톤의 방출, 곧 연소를 허용하지 않

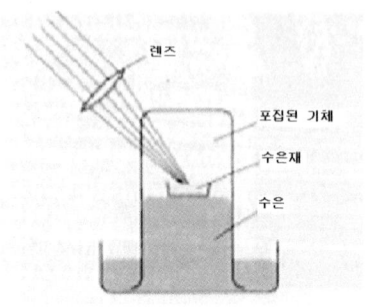

그림 33 프리스틀리의 산소 포집 실험

는다는 것이다. 이러한 포화 현상은 용매와 용질의 관계에서도
흔히 볼 수 있는 현상이어서 플로기스톤이 그런 성질을 갖는다
고 해서 과히 이상할 것이 없었다. 실제로 일반 공기에 비해서
산소 속에서 물체를 태우면 더 오래 타다가 꺼지는 것을 볼 수
있었다. 이것은 일반 공기에 비해서 확실히 이 기체가 플로기스
톤을 품을 수 있는 공간이 많다는 것을 드러내는 것이었다. 모
든 기체는 플로기스톤을 품을 수 있는 양에 한계가 있어서 밀폐
된 공간 속에서 연소가 일어나는 경우에 그 안의 기체에 플로기
스톤이 포화되면 더 이상 탈 수 있는 물질이 있어도 더 타지 못
하고 꺼지는 것이라고 프리스틀리는 설명했다.

프리스틀리는 산소를 직접 마신 최초의 사람이 되었는데 그
는 먼저 생쥐를 산소 속에 넣어 본 후에 생쥐의 행동이 활발해
지고 아무런 해를 받지 않는 것을 목격한 후에 직접 산소를 마
시는 시도를 해 보았다. 그는 인체에 해로운 화학 약품을 직접
입에 대 보는 것도 마다하지 않았기 때문에 이 정도는 충분히
시도해 볼 만했다. 그의 기대대로 산소를 마셨을 때 그는 상쾌
해지는 느낌을 받았다. 그래서 그는 산소가 놀랍게 호흡이 잘되
는 공기라고 생각했는데 연소 과정과 호흡 간에 긴밀한 연관이
있음이 드러난 사례였다.

라부아지에와 산소설

라부아지에는 파리 의회의 법률 고문이었던 아버지의 원에
따라 원래 대학에서 법률을 공부하고 변호사 자격증까지 땄는데
지질학자 게타르(Jean-Étienne Guettard, 1715-1786)의 지질 탐
사를 따라 나갔다가 화학에 관심을 갖게 되었다. 그는 집안이
매우 부유했으므로 특별히 일에 구애받지 않고 자신이 원하는
것을 할 수 있었는데 곧 화학은 그의 주된 관심사가 되었다. 그
는 1771년 16세 연하인 마리안 폴즈(Marie-Anne Pierrette Paulze,
1758-1836)와 결혼하였는데 그녀는 매우 총명해서 외국어로 된
과학 논문을 번역하고 실험 조수의 역할을 잘 감당하였다.

1770년에 라부아지에는 물을 계속 증류하면 흙이 된다는 전
통적인 믿음에 문제가 있음을 밝혀서 유명해졌다. 이 연구로부
터 그는 4원소설에 문제가 있음을 알고 기체의 성질에 대한 연
구를 수행하였다. 1772년에 황과 인을 연소시키면 발생하는 기
체까지 포함할 때 오히려 연소 후에 질량이 증가한다는 것을 발
견하여 그동안의 혼동을 해결했고 산화납을 숯과 함께 가열했을
때 납이 얻어지면서 질량은 오히려 감소한다는 것을 발견하였
다. 이 과정에서 라부아지에는 플로기스톤설에 문제가 있음을
인지하였다. 그는 물리학자 라플라스와 긴밀한 교류를 하고 있
었기 때문에 물질은 반드시 양의 질량을 가져야 한다는 생각을
하고 있었다. 그러므로 연소와 하소의 과정에서 물질의 질량이
증가한다면 이것은 무언가가 빠져나간 것이 아니라 무언가가 결
합한 것이라고 보아야 한다는 생각을 하였다. 그는 일정한 공기
를 넣고 밀폐된 공간에서 수은을 가열하는 정량화된 실험에서
수은이 수은재(산화수은)로 바뀌면서 질량이 늘어난 반면에 공
기의 질량이 감소한 것을 발견하였다. 그러므로 수은이 수은재
가 되는 하소 과정에서 공기 중의 어떤 성분이 수은과 결합하였

다고 보는 것이 타당하다는 생각을 하였다. 라부아지에는 이 기체 성분이 무엇일지 궁금하였다.

때마침 1774년에 프리스틀리가 파리를 방문하였고 라부아지에는 프리스틀리가 산소를 얻은 실험에 대한 이야기를 들었다. 프리스틀리가 수행한 실험은 정확하게 라부아지에가 한 실험의 역반응이었다. 라부아지에가 실험의 결과로 수은재를 얻은 반면에 프리스틀리는 수은재를

그림 34 앙투안 라부아지에

가열하여 수은을 얻으면서 동시에 '놀랍게 호흡이 잘되는 공기'를 얻었던 것이었다. 그러므로 라부아지에는 자신이 수은을 가열하였을 때 공기 중에서 수은과 결합하여 수은재를 만든 성분은 프리스틀리가 얻은 새로운 성질의 공기임을 확신하였다. 라부아지에는 프리스틀리의 실험을 반복하였고 산소를 얻어서 그 성질을 탐구하기 시작하였다.

그의 연구에 따르면 이 기체는 여러 가지 물질들을 그 안에서 잘 타게 하는 성질이 있었는데 각종 비금속 물질들을 태웠을 때 생성된 성분이 물에 녹으면 산성을 띠는 것을 확인하여 이 기체가 산을 만들어 내는 원리라는 생각을 하게 되었다. 황을 태우면 황산이 만들어지고, 붕소를 태우면 붕산, 탄소를 태우면 탄산이 만들어진다. 그런데 신기하게도 캐번디시가 발견한 가연성의 공기(수소)를 태우면 산이 만들어지지 않았다. 나중에 이러한 반응에 대해서 프리스틀리가 설명한 방식은 수소는 자체가 플로기스톤이기 때문에 플로기스톤과 플로기스톤이 빠진 공기를 반응시키면 아무것도 생기는 것이 없게 된다는 것이었다. 그러나 실제로는 물이 생성되었는데 물을 넣은 통 속에서 실험을 하고 있었기 때문에 물이 생성되는 것을 감지하지 못했던 것이었다. 라부아지에는 자신의 실험을 바탕으로 플로기스톤설을 정면으로

공박하고 나섰다. 플로기스톤이라는 것은 존재하지 않으며 플로기스톤이 빠져나오는 것으로 알았던 많은 하소와 연소 과정은 모두 산소가 결합함으로써 일어나는 과정이라고 주장했다. 이러한 주장의 근거는 하소와 연소 과정에서 모두 반응하는 고체는 질량이 늘어나고 반응 용기에 들어 있는 공기의 성분은 고체의 질량이 늘어난 만큼 질량이 줄어들었기 때문이었다. 이로써 공기의 성분으로서 산소가 일정한 부분을 차지하고 있다는 주장을 제기했다. 산소라는 말도 '산의 원리'라는 명칭으로 라부아지에가 처음 사용하게 되었다. 이는 모든 산은 '산의 원리' 곧 산소를 포함하고 있다는 생각에서였다. 그러나 이러한 라부아지에의 판단은 잘못된 것이었다. 산 중에서 염산과 같은 산은 산수를 포함하지 않았는데 라부아지에는 이에 대해서도 무리아 산(muriatic acid)이라는 명칭을 붙였다. 이때 무리아(muria)는 소금물을 의미하는 라틴어였다. 무리아가 산소와 결합하여 만든 산이 염산이라고 보았던 것이다. 이것을 바로잡은 것은 19세기 초 영국의 화학자 데이비(Humphrey Davy, 1778 - 1829)였다.

그렇지만 플로기스톤을 주장하는 화학자들은 그렇게 쉽게 라부아지에의 새로운 연소 이론을 받아들이려고 하지 않았다. 수소의 산이 만들어지지 않는 문제와 라부아지에 자신이 오해하고 있는 부분이 있었기 때문에 새로운 이론이 모든 현상들을 명쾌하게 해결해 주는 것은 아니었던 것이다. 프리스틀리는 죽을 때까지도 라부아지에의 새로운 연소설을 받아들이지 않았는데 그의 입장에서는 플로기스톤 이론으로 라부아지에가 설명하는 모든 현상을 설명할 수 있다고 믿었기 때문이었다. 이러한 입장을 표방하는 화학자들이 여럿이 있어서 논쟁은 계속되었다.

새로운 화학 체계

라부아지에는 산소설을 바탕으로 새로운 물질의 체계를 구축하기 위한 노력을 경주하였다. 그는 물질을 원소, 화합물, 혼합물로 나누고 그것을 구분하려고 한 최초의 인물이었다. 그는 당시 화학 기술로 더 이상 분해되지 않는 물질을 원소라고 보았다. 1787년에 나온 『화학명명법』에서 라부아지에는 화학 물질을 체계적으로 이름 붙이는 방법을 논의하였다. 라부아지에는 린네 (Carl von Linné, 1707 – 1778)가 동식물의 이름을 체계적으로 명명하기 위해서 이명법을 고안한 것을 모범으로 삼았다. 당시 화학 분야에서 사용되는 화학 물질의 명칭은 임의로 붙여진 것들이어서 이름만 들어서는 그것이 어떤 물질인지 짐작할 수 없는 것이 많았고 오해를 불러일으킬 만한 것도 많았다. 무엇보다도 큰 문제는 지역마다 부르는 명칭이 달라서 혼돈이 매우 심했다는 것이었다.

이러한 문제를 해결하기 위해서 라부아지에는 성분 구성 원소와 물질의 특성을 반영하는 명칭을 이명법 체계와 유사하게 붙이기 시작하였다. 그리하여 이전에는 비트리올(vitriol)이라고 불리던 것이 황산이 되었고, 고정된 공기는 산화탄소가 되었다. 이러한 명칭을 붙이는 데 핵심이 되는 것이 원소였는데 당시 라부아지에가 사용하던 원소 목록 중에는 원소가 아닌 것이 상당수 들어가 있었다. 열입자인 칼로릭(calorique)과 빛입자인 루미에르(lumiére)도 원소에 포함되었다. 이에 따르면 수증기는 물이 칼로릭과 결합한 물질로 물과는 다른 화합물로 취급되었다.

1789년에 출간된 『화학 원론』(*Traité elementaire de chimie*, 1789)은 새로운 화학 체계를 담은 화학 교과서였는데 역학의 『프린키피아』에 견줄 만한 책이었다. 새로운 연소 개념에 입각하여 플로기스톤을 일소한 새로운 화학 체계가 새로운 명명법에 따라 제시되었다. 라부아지에는 대수학을 가장 모범적인 언어라고 생각했기 때문에 화학 반응을 나타내는 데에도 대수적인 방정식의 형태로 화학 반응을 나타낼 수 있을 것이라고 생각하여 화학 반응식을 처음으로 사용하였다. 이를 위해 라부아지에는 원소 기호도 도입하였는데 오늘날 화살표가 놓이는 위치에는 등호가 마치 진짜 대수학의 방정식처럼 사용되었다. 같은 해에 라부아지에가 창간한 ≪화학 연보≫(Annale de chimie)는 화학 분야 최초의 학술지로서 화학자들의 연구 업적을 게재하였는데 새로운 체계를 따르는 연구만을 게재해 줌으로써 새로운 화학 체계를 널리 유포시키는 데 중심적인 역할을 했다.

비참한 운명들

플로기스톤과 산소에 관한 라부아지에와 프리스틀리의 논쟁은 비참한 운명에 의해 종식되었다. 프리스틀리는 지독히도 설교를 못 하는 비국교도 성직자였다. 그는 관심사가 과학으로 치우친 인물이기도 하였지만 종교에 대해서는 매우 비판적인 사상을 가진 인물이었다. 그는 기독교 교회 전통을 비판하는 일을 서슴지 않았고 기독교 타락의 역사를 쓸 정도로 적극적이었기 때문에 결국에 많은 사람들의 미움을 받게 되었다. 그는 어느 날 폭도들의 습격을 받아 교회와 집이 모두 불타고 실험 자료와 실험실마저 모두 사라져 버리고 말았다. 목숨만을 겨우 건져서 그가 피한 곳은 대서양 건너편이었다. 미국으로 건너간 프리스틀리는 대통령과 친분을 쌓는 등 좋은 대접을 받았지만 대학에서 자리를 준다고 하는 것을 극구 사양하였다.

한편 그의 경쟁자는 더욱 비참한 운명에 처하였다. 라부아지에는 프랑스 대혁명이 발발하기 전부터 징세청부조합원이었다.

당시 프랑스에서 징세는 국가에서 직접 수행하지 않고 징세청부조합에 위탁하였다. 돈이 있는 사람들은 특정한 지역의 조세를 담당하고 할당 지역에서 국가가 거두어들이고자 하는 일정한 액수의 세금을 미리 국가에 내고 나머지는 자신이 알아서 거두어들이는 방식으로 운영되었다. 당연히 징세 업자에 대한 불만이 많았고 이것이 혁명 기간 동안 폭발하고 말았다. 1793년에 로베스피에르(Maximilien Robespierre, 1758 – 1794)가 정권을 잡고 공포정치가 실시되었다. 라부아지에는 당시 정권을 잡은 자코뱅(Jacobin)의 3인방에 속하는 마라(Jean Paul Marat, 1743 – 1793)가 파리 과학 아카데미 회원이 될 뻔했을 때 마라의 공적이 미미하여 적합하지 않다고 반대한 적이 있어서 원한을 샀다. 라부아지에는 그렇게 원성을 사는 징세청부업자가 아니었음에도 불구하고 같은 조합에 있던 그의 장인과 함께 체포되었다. 공포정치는 라부아지에 개인에게만 힘든 기간이 아니었다. 파리 과학 아카데미는 철폐되는 위기를 겪었다. 파리 과학 아카데미는 엘리트 과학자들이 회원으로 활동하는 국가가 운영하는 과학단체였는데 특히 심사나 기술서적 출판 검열을 맡아 왔기 때문에 기술직 종사자들에게 원성을 많이 받아 왔다. 이런 것이 엘리트주의에 대한 반발을 불러일으켰기 때문에 철폐하라는 명령이 떨어졌다. 이러한 반동은 그렇게 오래 가지는 않았다. 공포정치가 끝나자 학사원(L'Institut)이 설립되면서 과학 아카데미는 학사원의 일부로 부활했다. 그렇지만 한번 떨어진 라부아지에의 머리는 되돌려 붙일 수가 없었다. 동료 과학자들의 탄원과 하던 연구를 마치게 해 달라는 라부아지에의 탄원에 "공화국은 과학자가 필요하지 않다."라는 답만 돌아왔다. 라부아지에는 단두대에서 목이 베였고 이것을 목도한 라그랑주는 "그의 머리를 자르는 것은 순간이었지만 저런 머리가 다시 태어나려면 100년은 기다려야 할 것"이라며 아쉬워했다.

　미망인 라부아지에 부인은 어떻게 되었을까? 그 똑똑했던 젊

그림 35 라부아지에 부부

은 여성은 한 차례 더 과학사와 인연을 맺는다. 미국 혁명전쟁이 한참 진행되던 시절에 미국과 영국의 이중간첩 노릇을 하던 약삭빠른 사람이 있었다. 그의 이름은 벤저민 톰슨(Benjamin Thompson, 1753 - 1814)이었다. 그는 자신의 고국인 미국을 돕는 척했지만 탈영한 영국군을 고발하는 역할을 해서 영국의 환심을 샀다. 그는 곧 영국으로 건너가 조지 3세(George Ⅲ, 재위 1760 - 1801)를 알현하였는데 그의 성품을 간파한 영국 국왕은 그를 독일로 보냈다. 바이에른(Beyern)의 수도인 뮌헨에 간 톰슨은 국가 정책에 좋은 아이디어를 냄으로 왕의 총애를 얻어 국방장관으로 발탁되었다. 그리하여 톰슨은 대포 깎는 일을 수행하였는데 여기에서 중요한 과학적 발견을 하였다. 당시 널리 받아들여지던 열 이론은 칼로릭 이론이었다. 열입자인 칼로릭이 빠져나오면서 열이 발생한다는 것이었다. 그리므로 대포를 깎을 때 열이 나온다는 것은 대포 포신 속에 들어 있던 칼로릭이 빠져나오는 것이라고 할 수 있는데 천공기의 날이 무뎌지면 깎여 나오는 철 조각은 줄어드는데 힘은 더 많이 들면서 열은 더 많이 발생하는 것을 톰슨은 유심히 보았다. 철 조각이 적게 나오면 그 안에 숨어 있던 칼로릭도 적게 나와야 할 텐데 그렇지 않았다. 결국 들인 힘이 열로 바뀐다는 것을 톰슨은 인식했다. 이로부터 톰슨은 역학적인 운동이 열로 바뀐다는 열운동설을 제창하였다. 그의 과학 이론은 시대를 앞선 것이었기에 널리 수용되지 않았다.

톰슨의 사회적 활동도 빛을 발했다. 그는 영국으로 건너가서 1799년에 런던 알버말가(Albermarle Street)에 영국 왕립 연구소

(Royal Institution of Great Britain)의 설립을 주도하였다. 이 연구소는 과학 지식의 진작과 전파와 국민의 삶의 향상을 위해 과학 지식을 쓰자는 목적을 내걸고 설립되었고 이후 영국 과학 발전에서 중요한 역할을 수행하였다. 데이비, 패러데이(Michael Faraday, 1791 - 1867), 레일리(3rd Baron Rayleigh, 1842 - 1919), 듀어(James Dewar, 1842 - 1923) 등 괄목할 연구자들이 이곳에 몸담았고 영국 과학을 드높이는 데 기여했다. 그 후 1804년에 톰슨은 파리로 건너가 라부아지에의 미망인을 만나 결혼을 하게 되었는데 과학을 좋아했다는 것과 매우 개성이 강하고 똑똑했다는 것이 두 사람의 공통점이었을지 모르지만 그런 공통점이 꼭 행복한 결혼을 보장해 주지는 못했기 때문에 얼마 가지 않아 두 사람은 파경에 이르고 말았다. 그는 럼퍼드 백작(Count Rumford)으로 불렸는데 그의 작위명은 그의 고향 근처의 지명을 딴 것이라고 하는데 그 지역 사람들이 그를 너무 싫어하여 동네 이름을 바꿔 버렸다고 한다.

라부아지에 이후

라부아지에는 죽었지만 그가 시작한 혁명은 계속되었다. 19세기로 접어들면서 라부아지에 체제의 우월성은 여실히 증명되었기에 그의 공적은 널리 인정되었다. 새로운 화학은 가속화되었는데 화학자들의 관심사는 다양한 물질들의 조성을 밝혀내는 것에 쏠렸다. 이러한 작업을 가속화시키는 중요한 발전은 전지의 발명이었다. 볼타(Alessandro Volta, 1745 - 1827)가 1800년에 발명한 전지는 전기 분해의 방법으로 이전에는 화학적으로 분해하기 어려웠던 물질들을 분해할 수 있게 해 줌으로써 새로운 원소들을 대거 찾아내는 기회를 제공했다. 데이비는 전기 분해에 능숙

그림 36 존 돌턴

하여 짧은 기간 동안 여러 원소를 찾아냄으로써 명성을 드높였다. 이 과정에서 반응성이 큰 원소인 알칼리 금속들(나트륨, 칼륨)과 알칼리토금속(마그네슘, 칼슘)이 분리되었다. 그는 나중에 붕소와 바륨을 분리해 냈고, 염소와 요오드가 원소임을 알아냈다. 무엇이 원소인지가 점점 선명해지면서 여러 가지 물질의 조성을 정확하게 밝히려는 노력은 가속화되었고 이에 따라 원소들이 어떠한 방식으로 결합하게 되는가가 많은 화학자들의 관심을 끌었다.

이 과정에서 오히려 화학에 전문적인 지식이 떨어지는 기상학자였던 돌턴(John Dalton, 1766 – 1844)이 원자론을 제시하였다. 그는 원소들이 무한히 분할 가능한 것이 아니라 일정한 질량을 갖는 최소의 알갱이로 이루어져 있고 그것들이 각각 일정한 개수씩 결합하여 화합물을 만들어 낸다는 이론을 제시하였다. 이는 원자들의 질량을 서로 비교할 수 있다는 것을 의미했기 때문에 원자량을 찾아내려는 노력은 돌턴의 원자설이 옳다는 것을 서서히 드러내었다. 최소의 원소 단위로서 원자가 인정된다 하더라도 원자들이 어떤 비율로 결합하여 특정 화합물을 만드는가를 놓고는 논쟁이 심했다. 원자들이 일정한 조성 비율로만 결합한다는 프루스트(Joseph – Louis Proust, 1754 – 1826)의 주장이 있었는가 하면 자유롭게 연속적인 비율비로 결합할 수 있다는 베르톨레의 주장이 있었다. 이 둘의 논쟁 끝에 결국 일정성분비의 법칙이 정립되면서 원자설은 더욱 강력한 지지를 얻게 되었다. 그렇지만 화학자들과 물리학자들은 원자라는 것이 실체적으로 존재한다는 생각에 대해서는 회의적이었다. 돌턴은 원소 기호를 도입하여 물질의 조성을 표현하곤 했는데 그의 원소 기호들은 원형을 띠는 것이 일반적이었다. 이러한 원소 기호 표기법이 번거롭고 불편하자 스웨덴의 화학자 베르셀리우스(J. J. Berzelius, 1779－1848)는 알파벳을 사용해서 원소를 표기하는 방법을 제안하였고 이것이 오늘날의 원소 기호의 원형이 되었다. 이로써 화학은 이후 19세기를 거치는 동안 이렇게 형성된 견고한 토대 위에서 비약적인 발전을 하게 된다.

8

과학은 기술의 진보를 보장하는가: 와트

　요즈음 과학기술이라는 말은 마치 한 단어인 양 사용된다. 오늘날의 기술 문명이 과학 발전의 토대 위에 서 있으니 과학을 발전시켜야 우리의 생활이 편리해진다는 말을 우리는 늘 듣는다. 과학의 발전과 기술의 혁신이 자연스런 인과관계로 연결된다. 오늘날에 과학자가 자신의 연구 결과를 특허를 내고 자신의 연구 결과를 활용해서 기업을 세우고 사장이 되는 일도 종종 있다. 또한 공학자가 되기 위해서는 반드시 과학을 일정 기간 동안 공부를 해야 하고 또 탁월한 성과를 내기 위해서 과학자들과 긴밀하게 협조해야 하는 일이 비일비재하다. 과학과 기술의 연결은 여러 측면에서 긴밀하고 과학과 기술은 방법이나 효과나 인력상 별로 차이가 없는 것처럼 인식된다. 그렇지만 실상 과학과 기술은 역사를 따라가 보면 그 추구하는 목적이나 방법이 달랐고 그 기원도 달랐으며 발전하던 시대도 달랐으며 종사해 온 인적자원도 판이하게 달랐다. 이렇게 다른 성격의 두 대상이 오늘날과 같이 연합되기 시작한 것은 19세기 후반의 일이다. 다시 말하면 오늘날 과학과 기술이 긴밀하게 연합된 것은 특이한 역사적인 현상이라고 말할 수 있는 것이다.

과학과 기술의 초기 역사

과학은 자연에 대한 지적 호기심의 발로에서 시작된 여가적 활동이다. 그렇지만 기술은 자연에서 살아남기 위해 필요한 방편들을 추구하는 생존적 활동이다. 그러므로 과학은 사람이 먹고 여유가 있을 때 추구하는 것이고 기술은 먹고 살기 위해 추구하는 것이다. 인류의 역사 초기에도 과학과 기술이 구분되지 않던 시대가 있었다. 원시인들은 자연에 대한 호기심과 생존의 전략을 찾는 일을 동시에 추구했다. 원시인들은 자신의 주변 세계를 이해하기 위해서 노력했고 생산성을 높이기 위해서 여러 가지 방편을 찾는 일을 했다. 그들에게도 여유는 있었기 때문에 그들은 여가 시간 동안 자연에 대한 호기심을 충족시키기 위한 활동을 했을 것이다. 원시인들이 장례 풍습을 갖기 시작한 것을 생각해 보자. 그들은 무섭거나 부패하여 환경을 더럽히는 시체를 처리하기 위한 생존의 방편으로 매장을 개발했을 수 있다. 하지만 그들은 죽은 사람은 다시 살아나지 않으며 인간의 목숨은 유한하다는 과학적 이해에 도달했고 죽음 이후에는 어떤 일이 벌어지는가에 대하여 호기심이 생겼고 이에 대한 궁구의 결과로 사후 세계를 상정하고 사후 세계로 죽은 사람을 떠나보내는 의식을 마련하게 된 것일 수도 있다. 죽은 사람을 위하여 여러 가지 죽은 사람이 쓰던 물건이나 밥그릇을 넣어 주는 풍습은 그들이 사후 세계에 대한 나름대로의 믿음과 이해를 가지고 있었음을 드러내는 것이다. 이런 식으로 초기 원시 과학은 기술과 긴밀하게 연결되어 있었고 기술상의 발전의 기초로서 핵심적인 역할을 감당하였다. 움막을 짓는 기술만 생각해 보아도 거기에는 자연에 대한 많은 이해가 요구된다. 짚의 특성과 짚을 얻을 수 있는 곳, 목재의 특성과 목재를 가공하기에 적당한 돌의 이해 등은 기술의 기초로서 자연에 대한 이해가 필수적임을 보여준다. 이러한 이해 과정은 사실 유년기에 놀이를 통해서 배우는 경우가 대부분이었다. 들로 산으로 뛰어다니면서 그들은 놀이를 통하여 이런 자연에 대한 생생한 지식을 익혔다. 그의 선배들을 통하여 놀이를 익히는 것이 곧 생존 기술을 익히는 것에 연결되었다.

기술이 일정 수준 도달하자 과학은 쇠퇴하였다. 자연에 대한 그들 나름대로의 이해는 선배를 통해서 전수되는 형태가 되었지만 호기심 차원의 자연 현상에 대한 탐구는 더 이상 기술상의 발전과 연결되지 않았다. 이는 신석기 혁명 이후에 잉여 농산물이 발생하면서 더 이상 식량 생산에 종사하지 않아도 되는 계층으로서 전문적인 장인들이 출현하면서 시작되었다. 그러면서 기술은 이들 전문적인 장인들의 전문 분야가 되었다. 그들은 자신의 기술의 진보를 위해서 자연에 대한 더 깊이 있는 지식을 요구하게 되었지만 그러한 지식 획득 활동 자체가 그들의 직업의 필수적인 요소로 간주되었다. 이렇게 기술상의 진보에 직결되는 자연에 대한 탐구는 더 이상 과학으로서 지위를 누리지 못하게 되었다. 그것은 기술 활동의 일부로 간주되었다. 그러므로 이집트 문명이나 메소포타미아 문명에서 우리가 발견하는 유사 과학적 활동들, 천문 관측, 달력 제작, 산수, 기하학, 의술 등은 실용적인 목적에 의해 기술적 산물을 생산하기 위한 노력의 결과물들이었다. 이러한 활동을 성공적으로 수행하기 위해서 자연에 대한 더 깊은 이해가 필요했겠지만 이것은 과학 활동이라고 보기 어려웠다. 그들은 필요에 따라 자연에 대한 지식을 끌어다 썼기에 무엇보다도 그들의 자연에 대한 지식은 단편적이었고 체계가 결여되어 있었다.

그러므로 우리는 기술과 분리된 독립적인 여가 활동으로서의 과학의 출현은 기원전 6세기 밀레토스(Miletos)에서 이루어졌다고 본다. 먹고살 수 있는 여유가 있었던 사람들이 단순히 자연에 대한 호기심을 충족시키기 위한 노력으로 자연에 대하여 연구하고 그것을 논의하기 시작한 것이다. 이 과정에서 그들은 일반적이고 보편적인 자연에 대한 설명 방식을 추구하였고 그것은 사안별로 다른 방식의 이해가 아니라 규칙적이고 일관성을 갖는 설명 방식을 요구하였다. 이러한 설명 방식의 창시자는 탈레스(Thales, B.C. 624－546)였다. 그는 만물이 물로 이루어져 있고 물 위에 떠 있는 평평한 땅과 그 위를 덮고 있는 둥근 하늘로 세계를 묘사했다. 이는 곧 자연철학의 시작이었다. 그의 논의에 대해서 나름대로 비판하고 토론하는 또 다른 여유 있는 사람들이 있었다. 그들은 밀레토스학파를 이루었다. 아낙시만드로스(Anaximandros, B.C. 610－546), 아낙시메네스(Anaximenes, B.C. 585－525)가 대표적인 인물이다. 이들의 전통은 이후에 그리스 여러 지역으로 퍼져 나갔고 실용적인 목적과는 관계없는 자연에 대한 체계적인 논의의 형태로 발전하였다. 이렇게 해서 과학은 기술과는 독자적인 길을 가게 되었다.

그리하여 과학의 종사자가 되기 위해서는 일단 과학 활동 자체가 생계 수단을 제공하기는 어려웠기 때문에 스스로 먹고살 수 있는 재원을 마련할 수 있거나 누군가 여유 있는 사람에게 후원을 얻을 수 있어야 했다. 이는 과학을 듣고 배우기를 원하는 사람들이 생겨나야 한다는 것을 의미했다. 그런 의미에서 소피스트(sophist)의 출현은 지식을 사고파는 일이 하나의 직업이 되었음을 나타내는 것이다. 소피스트들은 사람들이 배우기를 원하는 것은 무엇이든지 가르쳐주었는데 그중에는 자연에 관련된 철학적 논의들도 사람들에게 논리를 가르치는 데 도움이 된다는 이유에서 포함되었다. 이런 근거에서 여러 철학 학교들이 설립되어 운영될 수 있었다. 플라톤의 아카데미아나 아리스토텔레스의 리케이온, 에피쿠로스(Epicuros)학파나 스토아(Stoa)학파도 이러한 지식 탐구와 전수 활동을 통해서 과학의 가치를 드높였다.

이렇게 과학이 나름대로의 존속의 이유를 찾아나가는 동안 기술은 다수의 장인들에 의해 발전되었다. 주로 장인들은 사회에서 하층계급에 속하여 있었고 손을 써서 하는 노동에 대한 그리스인들의 천대 때문에 그들의 기술상의 혁신이 별로 사회에서 인정을 받지 못했다. 몇 가지 예외는 있었는데 시라쿠사(Siracusa)의 아르키메데스(Archimedes, B.C. 287 – 212)는 실용적인 기계의 작동에 대해서 많은 관심을 기울였고 그것을 이론화한 기계학의 법칙들을 발견하였다. 지레의 원리, 축바퀴의 원리, 부력의 원리 등이 정역학, 수력학 등의 분야의 기초를 이루게 된 것은 이러한 이유에서였다. 그렇지만 수력학이나 정역학은 과학보다는 기술로 취급을 받았다는 것을 주목할 필요가 있다. 우리가 수학이라고 부를 수 있는 것 자체가 기술의 영역이었다. 수를 계산하는 일은 상업상에 꼭 필요한 일이었고, 천문학이나 측량술을 위해서도 계산이 필요하였다. 그러므로 기계의 작동을 이해하기 위한 수학도 역시 기술의 영역에 속했다. 중세를 거쳐서 갈릴레오에 이르기까지 수학은 그 자체가 기술적인 활동으로서 의의를 인정받고 있었다. 자연에 대한 수학적 세계관이 수립되면서 자연을 이해하는 도구로서 수학의 지위가 새로워지기 전까지는 비록 천문학적 계산조차도 달력 제작이나 점성술을 위한 실용적인 일에 연결되었던 것이다.

고대와 중세의 기술과 과학

기술과 과학이 별개의 활동으로서 다른 목적을 가지고 다른 인력에 의해 추구되다 보니 한쪽의 발전이 반드시 다른 쪽의 발전을 가져오지는 않았다. 오히려 그 반대인 경우가 많았다. 가령, 그리스 문명과 로마 문명을 비교할 때 그리스 문명이 과학적 업적이 두드러지는 반면 로마 문명은 기술적 업적이 두드러진다. 그리스인들은 체계적이고 이론적인 자연에 대한 설명들을 다양하게 제시한 반면에 기술상 혁신은 미약했다. 반면에 로마인들은 매우 실용적이어서 그리스의 이론적인 과학 지식을 쓸데 없는 활동으로 여겼고 건축이나 도로 건설, 수도 건설, 수차 건설 등 실제적인 기술상의 진보를 이루어 내는 데 탁월했다. 넓은 제국을 건설하고 그것을 다스리기 위해서는 이러한 실용적 지식들이 중요하다는 의식을 가지고 있었기 때문에 그리스 문명에 토대를 둔 알렉산드로스 제국이 수십 년밖에 지속되지 못했던 것과는 대조적으로 로마 문명은 수백 년 동안 역동성을 잃지 않았다.

5세기 이후 11세기까지 흔히 암흑기라고 여겨지는 중세 전기 동안 서유럽에서 과학은 처참한 상태에 빠져 있었는데 기술은 발전에 발전을 거듭하였다. 그리스의 과학 전통을 로마인들이 무시한 탓에 수준 높은 과학 문헌들이 후대에 제대로 계승되지 않았고 알렉산드리아의 도서관이 불타면서 그리스의 과학 전통은 거의 소실되다시피 했다. 초보적인 지식을 전수하는 개요서나 백과사전만이 편찬되어 창의적인 과학적 성과라고는 찾아볼 수 없었다. 이는 그 이전 시대에 지속되었던 과학의 후원 계층이 몰락하면서 일어난 일이었다. 게르만족의 침입 이후 혼란한 사회 속에서 안정되게 과학을 후원할 수 있었던 지식 소비 계층이 경제적으로 몰락하였고 게르만족의 국가들이 설립된 다음에도 한동안 다시 출현하지 못했다.

반면에 기술상의 변혁은 계속적으로 요구되었다. 특히 농업상의 혁명이 두드러졌다. 지중해 지역에서는 긁는 쟁기(scratch plow)로 밭을 갈아 주어도 필요한 수확을 얻기에 충분하였지만 알프스 이북 지역의 농경지에서는 그것으로는 밭이 잘 갈리지 않았다. 그리하여 개발된 것이 무거운 쟁기였다. 6세기경에 처음 출현한 무거운 쟁기에는 칼날이 달려 있어서 딱딱한 물건이나 땅에 박힌 나무 등걸을 잘라냈고 그 다음에 땅을 갈아엎도록 삽이 달려 있었다. 이 쟁기를 사용하면 숲을 개간하여 농토로 만드는 일을 할 수 있었기 때문에 숲의 개간이 가속화될 수 있었다. 이로써 생산성의 향상이 두드러졌고 인구도 늘어났다. 무거운 쟁기는 사람의 힘으로는 끌 수 없었기 때문에 몇 마리의 소를 이용해야 했고 개인이 구입하기에는 너무 비쌌기 때문에 마을 공동체가 공동으로 구입하여 운영할 필요성이 생겼다. 이것이 장원 제도가 형성되는 계기가 되었다.

8세기에서 9세기 사이에 유럽의 농업 생산력을 크게 높일 또 다른 기술상의 혁신이 일어났는데 그것은 말로 쟁기를 끌기 시작한 것이었다. 말은 소보다 훨씬 빠르게 밭을 갈 수 있었고 밭을 가는 용도 이외에 이동을 위해 이용할 수 있는 이점이 있었다 하지만 말의 힘을 이용하기 위해서는 소가 쓰는 멍에와는 다른 장구가 필요하였다. 말의 경정맥을 누르지 않는 새로운 마구의 발명으로 말을 견인 동물로 쓰게 됨으로써 농업 생산력은 크게 증가하였다. 또한 그 후에 11세기에는 편자가 널리 사용되면서 말은 발의 병을 앓지 않고 더 강한 힘을 발휘할 수 있는 길이 열렸다.

또한 8세기경부터 삼포 윤작법이 사용되면서 농업 생산성이 크게 늘어났다. 그 이전에 사용되는 방식은 하나의 밭에는 파종하고 다른 밭은 놀리면서 목초를 키우면서 가축을 거기에 키워서 가축의 똥으로 땅을 기름지게 한 후에 다음 해에는 바꾸어서 농사를 짓는 방식이었다. 하지만 삼포 윤작법은 하나의 밭에는 봄에 콩과 귀리를 심고 다른 밭에는 가을에 곡물을 심고, 다른 밭은 놀리는 것이다. 이 방법에 의해 콩이 유럽인들의 식단에 올라오면서 단백질 공급이 크게 향상되었고 무엇보다 중요한 것이 콩은 공기 중의 질소를 고정하는 뿌리혹박테리아의 작용이 있어서 땅을 비옥하게 하였다. 이로써 농업 생산량이 이전보다 50%나 증가하였고 유럽에는 부가 쌓이면서 상업 거래도 팽창하여 경제가 윤택해졌다.

동력을 이용하는 기술상의 혁명도 두드러졌다. 캠(cam)이라는 부품을 사용하게 된 것이 물레방아를 다양한 용도로 이용할 수 있는 길을 열어 놓았다. 이 발명품에 대한 첫 번째 언급은 890 년에 생갈(St Gall)의 수도원에서 나타났다. 이 장치는 기원전 2, 3세기까지 거슬러 올라가는 헬레니즘 시대의 발명품이었다. 이 장치는 옛 책을 읽던 수도승이 그것을 재현함으로써 도입된 것으로 보인다. 그것의 가장 단순한 형태는 굴대의 측면에 고정시킨 나뭇조각이었다. 굴대가 회전할 때 이 튀어나온 나뭇조각은 그것이 돌아가는 경로에 놓인 무엇이든 때릴 수 있었다. 캠과 수차를 짝짓자 유럽은 아주 적기에 필요한 동력원을 얻게 되었다. 캠이 이용된 가장 쉬운 장치는 걸림 망치(trip hammer)였다. 캠에 의해 망치의 자루를 지레처럼 누르면 망치가 들어 올려지면서 무엇이든 때릴 수 있었다. 때릴 수 있는 것은 다양해서 곡물, 광석, 천, 실크 등이 있었고 수력을 효과적으로 이용함으로써 관련된 산업의 발전이 이루어졌다. 노르만인(Normans)이 1066년에 잉글랜드를 정복한 후에 노르만인들이 얻게 된 국가 전역의 물건을 정리한 목록인 「둠즈데이 북」(Domesday Book)은 그들이 새롭게 얻은 영토에서 소유하게 된 것들 중에는 3,000곳 이상에 걸쳐서 거의 6천 대의 알곡 물방앗간이 있었음을 보여준다. 수차를 여러 가지 용도의 동력으로 사용하게 되면서 제조업상의 혁명은 다양한 물품의 유통을 크게 늘렸고 산업상의 발전을 가져왔고 유럽인들의 생활을 더욱 윤택하게 하였다.

이렇게 기술상의 발전이 중세 동안 이룩된 것을 보면 과학의 뒷받침이 없어도 기술 혁신은 가능하다는 것을 알 수 있다. 과학이 침체되어 있었기 때문에 기술상의 발전이 침체될 수밖에 없었던 것이 아니라 기술 자체의 혁신 경로를 따라 기술상의 혁명이 일어날 수 있었다. 아무리 하찮아 보이는 작은 발명품의 도입으로도 경제적 이익이 크게 창출될 수 있었다.

과학혁명기의 기술과 과학

  그렇다면 과학에 뚜렷한 변화가 일어난 르네상스 시기와 과학혁명기는 어떠하였을까? 이 시기의 기술상의 변혁으로 두드러지는 것은 전쟁 기술의 발전이었다. 중무장한 기사로 구성된 중세의 기병 돌격대는 중무장한 전차와 같이 모든 전쟁에서 중요한 역할을 수행하였지만 그것을 유지하기 위해서는 엄청나게 비용이 많이 들었기에 그 자체가 유럽의 경제 구조를 변화시키는 역할을 하였다. 화약의 도입으로 총포가 사용되면서 전쟁 기술 자체에 근본적인 변화가 일어났다. 총은 14세기 중엽부터 사용되기 시작했고 15세기 초부터 대포가 사용되기 시작하였다. 총은 전투 방식의 변화를 가져왔고 대포는 축성술 자체의 변화를 가져왔다. 점점 총포가 개량되면서 초기의 위협 효과가 아니라 실질적인 파괴 효과를 내면서 전쟁 기술의 진보를 가져왔다. 포를 정확하게 사격하기 위해 평판 측량술이 발전하였고 이는 지도 제작 기술의 발전으로 이어졌다. 이런 과정에서 수학이 중요한 역할을 담당했으므로 수학의 기술로서의 위력이 다시 발휘되었다. 이러한 과정에서 과학이 기여한 바는 거의 없었다. 강력한 화약을 만드는 기술에서 화학 지식이 기여한 바가 없었고, 단단한 포신을 만드는 데에도 금속에 대한 과학자들의 이해가 기여한 바가 거의 없었다.

  지리상의 발견과 해외 무역에서 핵심적인 역할을 한 조선술과 항해술의 발전은 어떠했을까? 범선의 제작술에 있어서 가장 뛰어났던 나라는 네덜란드였다. 16세기 말에 네덜란드에서는 플루이트(fluyt)라는 범선을 제작함으로써 해외 무역을 독점했다. 플루이트는 길이가 폭의 6배에 달하여 표준보다 2배나 길었고 갑판 위에는 뒤쪽의 작은 갑판실을 제외하면 아무것도 없어서 대부분의 공간을 짐을 싣는 데 쓸 수 있었다. 배의 바닥은 거의 평평해서 아주 효과적으로 공간을 채울 수 있었다. 돛은 비교적 작았고 돛대는 비교적 짧았으며 돛을 다루기 위해 블록(block)과 도르래가 광범위하게 사용되어서 선원의 규모를 줄일 수 있었다. 이 모든 것 때문에 플루이트의 무게 중심은 비교적 낮았고 이 때문에 거친 날씨에서도 안정성을 확보할 수 있었다. 플루이트는 불과 500톤이 약간 넘는 정도였다. 네덜란드인들은 기술적으로는 2000톤 이상의 배를 건조할 수 있었지만 플루이트의 무게는 운반할 짐과 항해할 거리에 맞추어 최적이었다. 상부 재료를 오크 대신에 소나무를 사용하여 건조와 유지비가 그 당시 다른 배보다 훨씬 저렴했다. 이로써 네덜란드는 유럽의 해안을 누비고 다니면서 곡물, 목재, 철, 생선, 모피를 발트 해로부터 가져왔고 소금과 포도주를 스페인, 포르투갈, 남부 프랑스에서 가져왔고 양모를 잉글랜드로부터 가져왔다.

원거리 항해를 위해서 꼭 필요한 것은 배가 어느 위치에 있는지를 정확하게 알기 위한 측정 도구들이었다. 정밀한 천문표와 나침반과 측도계를 사용하면 배의 위도를 알아낼 수 있었고, 용수철을 사용하는 기계식 시계를 사용함으로써 경도를 알 수 있었다. 정밀한 천문표를 얻는 것은 천문학에서 오래전부터 추구해 왔던 관측 천문학의 결과물이었는데 그 활동 자체를 과학의 범주에 넣는 것은 그것이 실용성에 긴밀히 닿아 있었다는 측면에서 합당치 않아 보인다. 하늘의 별을 관찰하여 우주를 탐구하는 기회로 삼는다면 과학적 활동이라고 할 수 있으나 단순히 천문 데이터를 사용해서 정확한 천문표를 제작하려는 것은 점성술, 달력 제작, 항해술이라는 실용적인 목적을 이루기 위한 노력으로 볼 수 있다. 또한 시계의 발전은 기계 기술의 발전에 힘입은 것이었고 믿을 만한 용수철의 제작은 강철 제작 기술의 진전으로 가능해졌다. 측도계를 만들기 위한 기술도 금속을 가공하는 기술에 크게 의존했다.

17세기에 유럽 경제를 크게 발전시킨 기술상의 변혁들도 과학의 도움을 받은 것은 거의 없었다. 다만 새롭게 등장한 과학과 기술의 연결은 기구를 통한 것이었다. 기구를 제작하는 것은 기술의 뒷받침에 크게 의존했다. 과학에서 경험주의가 진작되면서 실험과 관측을 중시하게 되었고 정확한 관찰을 수행하기 위해 기구를 사용해야 할 것이 요청되면서 기구를 통해 과학과 기술이 긴밀하게 맞물리기 시작했다. 그전까지 주로 머리를 쓰는 활동으로만 여겨졌던 과학이 실험과 관측을 중요시하면서 손을 쓰는 활동이 새롭게 주목을 받기 시작한 것이었다. 실제로 실험을 중요시하는 풍조가 탄생하는 데 과학이 기술로부터 진 빚이 컸다. 17세기 초 경험주의를 진작시키고 베이컨 과학이라고 불리게 될 실험 과학을 진작시기는 데 결정적인 기여를 한 인물은 프랜시스 베이컨이었다. 베이컨은 과거의 지식들을 비판하면서 지식의 개혁을 부르짖었는데 그가 타파해야 할 네 가지 우상, 곧 종족의 우상, 동굴의 우상, 시장의 우상, 극장의 우상은 이러한 지식 체계의 병폐를 지적한 것이었다. 베이컨은 이러한 병폐로부터 자유로운 지식의 본을 찾을 수 있다고 말했는데 그것이 바로 기술이었다. 베이컨은 기술이야말로 공리공론을 일삼지 않고 인류의 복지를 위해 실질적으로 기여해 온 실용적인 지식이라고 강조했다. 기술은 경험을 중시하고 실물을 직접 다룸으로써 진일보한 지식을 구축하고자 했고 그것은 효과가 있었다. 그러므로 과학도 기술을 따라서 경험적 방법과 손을 써서 하는 작업으로 인류에게 유익을 끼칠 수 있는 지식을 창출해야 한다고 보았다.

베이컨의 이상을 따라 구축된 과학이었지만 기술상의 혁명을 가져오거나 실제적인 유익을 가져온 사례를 과학혁명기에 찾기는 어렵다. 그 이유는 과학혁명기에 주로 변화를 겪은 천문학, 역학, 생리학이 새로운 이론의 출현으로 혁명적인 변화를 겪었는데 이러한 과학이 새로운 기술상의 혁신을 낳기에는 아직 충분히 성숙하지 않았고 분야의 특성상 실용적인 기술에 응용될 성격의 지식과 긴밀하게 연결되지 않았다. 과학혁명을 통해 새로 등장한 이론들이 기존의 현상을 보는 시각을 새롭게 하는 관점의 변화를 중심으로 한 것이었기 때문에 그것들은 이후의 발전을 가져올 토대를 마련한 것이었으나 그 자체로는 시작에 불과한 미성숙한 상태였다.

산업혁명과 과학

18세기에 우리는 산업상의 큰 변혁이 일어난 것을 본다. 그것은 산업혁명이다. 산업혁명은 18세기에 영국에서 시작되어 유럽 전역으로 퍼져 나가 기술상의 큰 변혁과 생산성의 증진을 가져왔다. 산업혁명을 특징짓는 새로운 발전은, 가내 수공업 중심의 소규모 산업 체제가 공장제로 알려진 대규모 작업 조직체로 변모한 것이었다. 이러한 변화를 근본적으로 가능하게 한 것이 새로운 에너지원의 사용이었다. 증기 기관으로 대표되는 동력혁명은 공장 전체를 가동시킬 수 있는 효과적인 동력원이 되었을 뿐 아니라 새로운 운송 수단을 위한 동력을 제공했다. 증기 기관차와 증기선의 도입으로 운송이 가속화됨으로써 물품 생산과 소비가 신속하게 매개될 수 있었고 원거리 이송을 통해 무역의 효과를 극대화하여 큰 수익을 창출시켰다. 이러한 변화가 가능해지는 데에는 새로운 기본 소재를 사용할 수 있게 된 것이 큰 기여를 했다. 철과 강철을 만드는 기술상의 발전을 토대로 새로운 기계들이 생산될 수 있었고 이로부터 생산성의 증대가 따라 나왔다. 이러한 산업상의 변화는 거기에서 그치지 않고 국가와 사회와 인간의 삶까지 송두리째 변화시켰다. 제국주의와 해외 팽창, 계급 차별과 노동의 문제, 보통 교육과 도시 생활 등 산업 사회의 특징적인 요소들이 출현하였다.

이러한 중요한 기술상의 변혁에서 과학의 역할은 무엇이었을까? 과학의 발전이 기술의 혁신을 유발하는 토대가 되었을까? 17세기 과학혁명의 자연스럽고 당연한 귀결이 산업혁명이라는 언급을 우리는 자주 접한다. 이것은 과학과 기술의 관계에 대한 현대적 관념을 과거에 투영한 결과이다. 산업혁명을 유발한 핵심적인 요인은 새로운 과학 지식에 있었던 것이 아니라 축적된 자본과 자본을 투입할 만한 기술의 창출에 있었다. 이러한 주장의 진위를 대표적인 산업혁명이 창출한(또는 산업혁명을 창출한) 기술인 증기 기관을 중심으로 알아보자.

증기 기관의 초기 역사

증기를 이용한 동력 기관의 가능성은 이미 기원후 1세기에 알렉산드리아의 헤론(Heron, ?10 – ?70)이 만든 기관으로부터 알려져 있었다. 헤론은 제단에 불을 붙이면 그 밑에 있는 물통의 물이 증발하면서 발생한 증기에 의해 신전의 문을 구동시키는 장치를 설계했다. 또한 헤론의 '증기구'(Aeolipile)는 기록이 남아 있는 최초의 증기 기관이다. 그렇지만 이것들은 더욱 쉽게 접할

수 있는 동력원들에 밀려서 사람들의 주목을 받지 못했다. 이후에 간단한 장치를 써서 증기의 성질을 알리려는 시도들이 나타났다. 1551년에 알딘(Taqi Al – Din)이 만든 증기 터빈과 1629년에 브랑카(Giovanni Branca, 1571 – 1645)가 만든 증기 터빈이 있었다. 그러나 실용적인 동력원으로서 증기 기관을 만들려는 시도는 18세기에 와서야 이루어졌다.

증기 기관은 진공 펌프에 대한 이해가 토대가 되었다. 1654년에 소화기를 개선하여 진

그림 37 헤론의 증기구

공 펌프를 만든 사람은 게리케(Otto von Guericke, 1602 - 1686)였다. 그는 진공의 힘을 보여준 마그데부르크(Magdeburg)의 반구 실험으로 유명했다. 진공 펌프가 광산의 배수를 위해 어떠한 기능을 할 것인가 문제였다. 게리케의 펌프에 자극을 받아 프랑스인 파팽(Denis Papin)은 1695년에 화약의 힘으로 피스톤 펌프를 작동시키려 했다. 그는 이것이 여의치 않자 증기력을 사용해서 피스톤 펌프를 작동시키려고 하였다. 그의 증기 펌프는 실린더 안에 있는 피스톤을 끌어올리기 위해 증기압을 사용했고 피스톤을 내릴 때에는 추를 사용했다. 18세기 초에 세이버리(Thomas Savery, 1650? - 1715)는 배수펌프에 관심이 많았다. 배수는 채광 사업이 증가하면서 유럽 도처에서 문제가 되고 있었다. 세이버리가 일하던 콘월(Cornwall)에서는 많은 광산이 해안을 따라 분포했으므로 특히 배수 문제가 심각했다. 세이버리는 파팽의 아이디어를 진전시켜 '광부의 친구'(Miner's Friend)라는 별명이 붙여진 펌프를 만들었다. 그는 피스톤을 사용하지 않고 증기를 '수용기' 안에 주입하였다. 수용기는 물을 퍼 올리기 위해 수직 갱도 아래의 물속으로 내려 보낸 관의 일부였다. 그의 펌프는 수용기가 높은 증기를 견디지 못했기 때문에 실패했다. 수용기를 붙인 용접부가 열을 받으면서 녹아 버렸고 이음매가 쪼개졌다.

다트머스(Dartmouth) 출신의 뉴코먼(Thomas Newcomen, 1664 - 1729)은 철물상이었다. 뉴코먼과 그의 동료 배관공인 캘리(John Calley)는 철물을 팔기 위해서 광산들을 돌아다니다가 배수의 중요성에 대해 알게 되었다. 1700년과 1705년 사이에 그들은 게리케, 파팽, 세이버리의 연구를 참고하여 증기 기관을 만들었다. 뉴코먼은 피스톤을 다시 사용하였다. 펌프질하는 거대한 기관은 증기를 벌집 모양의 보일러로부터 받았다. 수증기가 실린더를 가득 채웠을 때 차가운 물을 실린더 안에 살짝 쏘아 주면 수증기가 물이 되면서 진공이 발생했고 대기압이 피스톤을 누르

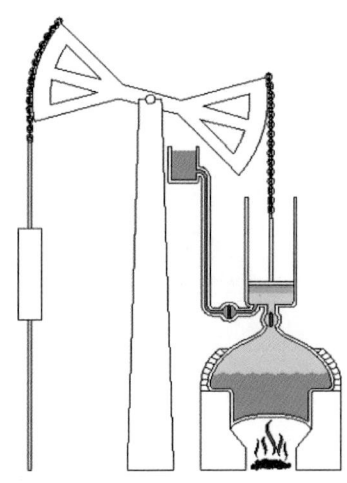

그림 38 뉴코먼의 증기 기관

는 힘에 의해 목재 빔이 아래로 당겨졌고 그 결과 지레의 원리에 의해 펌프가 당겨졌다. 다음 행정에는 실린더 밑의 밸브가 열리면서 피스톤이 다시 밀려 올라갔고 같은 과정이 반복되었다. 이 장치를 사용하면 28kg의 석탄으로 100미터 지하에서 2.5톤의 물을 끌어올릴 수 있었다. 뉴코먼 기관은 즉각적인 성공을 거두었고 10년 안에 유럽 전역에서 사용되었다. 유일한 문제는 사용자들이 더욱더 큰 실린더를 요구하기 시작했고 비용이 결정적인 문제가 되었다. 왜냐하면 놋쇠가 실린더를 만드는 데 사용되었고 놋쇠는 엄청나게 비쌌기 때문이었다. 1722년에 뉴코먼은 콜브룩데일(Coalbrookdale)에서 그의 필요에 대한 답을 발견했다. 그것은 다비(Abraham Darby, 1678 – 1717)가 놋쇠보다 훨씬 싼 가격으로 만드는 주철이었다. 주철 실린더를 사용하는 뉴코먼의 증기 기관은 더욱 많이 팔려 나갔다.

와트의 증기 기관

스코틀랜드의 그리노크(Greenock) 태생인 와트(James Watt, 1736 – 1819)는 런던과 글래스고(Glasgow)에서 도구 제작자로 훈련을 받고 글래스고 대학의 도구 제작자가 되었다. 그는 같은 대학의 의학 교수이자 기체 화학자였던 블랙에게 잠열(latent heat)의 원리를 배웠지만 그 지식이 어떤 이들의 주장처럼 증기 기관의 제작에 활용되지는 않았다. 그가 증기 기관에 관심을 갖게 된 계기는 어떤 교수가 가지고 있었던 모형 뉴코먼 엔진이 고장이 나서 수리 의뢰가 들어오면서였다. 그는 스스로 작은 규모의 증기 기관의 제작을 시도하면서 선배들의 지식을 활용하였다. 그는 기관을 작동시키는 데 필요한 열을 정량적으로 추정하였다고 하지만 사실인지는 확인 가능하지 않다.

그림 39 제임스 와트

그가 주목한 주된 문제는 뉴코먼의 증기 기관에서 일어나는 물의 분사가 실린더 안의 증기를 매우 빠르게 응축시킬 뿐 아니라 실린더도 식혀서 다음 행정에 대한 조기 응축을 야기하여 비효율적이란 점이었다. 그는 실린더가 두 가지 일을 모두 해야 한다는 것을 깨달았다. 그것은 수증기가 너무 일찍 응축하지 않도록 뜨겁게 가열된 상태로 유지되어야 했고 그것은 적당한 때에 증기를 식히기 위해 차가워야 했다. 그러나 실린더는 동시에 두 일을 할 수 없었고 와트는 다른 시스템이 필요하다고 생각하였다. 이 문제를 해결하기 위해서 그는 분리된 응축 장치를 설계했다. 그는 실린더와는 따로 설치된 응축기 실린더로부터 수증기를 받도록 관으로 연결했다. 그리고 물을 뿌리는 작용이 응축기에서 일어나게 한 것이다. 그러면 응축기 안의 수증기가 식으면서 응축기와 실린더 안의 압력이 갑자기 낮아진다. 이에 의해 실린더 안의 피스톤이 끌려 내려온다. 그때 펌프를 작동시키게 되고 다시 피스톤이 어느 정도 내려오면 아래 밸브가 열리면서 수증기가 실린더로 주입되면서 피스톤을 밀어 올리고 이때 응축기 쪽으로도 수증기가 들어가게 된다. 피스톤이 어느 정도 올라갔을 때 응축기에서 다시 찬물이 뿌려지면서 수증기의 응축이 일어난다. 이 과정이 반복되는데 이때 실린더 주위에는 보일러로부터 오는 뜨거운 물이 돌게 하여 실린더를 계속 뜨겁게 유지하도록 하였다.

설계가 성공적으로 이루어졌음에도 불구하고 와트는 또 다른 문제에 직면했다. 뉴코먼 기관에서 채용된 피스톤 위에 물을 남겨 두어서 밀봉을 유지하였으나 그 물이 실린더를 식히는 작용을 하기 때문에 와트는 그것을 없앴는데 그 결과 밀봉을 위해 실린더와 피스톤은 완벽하게 들어맞아야 했다. 이 문제 때문에 와트의 증기 기관은 열효율이 충분히 높게 나오지 못했다. 1769년에 와트가 특허를 땄을 때에는 아무도 그러한 정확성을 성취할 정도로 충분히 정확하게 실린더를 주조할 수 없었다. 해결책은 1773년에 등장했다. 프랑스에서 수립된 위원회가 대포를 주조하는 문제를 해결하기 위한 노력 끝에 콜브룩데일에서 주물공장을 운영하고 있었던 존 윌킨슨(John Wilkinson, 1728 - 1808)을 스카우트한 것이 계기가 되었다.

윌킨슨은 대포 구멍 깎는 기계를 개발하여 자신의 임무를 다했다. 대포를 만드는 그의 방법은 완전히 새로운 것이었다. 그는 최초로 대포를 한 덩어리로 주조한 후에 수평으로 그것을 장치하였다. 그런 다음에 그것을 돌리면서 깎는 날을 유도봉에 부착된 톱니바퀴 장치에 의해 포신의 중앙으로 천천히 정확하게 파고 들어갔다. 이것 자체가 기계적 도구의 유도 원리를 처음으로 도입한 특별한 혁신이었다. 1775년에 윌킨슨은 동전 두께 이상의 오차가 나지 않는 범위에서 실린더를 깎을 수 있었다. 이것은 와트의 증기 기관의 효율을 크게 증진시켜 뉴코먼의 증기 기관의 4배에 달하게 했다.

와트는 불턴(Mathew Boulton, 1728 - 1809)과 협력하여 증기 기관을 제작할 뿐 아니라 그것을 개선하

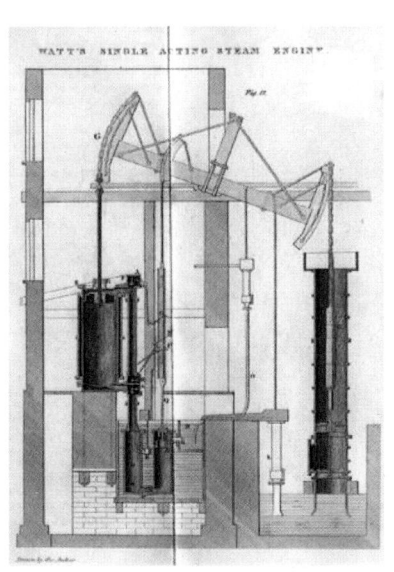

그림 40 와트의 증기 기관

는 노력도 게을리 하지 않았다. 1781년에 와트는 증기 기관의 각 사이클마다 축이 2회전하는 이른바 유성기어 장치를 고안하여 왕복 운동을 회전 운동으로 전환할 수 있게 하였다. 이로써 증기 기관은 배수펌프뿐 아니라 다른 동력원으로 사용될 수 있게 되었다. 1784년에는 증기를 피스톤 양쪽으로 번갈아 보내는 복동식 증기 기관을 고안함으로써 기관의 힘을 증진시켰다. 이어서 1790년에는 조속기를 고안함으로써 증기 기관이 일정한 속력으로 작동하여 원활한 회전을 기계 장치에 줌으로써 동력원으로서 더욱 안정성을 확보하기에 이르렀다.

와트의 증기 기관 덕택에 공장은 강에서 떨어져 건설될 수 있었고 풍부한 동력 덕택에 공장제의 촉진이 가속화되었다. 1800년경에 트레비딕(Richard Trevithick, 1735 – 1797)은 고압 증기를 사용하는 기관을 도입하였다. 이것은 이전의 와트의 기관보다 훨씬 더 강력했지만 고압을 쓰기 때문에 운송 장치에 얹을 정도로 규모가 작았다. 이로써 증기 기관차나 기선이 실현될 수 있었다. 이후 제조 기술의 발전으로 더 강력하고 작은 규모의 기관을 만들 수 있게 되었다. 이후 내연 기관이나 전동기가 개발되어 동력의 일부를 담당하게 되었지만 20세기가 한참 지나도록 증기 기관은 동력원으로서 계속 사용되었다.

산업혁명의 핵심적인 요소였던 동력혁명 과정에서 발전한 과학 지식이 기여한 바를 따져 보면 이렇다 할 만한 것이 없다. 블랙의 잠열 이론이 와트가 자신의 증기 기관의 성능을 설명하는 과정에서 활용되기도 하였으나 개발 단계에서 그러한 과학적 이론이 구체적이거나 핵심적인 기여를 했다는 증거는 없다. 여전히 기술 혁신은 과학적 지식에 의지하기보다는 경험적 지식과 노하우에 의지하였다. 기술의 전수 과정은 문자와 언어의 형태로 전달되는 지식에 의해서 이루어지는 것이 아니라 손과 손을 통해서 암묵적 지식(tacit knowledge)의 형태로 전수되는 것이다. 이 과정에서 자신의 기술을 세울 기초 기술에 접근하지 못하면 실현시키지 못하는 경우가 많다. 실린더를 만드는 기술이 제대로 개발되지 않았다면 증기 기관의 발명은 가능하지 않았다. 이는 자연을 어떤 방식으로 이해하느냐의 문제가 아니라 물질을 다룰 수 있는 능력을 가지고 있느냐의 문제인데 이러한 능력은 손과 머리의 협력을 통해서 숙달 과정을 거쳐서 얻어지는 것이니 학교에서 말이나 책으로 전수될 수 있는 지식과는 판이하게 다른 것이다.

그런데 이미 과학에서도 그런 지식이 중요한 역할을 하고 있었다. 그것은 실험이 점점 과학 활동에서 중요시되면서 선행 실험자가 수행한 실험을 재현할 수 있는 능력이 있느냐 없느냐가 실험 과학자의 성패에 중요한 요소가 되었다. 다른 실험자의 실험을 재현할 수 있는 실험 노하우를 습득하여야만 그것을 바탕으로 자신의 실험을 성공적으로 이끌 수 있는 새로운 장치의 구성과 실험 수행이 가능해지기 때문이다. 이러한 실험 노하우 속에는 필요한 장치를 어디에서 어떻게 확보할 수 있느냐에 관련된 정보와 그것을 들여올 수 있는 운송 수단까지 포함되기 때문에 과학 활동이 기술의 성패와 매우 유사한 속성을 띠기 시작했다. 기술에서 그랬던 것처럼 과학에서도 정밀한 기구를 제작하여 남들보다 더 믿을 만한 측정치를 얻어 내는 것이 실험 성공에 있어서 매우 중요한 요소가 되어 갔다.

18세기에 나타난 실험의 이러한 속성들 때문에 실험 연구자와 기술자 사이의 공조가 점차 중요해져 갔다. 실험 기구를 잘 제작할 수 있는 기술자를 확보하느냐 그렇지 못하느냐가 실험의 성패에 중요한 요소가 되면서 과학 연구는 더욱 재정적 능력의 확보 여부가 성패를 좌우하는 핵심 요소로 부각되기 시작했다. 아무리 총기가 뛰어난 과학자라 하더라도 좋은 실험 기구를 제작할 수 있는 능력(재정 능력, 정보 확보 능력까지 포함된다)과 그 기구를 능숙하게 사용하여 기대되는 믿을 만한 결과를 얻을 수 있는 능력을 확보하지 못한다면 실험 부문에서의 성공은 물 건너간 것이다.

그런 점에서 1765년부터 1813년까지 모였던 버밍검(Birmingham)의 루나 협회(Lunar Society)는 산업혁명기에 과학자와 기술자의 긴밀한 교류를 보여주는 단체라는 점에서 주목할 만하다. 이 협회의 명칭은 보름달이 뜨는 밤에 모였던 것에서 유래한 것인데 저녁에 집으로 돌아가는 데 편리하도록 하기 위해 계획된 것이었다. 모임 장소는 이래스머스 다윈(Erasmus Darwin, 1731 – 1802)의 집, 매슈 불턴의 집, 소호 하우스(Soho House)등이었다. 루나 협회의 회원은 증기 기관 제작자인 제임스 와트와 매슈 불턴, 세라믹 제조업자였던 웨지우드(Josiah Wedgewood, 1730 – 1790), 시계제작자이자 과학자인 화이트허스트(John Whitehurst, 1713 – 1788), 식물학자이자 지질학자이자 화학자였던 위더링(William Withering, 1741 – 1799), 화학자 프리스틀리, 진화론자 이래스머스 다윈, 무기 제작자였던 골턴(Samuel Galton, 1753 – 1832) 등이었다. 그 밖에도 존 윌킨슨을 포함한 산업가와 프랭클린(Benjamin Franklin, 1706 – 1790)을 포함한 과학자들이 이들과 서신을 주고받거나 이 학회를 방문하곤 했다. 이러한 기술자와 과학자라고 할 수 있는 양 진영의 인사들이 함께 정기적으로 모여서 과학적 및 기술적 주제에 관하여 논의하고 서로의 연구를 자극했다는 것은 매우 의미 있는 일이었다. 이미 과학과 기술이 긴밀하게 연결되면서 서로 영향력을 주고받게 되었음을 의미하는데 구체적으로 과학자의 물질에 대한 지식이 산업상의 응용과 연결되고 기술자가 발견하는 현장에서의 경험이 과학적 연구의 주제가 되었음을 확인할 수 있는 것이다.

과학과 기술의 연합

과학이 기술상의 혁신을 가져오는 일은 언제 시작되었을까? 이러한 변화는 19세기 중반 염료 산업과 전기 산업에서 시작되었다. 인공 염료의 발견은 매우 우연적으로 일어났다. 1850년대에 석탄 타르의 분석 과정에서 그중에 키니네 성분과 유사한 성분이 들어 있다는 것을 알게 된 런던의 왕립 화학 칼리지(Royal College of Chemistry)에서 호프만(A. W. von Hoffmann, 1818 - 1892)이라는 독일인 교수는 자신의 조수인 윌리엄 퍼킨(William Perkin, 1838 - 1907)에게 이 화합물에서 키니네를 만들어 낼 수 있는지 연구해 볼 것을 권했다. 그는 1856년에 부활절 휴가 동안 우연적인 발견을 했다. 석탄 타르에서 유도된 물질인 아닐린(aniline)을 택하여 실험을 하던 퍼킨은 그로부터 '완벽하게 검은 생성물'을 얻었고 그것을 씻어서 처리하였을 때 모브(mauve)를 얻었다. 모브는 1857년에 린딘 밖의 작은 공장에서 생산되어 판매되었고 퍼킨을 돈방석에 올려놓았다. 빅토리아 여왕(Queen Victoria)조차 새로운 모브로 염색한 옷을 입었고 모든 여성들이 이 아름다운 보라색 염료로 염색된 옷을 구하려 했다. 그 직후 다른 화학자들이 아닐린을 연구하여 새로운 아닐린 염료의 홍수가 일어났다. 심홍색, 청색, 보라색, 초록색 등이 쏟아져 나왔다. 1862년 런던 대박람회장은 아름다운 인공 색상으로 화려하게 수놓아졌다.

그 후 영국에 있던 독일인 화학자들은 독일의 적극적인 유치로 대거 독일로 귀환했고 그들은 산업체 연구소에서 중요한 역할을 수행하기 시작했다. 1870년 초에 영국에서 일하고 있었던 독일인 화학자들은 대부분 독일로 돌아왔다. 새로운 독일의 염료 회사들은 대학의 교원들과 긴밀한 인적 연결을 가지고 있었다. BASF의 경우에는 그 기업의 연구팀에 합류하기 위해 영국에서 돌아온 화학자인 카로(Heinrich Caro, 1834 - 1910)가 대학과 연계를 가지고 있었으므로 BASF의 성공에 도움이 되었다. 이런 체제는 다른 큰 독일 회사들인 획스트(Hoechst), 바이어(Bayer), 아그파(Agfa)도 채택하였다. 이들 회사의 화학자들은 염료를 생산하던 화합물에서 아스피린과 같은 약과 진단을 위해 조직을 염색하는 기술을 개발해 냈고 비료를 생산해 낼 수 있는 길까지 열었다. 이렇게 독일이 유기화학자들의 전문적인 지식을 활용함으로써 화학 산업에 대단한 발전을 이룩할 수 있었던 것은 물질에 대한 체계적인 지식이 구체적인 화합물의 분석과 합성에서 대단한 효율성을 발휘했기 때문이었다. 이로써 기업체의 연구소는 과학자를 고용하여 연구를 수행함으로써 기업체의 이익을 창출할 특허들을 생산하는 핵심 장소가 되었다.

비슷한 시스템이 미국에서는 전기 산업에서 생겨났다. 미국 전기 산업을 일으킨 에디슨(Thomas Alva Edison, 1847 - 1931)은 대학 교육을 받은 사람이 아니었지만 시간이 경과하면서 전기에 대한 전문적인 지식이 기술상의 발전을 이룩하는 데 효율적이라는 인식이 서서히 자라갔다. 제너럴 일렉트릭(General Electric)사가 1900년에 산업체 연구소를 설립하면서 초대 소장으로 영입한 휘트니(Willis Whitney, 1868 - 1958)는 본래 독일에서 물리 화학을 공부하고 MIT에서 일하고 있었던 인물이었다. 그는 산업체인 GE의 연구소를 이끌어 달라는 특별한 부탁을 받고 고용되었다. 그는 GE 연구소를 대학의 연구소와 같은 체제로 이끌어 가고자 했다. 실용적인 특허를 양산하는 것이 목표였지만 이를 위한 기초적인 연구를 중요시하는 풍토를 조성하였다. 물리화학자 쿨리지(William Coolidge, 1873 - 1975)나 화학자 랭뮈어(Irving Langmuir, 1881 - 1957) 같은 뛰어난 인물들이 GE 연구소에 들어왔고 기초 연구를 강조하는 시스템 속에서 랭뮈어는 노벨상까지 수상하는 성과를 냈다. 이러한 산업체 연구소 체제는 벨(Bell) 연구소나 듀퐁(Du Pont) 등의 굴지의 회사들에서도 이어받았고 기업체 연구소는 기술적 연구뿐 아니라 순수 연구도 병행할 수 있는 장소로서 부상하였고 과학자들이 진출할 수 있는 중요한 직장으로 자리매김했다. 이로써 과학 기반 기술(science - based technology)의 개념이 효율적인 기술 혁신을 위한 토대로 인식되기 시작했고 과학과 기술의 결합이라는 행복한 랑데부는 계속 지속될 전망이다.

9

새로운 세계, 전기 시대를 열다: 패러데이

　지구의 뒷면은 어둡지 않다. 태양 빛을 받지 않는 다른 행성의 뒷면은 빛나지 않는다. 그러나 인공위성에서 찍은 지구의 뒷면은 밝게 빛나고 있다. 이는 지구상에 고도의 문명이 존재한다는 증거이다. 이렇게 지구의 야경이 밝아질 수 있는 것은 모두 전기 덕택이다. 현대 문명을 가동시키는 놀라운 힘은 전기에서 나온다. 정전이 되면 우리가 할 수 없는 것이 무엇인지 따져 보면 전기가 얼마나 우리의 삶을 편리하게 해 주고 있는지 알 수 있다. 조명이 들어오지 않을 것이고, 컴퓨터를 켤 수 없을 것이고, 엘리베이터도 멈추어 버릴 것이고, 중계국이 작동할 수 없으니 휴대전화도 작동되지 않을 것이고, 전철이 멎을 것이고, 활주로의 유도등이 나가 버려서 비행기는 착륙할 수 없을 것이고, 냉장고, 에어컨도 모두 멈춰 버릴 것이다. 대정전 사태는 한 도시의 생활을 완전히 마비시켜 버린다. 그뿐이 아니다. 자동차, 비행기, 선박도 장착된 전원을 제거하면 무용지물이다.

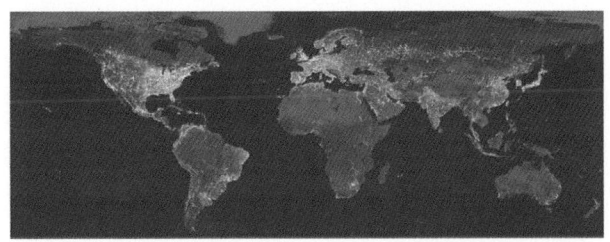

그림 41 인공위성에서 찍은 지구의 야경 (조합)

전기가 언제부터 그렇게 중요한 문명의 수단이었나? 우리가 어렸을 때에는 동네에 전기가 들어왔다는 것이 문명의 상징처럼 여겨졌다. 전기가 없을 때에는 할 수 없는 엄청나게 많은 것을 할 수 있게 되기 때문이다. 우리나라에 전기가 처음 들어온 것은 1887년 경복궁이었다. 이것이 서양에 비해서 크게 늦은 것은 아니었다. 미국에서 전기가 세

그림 42 원시적인 전기인 번개

계 최초로 상용으로 서비스되기 시작한 것이 1882년이었으니 우리나라는 불과 이보다 5년 늦은 것이다(이 세계 첫 상용 전기 서비스를 시작한 회사가 경복궁에 전기를 가설한 에디슨 전기 회사였다). 우리나라의 전기 사용이 생각보다 빨랐다기보다 전 세계적으로 생각보다 늦게 전기가 상용화된 것이 맞을 것이다. 전기가 상용화된 지 불과 130년 만에 지금과 같이 찬란한 전기 문명이 이루어진 것이다.

그럼 그 전기는 어디에 있었나? 전기는 항상 사람들 곁에 있었다. 사람들 위에 있었고 사람들 아래에 있었고 사람들 안에 있었다. 그것을 깨닫지 못했을 뿐이다. 전기는 몇몇 별난 사람들이 관심 갖는 신기한 대상일 뿐이었다. 그 힘을 인간이 이용할 수 있게 되리란 생각을 하지 못했다. 그런 점에서 전기 기술이란 철저하게 전기라는 자연 현상에 대한 이해에 토대를 두고 있는 것이다. 반대로 말하자면 전기라는 자연 현상은 인간이 전기를 다룰 수 있는 기구를 만들면서 이해를 할 수 있게 된 대상인 것이다. 전기에 대한 이해는 새로운 전기 실험 장치와 기구의 발명에 의해 심화되어 왔다. 전자기파의 발견 과정과 같이 순수하게 이론적인 논의가 현상을 예측하고 그 후에 발견이 이루어진 경우를 제외하면 전기 발전의 역사는 기구가 주도한 역사였

다. 사람이 맨 눈으로는, 맨 손으로는, 맨 귀로는 전기를 감지하고 다루는 데 엄청난 한계가 있기 때문이다. 그러므로 전기가 본격적으로 연구되기 시작한 것이 전기의 상용화 서비스가 시작되기 불과 200년 전이라는 것도 이상할 것이 없다. 기계를 만들고 운영할 수 있는 기술상의 진보가 본격적인 궤도에 오르기 시작한 시기가 그때부터이기 때문이다.

이러한 전기 연구의 역사에서 비약적인 도약을 이룩하는 데 결정적인 기여를 한 인물이 패러데이였다. 패러데이는 전기와 자기의 연결에 대한 본격적인 연구를 통해서 발전기와 전동기의 원리를 찾아냈고 전자기파를 찾아낼 수 있는 경험적 기초를 놓는 중요한 역할을 했다. 그가 아니었다면 전기 문명의 건설은 더 많은 시간이 소요되었을 것이다. 이 한 사람의 자수성가한 독학자의 공로에 전 인류가 얼마나 큰 빚을 지고 있는지 제대로 설명하기는 쉽지 않다. 먼저 패러데이 이전의 전기와 자기 연구부터 살펴보도록 하자.

패러데이 이전의 전기와 자기 연구

인간이 전기 현상을 목도한 것은 인류가 존재하기 시작하면서부터였다. 하늘에 일어나는 번개의 무서운 섬광과 뒤따르는 천지를 진동하는 굉음, 그 자체만으로도 인간의 공포심은 극에 달했다. 때로는 그 힘이 지상의 사물에 미치면 바위를 쪼개고 나무를 쓰러뜨리고 산불을 일으켰다. 그렇게 번개와 천둥과 벼락은 신의 분노의 상징이 되었다. 인간에게 공포심을 불러일으키는 자연물 중 이보다 더한 것은 없었을 것이다. 그럼에도 불구하고(또는 그랬기 때문에) 번개의 본성에 대한 과학적인 탐구는 거의 이루어지지 않았다. 탐구를 하고자 했어도 탐구를 하기에는 너무나도 제멋대로인 현상이었으므로 고삐 풀린 황소를 어쩔 수 없는 것처럼 번개를 달래서 인간이 통제하는 것은 꿈도 꿀 수 없는 일이었다. 지금도 번개는 전 세계적으로 하루에 평균 860만 번 친다. 그렇지만 우리는 그 엄청난 에너지를 이용하는 방법을 모르고 있다. 그것을 이용할 수 있게 된다면 우리의 에너지 문제는 훨씬 쉽게 해결될 수 있을 것이다.

고대인들이 전기를 접할 수 있었던 또 다른 기회는 전기뱀장어와 전기메기와 같은 전기를 생산하는 물고기였다. 이에 대한 가장 이른 기록은 이집트인들이 남겨 놓았다. 이들은 이들 물고기에 충격을 받으면 무감각해지는 경험을 했고 때로는 이것을 이용해서 두통이나 통풍과 같은 통증을 치료하려고 시도했던 것으로 보인다.

전기에 대한 공식적인 연구의 기록은 기원전 6세기 탈레스까지 내려온다. 탈레스는 번개나 전기뱀장어와는 전혀 무관해 보이는 어떤 현상에 주목하였다. 화석화한 나무진인 호박을 광택을 내기 위해 고양이 털가죽으로 문지른 후에 그것을 책상에 내려놓았다가 그것이 다른 작은 먼지나 깃털을 끌어당기는 것을 목격했다. 그런 유사한 현상을 목격한 사람이 왜 그 이전에 없었을까마는 그런 현상을 의미 있게 관찰하고 다른 사람에게 이야기하여 그것을 기록으로 남긴 사례는 탈레스가 처음이었다. 그는 호박이 자석이 되었다고 생각했다. 그렇게 하고는 그만이었다. 그것 이상의 진보는 이루어지지 않았다. 다른 누구도 이런 현상에 대해서 더 이상의 관심을 기울이지 않았다. 다만 호박이라는 그리스어인 엘렉트론(electron)이라는 말이 전기를 가리키는 말이 된 것을 빼고는 말이다.

한편 그리스인들은 탈레스의 사례에서와 같이 천연자석에 대해서 알고 있었다. 천연자석은 마그네시아(Magnesia)라는 지방에서 많이 산출이 되었는데 쇠붙이를 잡아당기는 힘이 있는 것이 주목을 받았다. 거기에서 자석, magnet이라는 말이 나왔지만 이

신기한 돌을 무슨 용도에 써야 할지는 잘 알 수 없었다. 자석은 문지르지 않아도 자석이지만 호박은 문질러야 자석이 된다는 점이 차이라고 생각되었다. 천연자석의 용도를 일찍 찾아낸 사람들은 중국인들이었다. 그들은 기원전 2세기경 천연자석을 갈아서 바늘처럼 만들었고 그 바늘을 기름종이에 올려 사발에 담은 물 위에 띄웠을 때 이 바늘이 항상 일정한 방향을 가리킨다는 것을 발견했다. 남쪽을 가리킨다고 해서 이것을 지남철(指南鐵)이라고 불렀다.

유럽인들이 이 일정한 방향을 가리키는 바늘에 대해서 접하게 된 것은 한참 시간이 지난 후였다. 최초의 것은 12세기 말에 영국 출신의 수도승인 네크햄(Alexander Neckham, 1157‒1217)이 파리로부터 돌아와서 항상 같은 방향을 가리키는 신기한 바늘에 대한 소식을 전해 준 것이었다. 13세기 말에 톨레도 천문표로 유명한 현자 알퐁소(Alfonso X, 1221‒1284)가 모든 선원들은 그 바늘을 휴대해야 한다는 칙령을 내렸다. 이 시기에 그 바늘은 지중해 도처에서 일반적으로 널리 사용되었던 것으로 보인다. 일반적으로 그 바늘은 밀짚에 끼워져서 물 대접 위에 띄워졌던 것으로 보이는데 이탈리아의 아말피(Amalfi) 공화국에서 방향을 표시하는 나침반 밑판 위에 바늘을 얹는 방식이 도입되었다. 이렇게 서양에서는 천연자석이 항해술의 기본 도구로 정착되었다.

전기와 자기에 대한 본격적인 실험적 연구가 수행된 것은 16세기 말이었다. 1581년에 런던의 나침반 제작자인 노먼(Robert Norman)은 일련의 테스트를 수행하여 당시에는 아무도 알지 못했던 사실, 곧 진북과 자북의 차이가 있다는 것을 밝혀내었다. 노먼의 보고에 반응을 보인 인물은 왕립 의사 칼리지(Royal College of Physicians)의 학장이자 엘리자베스 여왕의 시의였던 길버트(William Gilbert, 1540‒1603)였다. 그는 케임브리지 대학에서 이루어진 자신의 연구로부터 바늘을 자석으로 만드는 돌인 천연자석의 특별한 치료 효과에 대한 '고전적인 저자들'의 이론을 접하였다. 그는 이 이론의 대부분을 허튼소리로 간주했다. 그래서 18년 동안 길버트는 신비한 천연자석을 가지고 실험을 했다. 그는 천연자석을 깎아서 작은 지구 모형들을 만들었고 그것을 다양한 물질, 가령 금속, 나무, 물, 호박, 자화된 바늘 등에 접촉시켜 보았다. 그는 1600년에 『자석에 관하여』(De Magnete)라는 책을 출간했다. 이 책은 즉각적인 성공을 거두었고 몇 년 안에 전 유럽에서 읽혔다. 길버트는 자신의 실험을 제시하는 것 외에 자기에 대해 알려진 것을 모두 모아 놓았다. 그의 주된 결론은 지구가 N극과 S극을 갖는 커다란 자석이며 자체의 축 주위를 자전하면서 우주 공간에서는 태양 주위를 공전한다는 것이다. 길버트가 주목한 것은 자기장의 존재였는데 그것이 대기를 포함해서 지구상의 모든 것이 우주 공간으로 날아가 버리는 것을 막아 준다고 했다. 그는 어떤 물질은 문지르면 자석이 된다는 것을 다시 진술했다. 그는 전기와 자기가 전혀 다른 현상임을 명확하게 밝힌 인물이었다. 그는 문지르면 전기를 띠는 물질을 기전물질(electric)이라고 불러서 구분했다. 기전물질을 문질러서 만들어진 정전기는 많은 양의 전기의 충분한 근원이 될 수 없었고 전하를 띤 물질에 저장된 전기는 취급하기도 쉽지 않았다. 정전기는 항상 빨리 방전되었고 적절하게 연구하기도 전에 사라졌다.

이 문제를 풀어낸 인물은 게리케였다. 그는 정전기를 만들기에 좋은 물질인 황으로 구를 만들었다. 이 황구의 중심에 축을 끼워 크랭크에 의해 회전시키면서 다른 물질과 접촉을 시키면 많은 양의 전기를 황구에 축적시킬 수 있었다. 게리케는 이렇게 대전된 구들이 서로 밀치거나 당기는 것을 발견했다. 또한 대전된 구에 다른 황구를 가까이 했을 때 그 구도 대전되면서 다른 물질들을 끌어당기는 것을 발견했다. 그렇지만 17세기 연구자들에게 전기와 자기는 여전히 마술적인 작용을 일으키는 신비한 영향력 정도로 치부되었고 과학의 탐구 대상으로 여기는 사람은 드물었다. 전기에 대한 새로운 관심은 의외의 사건에서 시작되었다. 1675년 어느 날 밤늦게 집으로 돌아오던 프랑스의 천문학자 피카르(Jean Picard, 1720 - 1782)는 기압계를 흔들다가 그의 기압계가 빛을 내는 것을 발견했다. 그가 그것을 더 많이 흔들수록 더 많은 빛이 나왔다. 피카르의 경험은 큰 관심을 일으켰고 왜 그런 일이 생기는가를 설명하려고 많은 연구자들이 연구에 뛰어들었다.

그중에서는 영국인이며 위대한 뉴턴의 제자였던 혹스비(Francis Hauksbee, 1666 - 1813)가 있었다. 그는 밸브를 갖춘 관을 만들어서 관으로 들어가는 공기의 양을 조절할 수 있게 하였고 그 발광은 기압계의 빈 공간이 공기로 반이 찼을 때 최대임을 알아내었다. 혹스비는 1705년에 그 빛은 유리와 수은 사이에 마찰 때문에 일어난다는 것을 왕립학회에 보고했다. 이듬해인 1706년에 혹스비는 유도 기계를 만들었다. 그는 유리구 안을 진공으로 만든 후에 그것을 커다란 구동 바퀴로 돌려서 회전시켰다. 그는 유리구에 달린 밸브를 통해 공기를 필요한 만큼, 즉 구의 절반을 채운 후에 회전하는 구에 가볍게 손을 대었다. 그러자 신비한 '발광'이 일어나는 것을 볼 수 있었다. 이 발광은 뻗어 나오는 빛줄기 때문에 '발산'(effluvium)이라고 불렸다. 혹스비의 구는 다양한 금속 조각과 실 등을 끌어당겼다. 1729년에 스티븐 그레이(Stephen Gray, 1666 - 1736)는 한쪽 끝을 코르크로 막은 유리관을 강하게 문지르면, 코르크에 부착된 실이 전기를 운반하여 거의 240미터 떨어진 곳에 있는 실 끝에 깃털이 달라붙게 할 수 있다는 것을 발견했다.

이후 전기는 공연장에서 사람들의 관심을 끄는 공연거리가 되었다. 순회 강연자는 장비를 마차에 싣고 유럽 전역을 돌면서 새롭고 신비한 현상으로 사람들을 놀라게 했다. 하우젠(Christian Hausen, 1683 - 1743)이라는 독일의 실험 연구자는 작은 남자 아이들을 명주실로 매달고 대전시켜서 아이의 몸이 여러 재료들을 끌어당기는 것을 보여주기도 했다.

1745년에 독일의 성직자인 클라이스트(E. J. von Kleist)와 네덜란드의 물리학 교수인 뮈센브룩 (Petrus van Musschenbroek, 1692 – 1761)은 동시에 따로 물이 가득 찬 유리병에 혹스비 유도 기계로

그림 43 라이덴 병의 방전

부터 전기를 채우려고 시도하였다. 그들은 전기를 병에 담았다가 다시 방전시키는 데 성공하였다. 그 병은 이후에 라이덴 병이라고 알려지게 되었고 전기를 보관할 수 있게 되자 더 심화된 연구가 가능해졌다. 1746년에 프랑스의 대수도원장인 놀레(Jean – Antoine Nollet, 1700 – 1770)는 손에 손을 잡은 수도승들의 한 쪽 끝을 라이덴 병에 접촉시켰을 때 모든 수도승들이 충격으로 펄쩍 뛰는 것을 왕과 귀족 앞에서 선보였다.

아메리카 식민지의 인쇄업자인 프랭클린은 외로이 전기에 대한 연구를 수행하였다. 그는 전기 장치를 구입하여 실험을 거듭하면서 나름대로 전기에 대하여 이해하게 되었다. 다른 전기학자들은 밀고 당기는 관계에 의거하여 유리 전기와 수지 전기 두 가지 전기가 존재한다는 생각을 하였다. 이는 이유체설이라고 할 수 있는 것이었는데 프랭클린은 전기가 과도하면 양전기를 띠고 전기가 모자라면 음전기를 띠게 된다는 생각을 하였다. 그런 점에서 전기의 본성에 대한 그의 이론은 일유체설이었다. 프랭클린은 번개와 라이덴 병의 방전의 유사성을 주목하여 번개가 전기라고 주장하였고 연을 이용하여 번개를 모을 수 있을 것이라고 주장하였다. 그는 몇 년 후에 실제로 뇌우 속으로 연을 날려서 벼락이 연에 떨어지게 하여 연줄을 타고 내려온 전기를 연줄 밑에 설치한 라이덴 병에 모으는 데 성공했다. 그는 이 라이

그림 44 알레산드로 볼타

덴 병을 방전시킬 때, 다른 전기 방전과 동일한 것을 보임으로써 번개가 전기임을 증명하였다. 이러한 원리에 기초하여 프랭클린은 피뢰침을 고안하였다. 높이 솟은 금속 막대에 구리선을 연결하여 땅까지 연장시킴으로써 번개를 땅으로 방전시켜서 건물과 인명의 손상을 막을 수 있었다.

한편 1786년에 전기가 동물에서 흐른다는 이상한 소식이 이탈리아에서 전해졌다. 볼로냐 대학의 해부학 교수인 갈바니(Luigi Galvani, 1737 – 1798)는 개구리의 다리를 금속으로 접촉시켰을 때 다리 근육이 움찔거리는 것을 발견했다. 그로부터 10년 후에 이탈리아인 볼타는 갈바니의 동물 전기가 갈바니가 사용한 상이한 금속에서 생긴다는 것을 보여주었다. 볼타는 구리판과 아연판을 번갈아 쌓고 적은 양의 산을 첨가한 물로 각각의 판을 적셨다. 그는 이렇게 쌓은 금속 더미(볼타 전퇴)가 연속적인 전류를 생산한다는 것을 발견했다. 1800년에 그는 그 결과를 출판했고 볼타 전퇴는 세계 최초의 전지가 되었다. 이로써 정전기가 아니라 전류가 전기 연구에 이용되게 되었고 전기에 대한 인간의 통제력은 한층 향상되게 되었고 연구는 가속화되었다.

1820년, 덴마크인 외르스테드(H. C. Oersted, 1777 – 1851)가 코펜하겐(Copenhagen)에서 전기와 자기 사이에는 아무런 연관이 없다는 것을 보이는 실험으로 강의를 마치고 있었다. 그는 도선을 통과하는 전류가 근처의 나침반 바늘에 영향을 주지 않는다는 것을 보여주려고 하였는데 유감스럽게도 그런 효과가 일어나고 있었다. 전류의 스위치를 켜자마자 나침반 바늘은 돌아갔다. 전자기 유도라고 불리는 이 중요한 현상은 전류와 자기가 연관되어 있음을 명확히 보여주었다. 바로 직후에 독일의 과학자 슈바이거(Johann Schweigger, 1779 – 1857)는 도선에 흐르는 전류를 측정하는 최초의 갈바노미터를 발명했다. 또한 이러한 성질을 응용하여 1825년에 스터전(William Sturgeon, 1783 – 1850)이라는 영국인이 연철 막대 주위에 전기가 통하는 도선을 감아서 전자석을 만들었다.

패러데이의 전기 연구

가난한 대장장이의 아들로 태어난 패러데이는 13세에 제책공 리보(George Ribeau)의 도제로 들어갔다. 그는 정규 교육이라는 것을 받지 못했으나 책을 가까이 하는 직업이 계기가 되어 독서에 매진하게 되었다. 그는 과학에 특히 많은 관심을 갖게 되었는데 1812년에 왕립 연구소의 자연철학 교수인 데이비가 화학 강의를 한다는 말을 듣고 그 강의에 참가하였다. 그는 데이비의 강

그림 45 마이클 패러데이

의를 잘 받아 적었다가 그것을 300쪽 분량의 책으로 제본하여 데이비에게 가져갔다. 데이비는 이 젊은이가 자신의 강의 노트를 잘 만든 것을 보고 기특하게 생각했다. 패러데이는 조수 자리라도 얻을 수 있기를 희망했지만 데이비에게는 마침 빈 조수 자리가 없었다. 데이비는 패러데이를 돌려보냈으나 우연히 조수의 빈자리가 생겼고 데이비는 패러데이를 임시로 채용했다. 비록 데이비가 위대한 화학자였으나 그가 이룩한 어떤 발견보다 패러데이를 발굴해 낸 것은 더욱 가치가 컸다.

그림 46 패러데이의 전동기(복원품)

패러데이는 조수 일을 잘 감당했을 뿐만 아니라 데이비의 강의 내용도 잘 이해했다. 데이비가 1813년부터 1815년까지 유럽 순회강연을 떠나면서 패러데이를 동행시킨 것은 패러데이의 지적 발전에 결정적인 계기가 되었다. 데이비의 아내는 패러데이의 신분이 낮은 것을 알고 그를 자주 무시했다. 그렇지만 패러데이는 데이비의 강연과 걸출한 과학자들과의 면담을 통해서 점점 과학에 깊은 소예를 얻게 되었다. 그는 독창적인 연구에 종사하였고 새로운 업적을 계속 이루어 냈다. 우선적으로 패러데이의 업적이 두드러졌던 분야는 데이비의 전문 분야였던 전기분해였다. 패러데이는 전기분해 과정에서 석출되는 물질의 양에 관심을 가졌고 이 양이라는 것이 당량(equivalent)이라는 단위로 쓰일 수 있다는 것을 감지했고 물질의 종류에 관계없이 일정한 전하량을 흘렸을 때 석출되는 물질의 당량 수는 같다는 것을 발견했다. 이것이 패러데이 법칙이라고 불리는 것으로 오늘날도 1당량에 해당하는 석출을 일으키는 전기량을 1패러데이(faraday)라고 불러 그의 업적을 기리고 있다.

외르스테드의 발견에 자극을 받은 프랑스의 과학자 앙페르(André - Marie Ampère, 1775 - 1836)는 전류에 의한 자기 효과를 연구하다가 두 평행 도선이 같은 방향으로 전류를 흘려 보낼 때 서로 잡아당기고, 반대 방향으로 전류를 흘려 보낼 때 서로 밀친다는 것을 발견했다. 이는 마치 두 도선이 자석처럼 행동하는 것이었다. 이러한 현상을 데이비는 패러데이의 도움으로 탐구하였고 결과적으로 패러데이가 이런 문제에 관심을 갖도록 자극하였다. 이 과정에서 1821년에 패러데이는 전자기 회전이라는 현상을 발견했다. 그는 전류가 흐르는 도선 주위에서 자석이 돌게 하고 역으로 도선이 자석 주위를 돌게 하는 장치를 고안했다. 이것은 모두 전류가 흐르면 그 주위에 자기장이 생긴다는 성질을 이용한 것이었다. 이로써 패러데이는 전류로부터 연속적인 운동을 처음으로 일으켰다. 그러므로 이 장치는 최초의 전동기였다. 전동기는 전기를 새로운 동력원으로 사용할 수 있음을 의미했다.

전기가 자기장을 일으킬 수 있다는 사실은 분명했지만 어느 누구도 자석을 이용해서 전기를 일으키지는 못했다. 패러데이는 이러한 변환 과정이 반드시 존재해야 한다는 확신을 가지고 이 연구에 몰입했다. 그는 처음에는 강력한 자석을 단순히 도선 주위에 놓음으로써 전류를 만들어 내려고 하였지만 소용이 없었다. 그는 거의 10년의 노력 끝에 1831년에 새로운 장치를 만들어 냈다. 이것은 최초의 변압기였다. 쇠고리의 한쪽 편에는 전지를 연결한 코일을 감아 주었고 이는 1차 회로를 구성했다. 쇠고리의 반대편에는 갈바노미터를 연결한 코일을 감아 놓아서 2차 회로를 구성했다. 1차 회로와 2차 회로는 별개의 회로였다. 이렇게 연결된 상태에서는 갈바노미터는 전혀 움직임이 없었다. 2차 회로에 전류가 흐르는 것은 오직 1차 회로의 연결이 끊어지는 순간과 1차 회로가 연결되는 순간이었다. 이때 전자와 후자의 경우에 2차 회로에 유도되는 전류의 방향은 반대여서 갈바노미터의 바늘이 반대 방향으로 흔들렸다. 신기한 것은 전류가 지속적으로 1차 회로에서 흐르는데도 2차 회로에는 전류가 흐르지 않았다. 결국 패러데이는 2차 회로에 전류를 유도하는 것은 1차 회로의 전류의 변화임을 인식했다. 이 장치는 코일의 감는 수를 1차 회로와 2차 회로를 다르게 함으로써 유도되는 전압의 세기를 변화시킬 수 있는 장치였다.

이 장치를 사용한 계속된 연구에서 패러데이는 1차 회로 대신에 자석을 2차 회로 근처에서 움직이는 방식으로 2차 회로 근처의 자기장의 변화를 일으켰고 이로써 2차 회로에 전기를 유도할

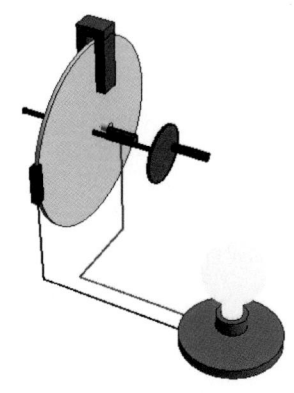

그림 47 패러데이의 원반 발전기

수 있었다. 이때에도 움직이는 방향에 따라 유도되는 전류의 방향이 바뀌었다. 이 실험 직후에 패러데이는 연속적인 전류가 자석으로부터 발생할 수 있는 기계를 고안했다. 이 장치는 말굽자석의 자극 사이에 구리 원반의 일부가 수직으로 배열된 상태에서 크랭크로 구리 원반을 회전시키는 형태였다. 마치 말굽자석이 회전하는 구리 원반을 감싸고 있는 모습이었다. 이렇게 회전시키는 동안 갈바노미터에 연결한 노선의 양 끝을 하나는 구리 원반의 중심에 연결하고 다른 한 끝은 구리 원반의 변두리에 계속 접촉시키면 갈바노미터의 바늘은 일정한 방향을 가리켰다. 이는 패러데이의 원반 발전기이며 직류를 발전시킬 수 있었다.

패러데이의 전자기학에의 공헌은 이러한 내용상의 기여에만 한정되지 않는다. 그는 무엇보다도 역선(force line)과 장(field)의 개념을 창안하여 연속체론을 구축하여 자연을 바라보는 새로운 관점의 토대를 놓았다. 이러한 장 물리학은 이후 20세기에 들어와 여러 분야에서 폭넓게 활용된다는 점에서 매우 중요한 개념상의 창안이었다. 패러데이는 일단 전기와 자기 현상을 설명하기 위해 장 개념을 창안하였는데 이것은 대륙의 원격 작용설과는 전혀 다른 방식으로 전자기 현상을 설명하였다. 원격 작용설은 떨어져 있는 전하 사이의 원거리 인력과 척력에 의해 전자기 현상을 설명하는 방식이었다. 대륙의 앙페르나 빌헬름 베버(Wilhelm Weber, 1804 - 1891)나 프란츠 노이만(Franz E. Neumann, 1798 - 1895) 같은 인물들이 추구하는 설명 방식이었다. 이들 대륙의 물리학자들은 상당한 수준으로 전자기의 수학화를 진전시켰는데 이들의 앞선 업적을 이해하기 위한 수학을 패러데이는 배운 적이 없었다. 수학을 모르는 그가 정밀한 실험 설계를 통해서 새로운 현상들을 많이 찾아냄으로써 실험 과학자로서 이름을 날린 것은 그의 천부적인 재능 때문이었다. 그는 전기장이나 자기장의 생성과 다른 전하나 자석에 미치는 힘의 작용 방식을 역선을 사용하여 설명하기를 시도하였다. 그의 역선은 전극이나 자극에서 나와서 다른 전극이나 자극으로 들어가는 일종의 흐름이었는데 그것은 끊어지거나 다른 역선과 접촉하지 않았다. 역선은 서로 밀치는 성질이 있었는데 되도록 공간을 넓게 차지하려는 성질을 가지고 있었기 때문에 공간의 여유가 있으면 퍼지는 성질이 있었다. 또한 역선의 밀도에 따라 전기력과 자기력의 세기가 결정되었다. 이러한 역선의 성질은 마치 유체 속에서 흐름이 일어나는 것과 유사한 방식으로 이해되었다. 그러므로 역선 속에 전하나 단자극(monopole)이 놓이면 역선에서 힘을 받아 역선을 따라 움직일 텐데 받는 힘에 따라 가속되는 정도가 달라질 것이다. 역선이 펼쳐져 있는 공간이 장(field)이었는데 전기장과 자기장은 서로 긴밀하게 연관을 가지고 있다는 사실을 패러데이는 잘 알고 있었다. 이러한 과정에 의해 전자기 유도나 자전기 유도는 설명될 수 있었다.

맥스웰의 전자기학

맥스웰(James Clerk Maxwell, 1831 - 1879)은 스코틀랜드의 에든버러 태생으로 어려서부터 수학에 남다른 능력을 가지고 있었다. 그는 패러데이와는 대조적으로 좋은 가정에서 태어나 훌륭한 교육을 받았다. 맥스웰은 에든버러 대학을 1850년에 마친 후 다시 1854년에 케임브리지 대학을 졸업했다. 케임브리지 대학에서는 수학우등졸업시험(Mathematical Tripos)이라는 제도가 있었다. 이 수학 시험에서 좋은 성적을 거두면 이후의 출세 가도가 열리는 중요한 시험이었다. 이 수학 시험은 전공을 불문하고 치러졌는데 최고 점수를 획득한 졸업생들이 주로 진출하는 분야는 성직이었다. 그중에 더러는 수학이나 물리학, 경제학 등의 분야로 나아가 자신의 탁월한 수학 실력을 맘껏 발휘하여 영국의 과학을 발전시키는 데 중요한 공헌을 하는 인물들이 나왔다. 맥스웰은 이 시험에서 2등을 차지하여 '세컨드 랭글러'(Second Wrangler)의 영예를 얻었다.

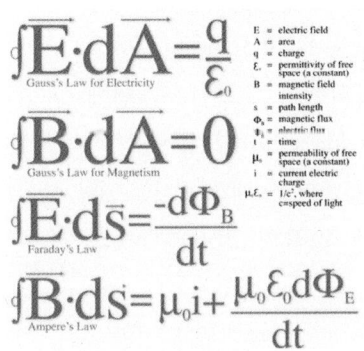

그림 48 맥스웰의 방정식

맥스웰은 패러데이가 이룩한 실험 연구의 성과를 수학화하는 작업에 큰 관심을 가졌다. 그리하여 역선의 의미를 수학적으로 풀어내는 일에 힘썼고 그 결과들을 지속적으로 논문으로 발표하였다. 그는 패러데이의 『전기 실험 연구』(Experimental Researches in Electricity, 1839)에서 큰 영감을 얻었다. 그는 패러데이의 실험 연구를 따라가면서 대륙의 원격 작용설만 수학화가 가능한 것이 아니라 패러데이의 장이론도 수학화가 가능함을 보였다. 맥스웰은 전기 현상과 자기 현상을 역학적인 모델을 동원하여 수학화하는 일에 힘썼고 그 결과, 많은 발전을 이룩하였다. 그는 패러데이가 전기와 자기를 긴밀하게 연결시켜 설명하려고 한 것에 주목하였고 이에 따라 전기장 방정식과 자기장 방정식을 결합하였을 때 하나의 통합된 방정식을 수립할 수 있었는데 이는 전자기파라는 것이 존재할 것임을 예측할 수 있게 해 주었다. 그 방정식은 전자기적 요동의 속력이 광속임을 드러냄으로써 빛이 전자기파의 일종이라는 것을 예측할 수 있게 해 주었다. 그 당시에 알려진 복사선의 종류는 가시광선, 자외선, 적외선이 전부였다. 맥스웰의 방정식은 실험실에서 전기를 진동시킴으로써 전자기 복사를 만들어 낼 수 있음을 의미했다. 문제는 어떻게 전자기 복사를 만들어 낼 수 있는지는 맥스웰 자신도 구체적으로 알지 못했다는 것이다.

전파 시대의 시작

맥스웰은 암에 걸려서 1879년에 48세로 한참 연구할 나이에 세상을 떠났다. 그는 아내의 지병을 돌보느라 자신을 돌아보지 않았는데 죽을 때에도 아내의 안위를 걱정했다. 그는 1873년에 출판된『전기자기론』(*Treatise on Electricity and Magnetism*)에 자신의 전자기 이론을 정리해 놓았다. 이 책은 케임브리지 대학에서 교재로 채택되어 연구되고 가르쳐졌기 때문에 영국의 전자기학자들은 맥스웰의 영향력 가운데 전자기 연구를 수행하였다. 영국의 맥스웰 추종자(Maxwellian)들인 라모어(Joseph Larmor, 1857 – 1942), 피츠제랄드(George FitzGerald, 1851 – 1901), 로지(Oliver Lodge, 1851 – 1940), 포인팅(John H. Poynting, 52 – 14), 헤비사이드(Oliver Heaviside, 1850 – 1925) 등은 맥스웰의 장이론을 더욱 심화시키기 위한 노력을 하였지만 그중에서 전자기파의 실체에 접근한 이는 없었다.

한편 독일에서는 여전히 원격 작용설이 대세였지만 베를린 대학의 헬름홀츠가 맥스웰의 체계를 대륙의 전자기학과 화해시키기 위한 노력을 하였고 그것이 결실을 맺고 있었다. 헬름홀츠의 제자인 헤르츠 (Heinrich Hertz, 1857 – 1894)는 맥스웰의 전자기파에 관심을 갖게 되었다. 1883년부터 헤르츠는 유도 코일을 사용해서 진동하는 전

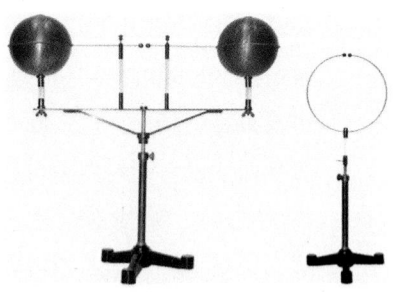

그림 49 헤르츠의 전파 발신기와 수신기

류를 만들어 냈고 간격이 벌어진 두 도선에 유도 코일을 접속하여 스파크를 발생시킬 수 있었다. 헤르츠는 1888년에 이 장치에서 발생한 스파크가 옆에 놓여 있는 비슷한 코일에 있는 제2의 간격에 스파크를 일으키는 것을 볼 수 있었다. 그는 이것이 맥스웰이 말한 전자기파의 증거라고 확신했다. 그는 이 모종의 전자기적 교란의 성질을 연구해 보았고 그것이 광속으로 움직이며 반사와 굴절 등 맥스웰이 예견했던 것과 동일한 방식으로 행동하는 것을 확인했다. 전자기파를 발생시키고 검출하는 헤르츠의 송신기와 수신기는 초보적인 무선 통신 장치였다.

이 발명이 무선 통신의 가능성이 있는지를 확인하지 못한 채 헤르츠는 1894년에 37세의 젊은 나이로 사망했나. 이 상치를 실용성이 있는 무선 통신 장치로 발전시키는 일은 상대적으로 전자기에 대한 지식이 부족했으나 기술자로서 이 문제에 접근했던 이탈리아의 젊은이 마르코니(Guglielmo Marconi, 1874 - 1937)에 의해 이루어졌다. 마르코니는 헤르츠의 장치를 개선하여 통신 거리를 점차 늘려 나갔다. 그는 이탈리아 정부의 지원을 얻으려 했으나 실패했다. 그는 가까스로 영국 정부의 지원을 따내는 데 성공했고 마침내 대서양 횡단 통신에 성공하였다. 이는 그가 뜻하지 않았으나 전리층이 전파를 반사해 준 덕택이었다. 마르코니는 전파 통신을 실용화시킨 공로로 1909년에 노벨 물리학상을 수상했다. 오늘날 라디오, TV, 휴대전화, 무선 인터넷 등 모든 기술이 그의 기술을 토대로 하고 있는 것임을 생각할 때 전파 통신의 실용화는 가히 통신의 혁명이라고 부를 수 있을 것이다. 이러한 놀라운 통신 기술상의 혁명을 포함해서 온갖 전기 기기의 과학적 기초를 놓은 인물이 교육받지 못한 한 젊은이였음을 기억할 때 우리가 전기 문명을 누리고 있는 것이 기적처럼 느껴진다.

10

보이지 않는 세계를 제어하다: 파스퇴르

1980년 세계보건기구(WHO)는 천연두가 완전히 정복되었음을 선언했다. 인간의 힘에 의해서 전염병이 이렇게 완전히 정복된 일은 처음 있는 일이었다. WHO의 다음 목표는 소아마비이다. 이러한 질병의 정복의 가능성을 연 것은 백신에 대한 과학적 이해였다. 이 분야에서 결정적인 공헌을 한 인물이 루이 파스퇴르(Louis Pasteur, 1822 – 1895)이다. 미생물의 세계에 대한 이해를 심화시켰을 뿐 아니라 자연발생설의 격퇴와 저온 살균법의 개발, 질병의 병원균설 등을 통해 우리의 주변에 대한 이해와 삶의 질을 개선시킨 결정적인 공이 그에게 돌아간다. 그는 또한 이전 시대에 제너(Edward Jenner, 1749 – 1823)가 성공시킨 우두 접종의 과학적 근거를 마련하였고 더불어 탄저병과 광견병, 닭 콜레라 등 주요 인간 및 가축의 질병의 백신을 개발하여 많은 사람과 산업을 구했다. 과학적 성과가 이렇게 광범위하게 인간의 삶의 질을 향상시킨 사례는 드물다. 우리가 지금 이렇게 안심하고 음식을 먹으면서 건강하게 살 수 있게 된 것이 파스퇴르처럼 미생물에 대한 이해의 과학적 기초를 놓은 소수의 사람들의 공로임을 인식할 때 새삼 과학의 힘을 느끼게 된다.

현미경과 새롭게 열린 미생물의 세계

로마 시대부터 인류는 전염병에 관심이 많았다. 전염병은 한 번 돌면 많은 사람을 사망에 이르게 하였으므로 두려움의 대상이었는데 신의 저주처럼 여겨지기도 했던 전염병의 원인으로 흔히 지목되었던 것은 독기(miasma)였다. 축축한 습기 지역의 나쁜 공기가 전염병을 일으키는 주원인으로 여겨졌던 것이다. 그것을 어떤 종류의 생물에 연관시키기에는 미시적 세계에 대한 이해가 전무했다.

이러한 상황을 결정적으로 변화시킨 세기는 현미경의 발명이었다. 현미경의 역사는 9세기에 아랍의 과학자 이븐 피르나스(Abbas Ibn Firnas, 810 - 887)가 만든 교정 렌즈로 시작된다. 그는 '독서용 돌'이라고 불린 확대경을 만들었고 그것을 읽을거리 위에 놓으면 글씨를 확대시킬 수 있었다. 1011년부터 1021년 사이에 아랍의 과학자 이븐 알하이탐(Ibn Al - Haytham, 965 - 1039, Al - Hazen이라고도 한다)은 광학책을 썼고 확대경에 대한 광학적 연구의 기초를 놓았다. 13세기에 들어와 영국인 로저 베이컨(Roger Bacon, 1214 - 1294)이 이 책을 라틴어로 번역한 이후에 1284년경에 이탈리아인 다르마테(Salvino D'Armate, 1258 - 1312)가 최초의 안경을 만들었다.

최초의 현미경은 1595년에 네덜란드의 미델부르크(Middelburg)에서 만들어졌는데 세 명의 다른 안경업자에게 독립적인 발명의 공로가 돌아간다. 망원경의 발명가이기도 한 리퍼셰이와 한스 얀센(Hans Jansen)과 그의 아들인 자카리아스 얀센(Sacharias Jansen, 1585?

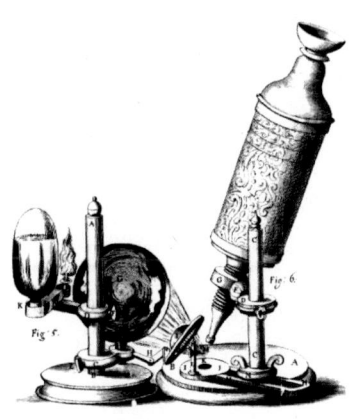

그림 50 로버트 훅의 현미경

- 1632)이다. 1660년 네덜란드의 포목상 레우벤훅(Antonie van Leeuwenhoek, 1532 - 1623)은 최초로 현미경을 사용하여 박테리아를 관찰하였는데, 그가 만든 270배의 현미경은 미생물과 인간의 혈구를 연구하는 데 가장 좋은 것이었다. 그는 주변에서 닥치는 것은 무엇이든 현미경 밑에 놓았고 그림을 그렸고 그것을 왕립학회에 보냈다. 그의 현미경은 렌즈가 하나뿐인 단일경 현미경이었는데 그 당시에는 그의 현미경보다 성능이 더 좋은 현미경이 없었다. 그는 최초의 현미경 생물학자가 되어 눈에 보이지 않는 미생물의 세계가 있음을 밝혔다. 그렇지만 그것이 질병이나 발효와 어떤 관계가 있는지는 알지 못했다. 그의 뒤를 이어 영국인 훅은 현미경을 스스로 만들어 코르크를 관찰하였고 그 안에서 작은 방들을 발견했다. 그는 그것을 cell(작은 방)이라고 불렀는데 실제로 그것들은 죽은 세포들이었다. 그는 그것을 살아 있는 생물체에서 관찰하지 못했고 그것이 생명의 기본 단위라는 생각은 더더욱 하지 못했다.

18세기를 거치는 동안에는 색수차 때문에 더 성능이 좋은 현미경을 만드는 것이 사실상 불가능했으므로 미시적 세계에 대한 새로운 발견은 보고되지 않았다. 그렇지만 이탈리아인 스팔란차니(Lazzaro Spallanzani, 1729 - 1799)는 미생물이 공기와 접촉하지 않으면 번식할 수 없다는 것을 실험을 통해서 입증함으로써 미생물의 이해에 중요한 전기가 마련되었다. 스팔란차니는 고깃국을 오랜 시간 가열해서 밀봉해 놓았더니 미생물이 번식할 수 없는 것을 보았다. 그렇지만 그는 그러한 과학적 발견을 음식을 보관하기 위한 기술상의 발전으로 연결시키지는 못했다. 병조림의 발명은 나폴레옹의 지원을 받은 프랑스에서 이루어졌다.

나폴레옹(Napoleon Bonaparte, 1769 - 1821)은 전쟁을 수행하면서 물량을 조달하기 위해서 군대를 흩어 보내 양식을 구해 오게 하였는데 이탈리아 원정 동안에 이탈리아인들이 프랑스의 혁명 정부가 발행한 지폐를 받으려 하지 않아 식량 조달에 큰 어려움을 겪은 적이 있었다. 이에 대하여 좋은 아이디어를 낸 인물은 요리사이자 샴페인 제조업자인 아페르(Nicholas Appert, 1752 – 1841)였다. 그는 어떻게 하면 음식을 오래 보관할 수 있을까를 연구하였고 그가 최초로 시도한 용기는 샴페인 병이었다. 그는 보존할 음식을 병에 넣고 그것을 코르크로 막은 후에 철그물(wire cage)로 밀봉했다. 그 다음에 병을 끓는 물의 욕탕에 넣어 가열했다. 이 전직 요리사는 그후 반세기 지나도록 아무도 확인하지 못할 사실, 즉 열이 음식을 살균한다는 것을 발견했다. 아페르는 50명의 노동자를 고용하여 세계 최초의 병조림 공장을 설립했고 대단한 성공을 거두었다. 병조림은 영국으로 건너가서 수석봉에 음식을 넣는 통조림이 되었다. 그 후 통조림에 보관한 음식들이 가끔 부패하는 일이 발생했는데 통조림의 밀봉이 완전하지 않기 때문으로 여겨졌다. 그러나 사실은 멸균이 완전하게 이루어지지 않았기 때문이었는데 그것에 대한 깨달음을 얻기까지는 많은 시간이 걸렸다.

19세기에 이르러 더 성능이 우수한 현미경들이 완성되었고 살아 있는 미생물의 존재는 충분히 확립되었다. 그러나 과학자 중에서 누구도 미생물이 질병의 원인이 된다고 생각하는 사람이 없었다. 미생물들이 뭔가 나쁜 일을 하기에는 너무 미약한 존재로 여겨졌기 때문이었다. 미생물의 존재를 받아들이게 되자 과학자들은 발효처럼 잘 알려져 있지만 잘 이해되지 않는 과정에 미생물이 관여하는 것이 아닌가 하는 생각을 갖기 시작했다. 설탕물이 알코올이 되고, 포도액이 포도주가 되고, 싹 틔운 보리에서 맥주를 만드는 데에는 효모가 필요하다는 것은 이미 오래전부터 알려져 있었다. 하지만 효모가 무엇인가에 대해서는 제대로 된 이해가 없었다.

발효와 파스퇴르

효모처럼 발효를 일으키는 물질을 효소라고 불렀는데 효소가 살아 있는가가 19세기 중반에 큰 논쟁거리였다. 데이비를 포함해서 뛰어난 화학자들이 어떤 화학 반응을 일으키는 데 반응을 크게 활성화시키지만 자신은 반응 전후에 전혀 줄어들지 않는 촉매의 역할에 주목하였다. 가령, 백금은 여러 가지 화학 반응을 촉진시키면서 자신은 변하지 않는 대표적인 촉매였다.

그림 51 루이 파스퇴르

그렇기 때문에 효소도 이러한 촉매의 하나일 것이란 생각이 지배적이었다. 그것은 발효를 일으킨 후에도 전혀 줄어드는 것처럼 보이지 않았기 때문이다. 그렇기 때문에 위대한 화학자 베르셀리우스는 효모를 포함한 효소들을 무생물적 화학적 촉매로 간주했다. 독일의 유기화학자 리비히(Justus Liebig, 1803 – 1873)는 효모를 생물이라고 생각하였지만 알코올을 만들어 내는 것은 효모가 죽어서 남긴 촉매라고 생각했다. 많은 화학자들이 이러한 화학적인 변화에 어떤 생명의 요소가 개입한다고 여기는 것은 그들이 퇴출시키기를 그렇게 열망했던 생기력(vital force)을 다시 끌어들이는 행위라고 생각했다. 그들은 효소가 유기체의 추출물에서 풍부하게 존재하는 것은 단지 생명체가 이러한 물질들을 많이 함유하고 있기 때문이라고 생각했다. 몇몇 과학자들이 알코올 발효 과정에서 나타나는 달걀 모양의 미세한 알갱이가 증식되며 그 증식되는 정도가 알코올 발효의 정도와 직접 연관된다는 것을 발견했음에도 불구하고 주류 화학자들의 생각은 바뀌지 않았다.

이런 상황을 뒤바꿀 수 있는 지식을 가진 사람은 파스퇴르였다. 그는 초기에 화학자로 훈련받았고 초기 연구 중에 그는 분자 비대칭 현상을 발견했다. 어떤 물질들은 광학이성질체로 존재한다는 것을 그는 발견했는데 가령, 타르타르산의 경우에 서로 거울상인 두 종류의 분자가 존재하며 빛을 쪼였을 때 반대 방향으로 편광을 회전시키는 것을 확인했다. 그는 타르타르 산 중에서 하나의 광학이성질체만이 생명체에 의해 물질 대사에 이용된다는 것을 발견했다. 그는 마찬가지로 발효 중에 생성된 아밀알코올을 분석해서 두 가지 가능한 광학이성질체 중에서 오직 한 가지 형태만 존재한다는 것을 발견했다. 보통의 화학 반응은 광학이성질체를 구분하지 못했으나 살아 있는 생물만이 그것을 구분할 수 있었다. 몇 년간에 걸친 주의 깊은 연구를 통해 파스퇴르는 여러 물질을 만들어 내는 효소들을 발견했고 그것들을 배양했을 때 그것이 빠르게 증식되는데 그 자손들이 모체를 닮았다는 것을 알아냈다. 그것들의 성장률은 발효의 정도와 정비례했다.

파스퇴르가 설탕, 암모니아, 그리고 단순한 몇 가지 무기염으로 만든 배양기에서 효모를 자라게 했을 때 그는 적은 수의 효모를 번식시킬 수 있었는데 그 과정에서 배양기의 성분들이 모두 소모되었다. 효모의 번식률은 알코올의 생산율과 비례했다. 이 모든 실험 결과들은 효모가 살아 있다는 생각과 일치했다. 파스퇴르가 발견한 낙산 효소는 움직이는 미생물이었기에 그것이 살아 있다는 것은 의심의 여지가 없었다. 낙산 효소는 산소가 있을 때보다 없을 때 더 잘 번식했기 때문에 어떤 유기체는 산소가 없을 때 번식이 더 왕성하다는 결론을 얻었다. 이는 혐기성 미생물을 발견한 최초의 사례였다.

이러한 미생물이 음식물이나 음료 속에서 성장을 막기 위해서는 가열하는 방법이 효과적이라는 것을 처음으로 밝혀낸 것도 파스퇴르였다. 이 방법은 1850년대에 포도주 산업에 응용되었고 포도주의 부패를 막고 맛과 질을 개선하는 데 중요한 공헌을 하였다. 발효 과정이 병드는 과정은 발효 미생물을 다른 미생물이 감염시키거나 발효 미생물이 잘못된 최종 산물을 내놓게 하는 좋지 않은 성장 조건에서 기인한다는 것을 알게 되자 파스퇴르는 사람의 질병조차도 미생물에 의해 유발될 수 있다는 생각을 하게 되었다. 이것이 질병의 병원균설의 시작이었다. 질병의 세균설로 나아가기 전에 파스퇴르는 혁파해야 할 사람들의 잘못된 생각에 먼저 관심을 기울였다.

자연발생설의 축출

기원전 6세기 밀레토스학파의 일원이었던 아낙시만드로스는 습기 찬 곳에 햇빛이 비치면 식물과 동물이 자연적으로 발생한다고 말했다. 이것은 어느 정도 관찰에 바탕을 둔 주장이었지만 오랫동안 배격되지 않은 잘못된 생각의 시작이었다. 아리스토텔레스도 식물과 미개한 동물들은 썩어 가는 거름이나 부패한 고기나 배설물에서 발생한다고 생각했다. 16세기에 이르러서도 반 헬몬트는 직접 실험을 통해서 자연발생을 입증했다고 주장했다. 그는 약간의 음식물을 아마포(linen)와 함께 뚜껑이 열린 용기에 넣어두고 그 안에서 생쥐가 자연적으로 발생한 것을 목격하였다고 했다. 오늘날 우리는 그가 감시를 잘하지 않는 동안 다른 생쥐가 그 안에 새끼를 낳았을 것이란 점을 쉽게 짐작할 수 있다. 레디(Francesco Redi, 1626 – 1697)는 17세기 말에 좀 더 잘 통제된 실험을 통해서 부패하는 고기가 거즈로 덮여 있다면 고기에서 자연발생적으로 구더기가 생기지 않음을 입증했다. 그는 거즈로 파리의 접근을 막을 수 있었고 구더기는 자연발생하는 것이 아니라 파리에서 유래한 것임을 보일 수 있었다. 생쥐와 구

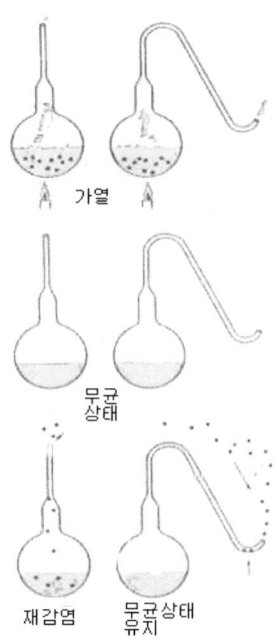

더기와 같은 생물은 자연발생하지 않는다는 것이 알려지게 되었지만 레우벤훅이 찾아낸 미생물들은 자연발생할 수 있을 것이라는 생각이 고개를 들었다. 미생물의 엄청난 증식 속도는 그것이 번식에 의한다기보다는 자연발생에 의한다고 보는 것이 타당해 보였다. 효모를 첨가하지 않아도 포도주는 자연적으로 발효가 되고 다른 경우도 비슷했다. 육류나 다른 음식물을 계속하여 가열한 후에 공기가 차단된 밀폐된 그릇 안에 두면 그것이 부패하지 않는다는 아페르의 기술은 자연발생이 옳지 않다는 생각을 불러일으키기도 했다. 그렇지만 공기가 유입되었을 때에는 음식이 부패했기 때문에 자연발생 옹호론자들은 자연발생

가열

무균
상태

재감염   무균상태
유지

그림 52 백조목 플라스크 실험

이 일어나기 위해서는 공기가 필요하다는 주장을 하였다. 반대자들은 공기가 미생물을 옮겨 왔기 때문에 부패가 일어난다고 주장하였는데 어느 쪽이 옳은지를 입증하는 것은 쉽지 않아 보였다.

이 단계에서 문제를 해결한 인물이 파스퇴르였다. 그는 공기는 통과하면서도 미생물은 통과하지 못하게 할 묘안을 생각해 내었다. 그것은 '백조목 플라스크'였다. 파스퇴르는 플라스크에 영양액을 넣은 후에 플라스크의 목의 끝부분을 가열하여 부드럽게 한 후에 잡아당겨서 길고 가늘게 곡선으로 뽑아냈다. 이렇게 하면 가는 관이 형성되어 공기가 그 통로를 통해 플라스크 안으로 왕래할 수 있었다. 그러고 나서 이 백조목 플라스크를 가열하여 그 안의 공기를 뽑아냈다. 그는 일반적인 플라스크에도 똑같은 영양액을 넣고 함께 가열한 후에 백조목 플라스크와 나란히 놓았다. 며칠이 지나자 일반적인 플라스크의 영양액이 부패하기

시작했다. 그러나 백조목 플라스크 안의 영양액은 전혀 변화가 없었다. 그 이유는 일반 플라스크에는 공기를 타고 작은 먼지 속에 들어 있는 미생물들이 영양액으로 들어가 번식한 반면에 백조목 플라스크에서는 구부려 놓은 좁은 통로로 공기가 들어갈 때 공기에 실려 들어가던 먼지들이 좁은 통로의 구부러진 부분에 걸려서 더 들어가지 못하기 때문이었다. 몇 해 전 필자는 파리에 있는 파스퇴르 연구소를 방문했는데 옛 연구소 건물이 박물관으로 보존되어 있었다. 지하에는 파스퇴르의 무덤이 있었고 위층은 파스퇴르가 쓰던 공간이 그대로 보존되어 있었다. 그곳 실험실에 가 보면 지금까지도 파스퇴르의 백조목 플라스크가 보존되어 있는데 안내자는 그것이 아직도 부패하지 않았다고 했다. 영양액은 신선한 공기에 계속 접촉하고 있었지만 미생물을 효과적으로 차단해 주자 미생물이 그 안에서 자연발생하지 않았다. 미생물이 번식할 조건이 다 갖추어져 있었지만 다른 미생물이 없어졌을 때 더 이상 미생물은 발생할 수 없었던 것이다.

파스퇴르의 실험결과에 대해서 이의를 제기한 인물 중 대표자는 푸셰(Fèlix Archiméde Pouchet, 1880 - 1872)였다. 그는 백조목 플라스크라도 영양액이 부패할 수 있다는 것을 지적했다. 그는 건초더미 추출물로 수행한 자신의 실험 결과를 들고 나왔고 충분히 오래 끓인 영양액이더라도 부패가 일어난다고 주장했다. 그는 파스퇴르가 그런 결과를 얻은 것은 부분적인 결과일 뿐이라고 했다. 두 사람의 논쟁은 상당히 심각한 지경까지 이르렀는데 파스퇴르는 자신이 과학계에서 차지하고 있는 지위를 이용하여 푸셰의 반대를 격퇴할 수 있었다. 오늘날의 견지에서 보면 푸셰가 말한 대로 아무리 오래 끓여도 죽지 않는 균이 있기 때문에 푸셰의 실험 결과가 틀렸다고 보기는 어렵다. 그렇지만 파스퇴르는 자신의 종교적 신념에 기초를 둔 대로 생물의 자연발생은 받아들일 수 없다는 쪽에서 그의 주장을 전개하고 반대자에 대응하였던 것이다.

질병의 병원균설과 살균법

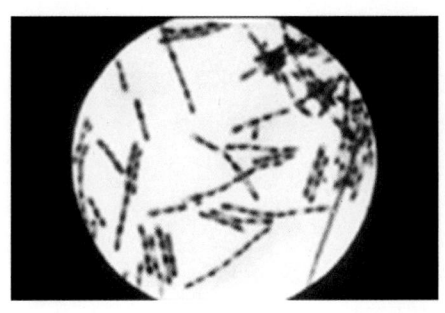

그림 53 탄저 바실루스

누에의 연화병과 미립자병이 무엇 때문에 일어나는가에 대하여 1856년 프랑스 농무부는 프로젝트를 마련했고 파스퇴르는 그 연구를 이끌도록 선임되었다. 이 병의 원인을 탐구하는 과정에서 파스퇴르는 그 원인이 미소 유기체임을 확인했다. 파스퇴르는 이 유기체의 확산을 막기 위한 조언을 했고 프랑스의 양잠업은 구출되었다. 이것이 계기가 되어 파스퇴르는 생물에게 질병을 일으키는 원인으로서 미소 유기체에 주목하게 되었다. 그의 생각이 옳았음을 확인할 수 있었던 사례는 양에 전염되어 모직 생산에 문제를 일으키고 있었던 탄저병이었다.

10여 년 전에 이미 과학자들은 탄저병에 걸린 양에서 막대 모양의 미생물을 발견했고 그것을 건강한 양에게 주입했을 때 탄저병이 유발되는 것을 확인했다. 그렇지만 이에 대하여 논쟁이 있었고 어느 쪽의 주장도 결정적이지는 못했다. 이미 독일의 의사인 코흐(Robert Koch, 1843 – 1910)가 질병의 병원균설에 입각하여 이 문제를 연구하고 있었다. 코흐는 탄저병에 걸린 양의 피에서 뽑은 막대 모양의 균(바실루스)을 토끼의 피와 눈물에서 키웠다. 그리고 그것을 생쥐에게 주입했을 때 생쥐에게서 탄저병이 유발되는 것을 보일 수 있었다. 그렇지만 반대자들은 이런 결과가 나온 것을 막대 모양의 균이 유발한 것이 아니라 토끼의 체액에 포함된 다른 인자 때문으로 해석했다. 이러한 대응에 대해서 파스퇴르는 탄저병 바실루스를 소변에서 배양했고 최초의 배양액을 계속 희석하여 바실루스와 함께 있었던 번식하지 않는 어떤 인자도 충분히 희석되어 더 이상의 효과를 낼 수 없을 정도까지 지속했다. 그동안 바실루스는 계속해서 번식을 하도록 조치했기 때문에 이 희석된 배양액을 다른 동물에 주사했을 때 그 동물이 탄저병에 걸리는 것은 바실루스가 원인이라고 말할 수 있었다. 이렇게 해서 질병의 병원균설은 확립되었고 다른 많은 전염성 질병이 세균에 의해서 일어난다고 말할 수 있었다.

이러한 지식을 의학적 실행에 성공적으로 도입한 인물이 리스터(Joseph Lister, 1827 - 1919)였다. 영국의 외과 의사였던 리스터는 석탄산 스프레이를 사용해서 수술실의 공기를 소독하기 시작했고 이 방법에 의해 수술의 성공률은 급상승했다. 그동안 의사들은 왜 수술을 하면 사람들이 대부분 죽는지 이유를 잘 알지 못했다. 그들은 개념이 없었기에 손을 씻지도 않고 입던 옷을 그냥 입고 수술에 임했고 복강이나 흉강이 열린 환자는 수술이 성공적으로 수행된 후에도 알 수 없는 이유에서 죽었다. 질병의 병원균설은 공기의 정화뿐 아니라 수술 도구의 소독, 수술용 장갑의 착용의 방법을 이끌어 내었고 마취술의 발전과 함께 외과술은 비약적으로 발전하기에 이르렀다. 의사들은 더 이상 환자의 감염을 두려워하지 않고 수술에 임할 수 있게 되었다.

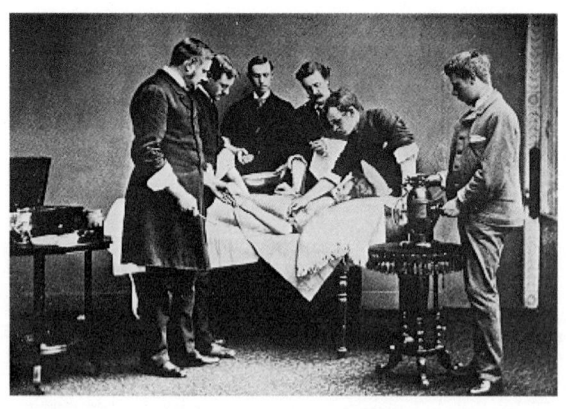

그림 54 리스터의 수술 장면
(맨 오른쪽 사람이 쥐고 있는 것이 석탄산 스프레이)

백신 개발과 면역

천연두는 이집트의 람세스 5세(Ramses Ⅴ, 재위 1150-1145)가 걸렸다는 기록이 있을 정도로 인류에게 오래된 질병이다. 이 문제의 해결을 위한 노력 중에서 이미 면역을 이용하는 방법들이 일찍부터 시도되었고 효험을 보았다. 중국과 인도에서는 천연두 환자의 딱지를 코로 흡입하는 방법을 썼고 인두접종도 시행되었다. 그것은 천연두 환자의 고름을 다른 사람의 팔로 옮기는 방법이었는데 상당한 효과가 있었지만 자칫 잘못하면 얼굴이 곰보가 되거나 죽을 수노 있었다.

인두접종이 서양 세계에 알려진 것은 18세기 초에 영국의 터키 주재 대사의 부인이었던 몬태규 부인(Mary Montagu, 1689-1762)을 통해서였다. 그녀는 터키에서 인두 접종을 목격하였고 그것을 배워서 영국에서 실행하여 널리 알려졌다. 미국에는 그보다 빨리 알려졌는데 아프리카에서 이미 실행되던 것이 노예무역의 결과로 17세기 초에 코튼 매서(Cotton Mather, 1563-1628)에 의해 소개되었다. 인두접종을 받은 사람은 일정 기간 사회에서 격리되어야 했고 위험부담도 감수해야 했다. 그래서 개선책을 연구하던 제너는 소젖 짜는 여자들이 우두에 걸리면 며칠 만에 미열과 부스럼을 가볍게 겪은 후에 천연두에 면역을 갖게 되는 것을 발견하고 그것을 응용하였다. 18세기 말에 제너는 우두가 천연두를 막을 수 있다는 것을 왕립학회에 발표하였고 약간의 반대가 있었으나 그 효과를 입증함으로써 널리 받아들여졌다. 제너는 천연두나 우두가 왜 일어나는지도 몰랐고 면역이 어떻게 형성되는지도 이해하지 못했으나 그 방법을 만들어 냈던 것이다.

질병의 병원균 이론을 확립한 파스퇴르는 제너의 우두법과 인두접종을 비롯해서 전염병에 나타나는 특성에 대해서 곰곰이

고민해 보았다. 그는 한번 어떤 병에 노출된 동물이 면역을 갖게 되는 과정에 대해서 깊은 관심을 가지고 그 메커니즘에 대해서 연구하기 시작했다. 그 과정에서 그는 닭 콜레라에 대해 연구하였다. 그는 그것이 역시 미생물에 의해 유발된다는 것을 알았고 닭 콜레라 박테리아를 배양하여 다른 닭에게 주사하였을 때 콜레라를 일으키는 것을 확인하였다. 그러던 중 휴가를 다녀온 파스퇴르는 휴가 전에 만들어 방치해 둔 콜레라 배양액을 닭들에게 주사하였는데 닭들이 한 마리도 죽지 않았다. 그는 박테리아가 오래 방치해 두어서 죽었다고 생각했고 신선한 닭 콜레라 배양액을 만들어 다시 닭들에게 주사하였다. 그랬더니 그중에서 일부 닭만이 콜레라에 걸려 죽었다. 나머지 닭들은 왜 죽지 않았나를 조사하던 파스퇴르는 그 닭들이 이전에 오래된 콜레라 균 배양액을 주사했던 닭들인 것을 알았다. 우연히 파스퇴르는 닭 콜레라 백신을 만들어 냈던 것이다. 그는 공기에 접촉한 콜레라 배양액이 약화되었고 이것은 백신으로 사용될 수 있다는 것을 알게 되었다. 비슷한 방법으로 파스퇴르는 1880년에서 1884년 사이에 탄저병, 광견병, 돼지 단독의 백신을 개발하였다.

탄저병 백신의 약효에 대한 유명한 공개 실험을 통해 파스퇴르는 백신의 효과를 천하에 과시했다. 이 모든 것이 언론과 네트워크의 힘을 잘 이용할 줄 아는 파스퇴르의 기민함이 만들어 낸 드라마였다. 이로써 파스퇴르는 프랑스의 국가적 영웅이 되었고 그의 연구는 더욱 활성화될 수 있었다. 광견병 백신의 개발 과정과 첫 시술의 스토리도 극적이다. 광견병이 야기하는 무서운 증세 때문에 공포를 자아내는 무서운 병이었던 광견병 박테리아를 파스퇴르는 찾고자 했으나 찾아내지 못했다. 그것은 광견병이 박테리아가 아니라 그보다 훨씬 작은 바이러스에 의해 유발되었고 그것을 볼 수 있는 현미경을 파스퇴르는 갖고 있지 않았기 때문이었다. 파스퇴르는 비록 병원체를 찾아내지 못했으나 그것을 배양하고자 하는 시도를 계속했고 시험관 배양에 실패하자 살아 있는 동물의 체내에서 배양하는 방법을 개발했다. 그리고 바이러스를 약화하는 방법은 여러 번의 시행착오 끝에 광견병에 걸린 토끼의 척수를 무균 상태의 플라스크 속에서 건조시키는 방법을 발견했다. 그는 이 건조된 척수 물질을 몇 차례 개에게 주사하는 것으로 개가 광견병에 걸리는 것을 예방할 수 있었다. 그는 광견병에 걸린 개에게 물린 개에게 광견병 증세가 나타나는 데 시간이 걸리는 점에 착안하여 광견병에 감염되었으나 증세가 나타나지 않는 개에게 자신이 만든 백신을 주사해 보았다. 그랬더니 백신이 광견병 증세가 나타나는 것을 차단하는 효과를 나타냈다. 이제 이 백신이 사람에게도 효과가 있는지 알아보는 일이 남아 있었지만 광견병 증세가 무섭기 때문에 감히 파스퇴르는 아무에게도 시술해 보지 못하고 있었다. 그러다가 1885년에 마이스터(Joseph Meister)라는 9살 난 아이가 광견에게 물린 채 파스퇴르에게 실려 왔다. 부모의 허락을 받아 약화된 광견병 바이러스가 소년에게 주입되었고 소년은 증세를 보이지 않고 살아났다. 이 소년은 나중에 파스퇴르 연구소가 설립되자 이 기관의 관리인이 되었다. 광견병 백신은 전 세계로 퍼져 나가 많은 사람들을 광견병으로부터 구해냈다. 이를 계기로 파스퇴르 연구소가 설립될 수 있었다. 파스퇴르는 면역이 생기는 정확한 메커니즘은 알지 못했지만 항원 항체 반응의 이해를 통한 의학상의 발전을 위한 든든한 기초를 놓았다.

파스퇴르의 성공은 파스퇴르가 과학자로서 뛰

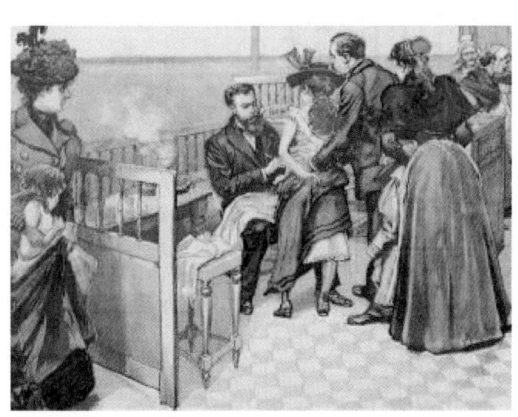

그림 55 광견병 백신 접종 중인 파스퇴르

어났기 때문이기도 하지만 그는 전략가로서 더 탁월했기 때문이었다. 그는 전문 분야들을 가로질러 연구를 진행시켰고 자신의 동맹군들을 만들어 내는 데 능숙했다. 그가 추구한 미생물학이라는 분야 자체가 새로운 것이었고 이 분야의 관련을 맺은 여러 분야의 종사자들의 지식을 총망라하여 그는 자신의 설득력을 키워 나갔다. 위생운동가들의 운동이 한참 위생 개혁의 목소리를 높이던 시점에서 그는 질병의 병원균설을 들고 나왔고 그 때문에 그의 이론은 이들로부터 강력한 지지를 얻어 낼 수 있었다.

11

세계를 뒤바꾼 진화론의 성립: 다윈

왜 진화론은 다른 과학 이론에 비해서 그렇게 많은 논쟁에 휩싸이는 걸까? 과학과 종교의 적대적 관계는 피할 수 없는 것인가? 이러한 의문에 답하는 것은 의외로 간단하다. 첫 번째 질문의 답은 진화론은 사람의 기원에 대한 함축을 갖기 때문이고, 두 번째 질문의 답은 피할 수 있다는 것이다. 그렇다면 진화론이 사람의 기원에 대해서 종교와 대립되지 않게 말할 수 있다는 말인가? 그러하다고 본다. 진화론도 정체되어 있는 이론이 아니고 단일한 이론 체계도 아니다. 계속 변모하고 있는 이론 체계이며, 이에 대한 종교계의 해석도 계속 달라질 수 있다. 화해의 모색을 시도하지 않고 전쟁 상황으로 몰아가는 것은 타당하지 않고 우리 문명의 미래를 위해서도 바람직하지는 않다. 과학과 종교는 오랜 역사의 산물이며, 인간이 이룩한 문화적 자산이다. 지금도 이 둘은 지구상의 모든 인간 생활에 영향을 미치고 있으며 어느 한쪽이 다른 쪽에 비해 약세로 돌아선 미래가 장밋빛은 아니다. 우리는 20세기를 지나면서 과학의 발전이 결국 종교를 무용지물로 만들고, 결국 과학이 종교를 대신하게 되지 않을까를 예상(또는 우려)해 왔다. 그러나 그런 일은 생기지 않았다. 9·11 사태와 그 이후의 세계정세는 상징적으로 종교가 여전히 사람을 움직이는 강력한 힘이며 그 힘은 결코 쇠하지 않았음을 보여준다. 우리가 여전히 종교가 이렇게 강한 힘을 발휘하는 세계에 살고 있는 것을 문명화가 덜된 것으로 인식한다면 그 또한 문제이다. 과학의 제한된 역량을 직시할 때 그것이 인간 집단 간의 적대적 대립을 무마시킬 수 없음은 진화론 자체가 말해주듯이 인간을 진화의 산물로 볼 때 세계 문명 대립의 문제는 인간성의 형성 과정에서 빚어진 인간의 본성에까지 닿아 있기 때문이다.

이와 같이 진화론은 생물을 이해하고 인간을 이해하고 인간의 종교를 이해하는 데 반드시 참조해야 할 과학 지식이 되었으니 이 자체만으로도 인간 사고의 혁명이라고 말해야 할 것이다. 그러므로 과학적 진화론의 창시자인 다윈을 가장 영향력 있는 과학 사상가의 반열에 놓는 데 주저함이 없어야 할 것이다.

진화론의 초기 역사

기원전 6세기 밀레토스학파의 아낙시만드로스는 인간이 모종의 물고기로부터 진화했다는 주장을 펼쳤다. 그 이유는 부모가 자식을 상당히 오랫동안 돌보는 인간의 행태가 그 물고기를 닮았기 때문이다. 한 종류의 생물이 변해서 다른 종류의 생물이 되었다는 생각은 어떻게 보면 매우 자연스러운 생각일 수 있다. 기원전 5세기에 엠페도클레스는 거기에서 한 걸음 더 나아갔다. 이 세상에서는 사랑과 투쟁의 힘이 있는데 이 둘의 상호 작용으로 물질의 이합집산이 일어난다. 그가 제시한 네 뿌리가 합쳐져서 사물을 만드는 시대가 있었고 그것이 흩어져서 모든 것이 소멸되는 시대가 있었다고 한다. 전자는 사랑의 힘이 지배하는 시대이고 후자는 투쟁의 힘이 지배하는 시대였다. 사랑의 힘이 강하던 시대에는 거대한 동물과 식물도 쉽게 생성될 수 있었는데 지금처럼 투쟁의 힘이 강해지는 시대에는 그런 일은 결코 일어날 수 없다. 엠페도클레스의 만물 창생의 드라마는 이렇다. 사랑의 힘이 강해지자 원래 초보적인 원소들이 뭉치기 시작했다. 그래서 지구도 생기도 태양도 생겨났다. 지구상에 더 고차원의 물질들이 생겨났으니 그것은 생물의 몸을 이루는 성분들이었다. 이런 성분들은 사랑의 힘에 의해 뭉쳐서 다시 기관이 되었다. 생물의 부분들은 마구 돌아다니다가 사랑의 힘에 의해 우연적으로 다시 결합을 하게 되는데 이때 별의별 조합이 다 이루어지면서 온갖 괴물들이 출현한다. 이러한 우연적인 작용은 대부분이 실패하기 때문에 괴물들은 오래 살지 못하고 죽고 대를 잇지도 못한다. 개중에는 상당히 좋은 조합이 간혹 가다 생겨나기도 하는데 그러면 그 생물들은 자손을 남기고 대를 이어 번성을 하게 된다. 그래서 오늘날의 생물종들이 생겨났다는 것이다. 엠페도클레스의 철저한 자연주의는 우연적인 작용에 의해 생물종이 출현할 수 있음을 말하고 그 과정에서 일종의 경존 경쟁의 개념과 유사한 개념이 사용된다는 점에서 흥미롭다. 그러나 이것이 근대적인 진화론과 중요한 차이점은 그런 작용이 과거에 특정한 시기에 있었고 지금은 그런 일이 생기지 않는다고 본다는 점이다. 그렇지만 중요한 핵심은 초자연적인 영향력을 배제하고 우연적인 기작에 의해 생물종의 탄생을 생각해 내려고 했다는 점에서 오늘날의 진화론과 상당히 유사한 특성을 가지고 있었다고 볼 수 있다.

플라톤과 아리스토텔레스는 이런 우연에 의해 지배받는 우주론에 대해서 반대하였고 우주는 그 자체가 질서의 산물이며 설계를 따라 지어졌다는 관점을 피력함으로써 우연의 지배를 배격하는 데 앞장섰다. 아리스토텔레스는 플라톤처럼 종의 고정성에 대해서 확고한 신념을 가지고 있었고 생물이 생존에 가장 적합한 신체 구조를 갖게 된 것은 우연일 수 없고 자연이 설계의 산물임을 보여주는 증거라고 보았다. 특히 플라톤의 본질주의는 오랫동안 서양의 생명 사상에 영향을 끼치게 되었다.

초기 교부들이 플라톤의 철학을 채용하여 성경을 재해석하면서 성경의 창세기에 나오는 생명 창조 이야기는 그리스적 개념이 덧씌워져 해석되었다. 생물을 종류대로 창조했다는 구절은 이데아 세계의 원형을 본떠 지어진 것으로 해석되었기에 그 종류는 변동될 수 없는 불변의 것이란 해석을 낳았다. 그러므로 모든 생물종은 태초에 일시에 창조되었고 그 후에 새롭게 창조된 것은 없으며 멸종도 없다는 해석이 나온 것이다. 이 구절을 그렇게 제한적으로 해석해야 할 필요가 없었음에도 불구하고 플라톤적 관념에 맞게끔 성경 구절이 순화되었다. 그 후 신플라톤주의적 관념은 신의 완전성이라는 개념까지 덧붙여서 신의 창조 계획의 완전성을 하나의 사슬 구조로 표현하면서 충만의 원리에 따라 신종의 탄생과 같은 곁가지 치기는 있을 수 없으며 멸종과 같이 사슬을 끊어 놓는 것도 없다는 것을 교회의 공식적 입장이 되게 하였다. 이러한 생물 사상을 공격하는 것은 곧 성경과 교회를 공격하는 것으로 여기게 된 것이다.

이렇게 멸종, 신종, 진화 개념은 그리스화한 기독교의 이름으로 억압을 당해 왔다. 그랬기 때문에 "왜 생물이 이렇게 다양한가? 왜 생물들은 독특한 서식지를 가지고 있으며 자신의 환경에 그렇게 잘 적응되어 있는가? 생물의 구조와 기능은 왜 긴밀히 연관되어 있는가? 유사한 생물들은 왜 다른 생물들과 분리되는 특징을 갖게 되었는가?" 등의 과학적 탐구 주제를 묻는 것 자체를 무의미한 것으로 만들어 버렸다. 그것들은 이미 모든 답이 다 주어진 것이고 그 답은 정답이기 때문에 다른 답은 가능하지도 않으니 더 이상 답을 찾으려고 하지도 말라는 식으로 이 분야의 탐구 활동을 그만큼 정체시켰던 것이다.

동적 자연관과 화석의 유기체 기원설

이런 식의 해석에 변화를 가져오는 탐구 활동이 주목을 받게 된 것은 17세기의 일이었다. 그것은 신기하게 생긴 돌의 기원에 관한 탐구에서 비롯되었다. 화석에 대한 과학적 탐구 활동이 정적 자연관에 대한 대안을 제공하고 오랫동안 당연하게 받아들여졌던 환경의 변화의 문제를 다시 생각해 보게 만들었다. 화석은 생물체의 모양을 담고 있는 신기한 돌이다. fossil(화석)이라는 단어는 사실 현대적인 의미보다 더 넓은 범위를 포괄하고 있었는데 모든 신기한 형상을 한 돌을 총칭하는 말이었다. 그러므로 화석 속에는 기하학적 형태를 보존한 결정광물도 포함이 되었다. 이들은 한결같이 부유한 호사가들의 특별한 수집 취미를 충족시키는 대상으로서 '경이'(wonder)의 수집품의 주요 품목이었다. 고대부터 알려져 있었던 화석은 그것이 생물의 형태를 포함하고 있을 때 생물의 유해가 변해서 만들어졌을 가능성을 고려하지 않은 것이 아니었다. 그러나 많은 화석이 조개나 수중 동물의 형태를 띠고 있었는데 그것들이 발견된 곳은 물이 가까운 곳이 아니라 물과는 거리가 먼 산중턱인 경우가 많았다. 그 화석들이 스스로 걸어갈 수 없었다면 이들이 죽은 그 자리가 이전에는 소호(沼湖)거나 해양이어야 했다. 그런데 그런 식의 대규모 지표 변동은 인정하기가 어려웠다. 정적 자연관이 지배적이었던 시대에는 자연이 기본적으로 일정한 상태를 유지한다고 여겨졌기에 평균 기온이나 수륙의 분포는 바뀌지 않는다고 생각했다. 그러므로 그들이 내릴 수 있는 결론은 화석은 비록 생물의 형태를 닮은 듯이 보이지만 생물과는 무관하게 땅속에서 자연적으로 생성된 암석이라는 것이다. 이러한 설명이 억지스럽다고 느낀다면 기하학적 형태를 가진 수정(crystal)이 사람이 깎지도 않았는데 땅속에서 자연적으로 그렇게 만들어졌다는 것은 어떻게 믿을 수 있는지 자문해보라. 비록 신기하기는 하나 우리는 결정 구조의 정교함이 자연의 생성 능력에서 비롯될 수 있다고 믿듯이 그들에게도 생물을 닮은 돌이 자연적으로 생겼다고 해서 특별히 더 이상할 것은 없을 것이다.

그렇게 화석은 자연의 신비한 산물로 여겨졌고 그런 믿음이 별 무리 없이 정적 자연관 속에서 널리 받아들여졌다. 그런데 이런 해석에 문제를 제기하고 나선 사람이 있었고 그의 문제 제기가 이런 판도를 근본적으로 변화시키는 결과를 냈다. 그의 이름은 닐스 스텐센(Niels Stensen, 1638 – 1686)이었다. 이탈리아에서 활동하던 시기에 주로 불렸던 이름대로 많은 사람들은 그를 스테노(Nicholas Steno)로 기억한다. 스테노는 화석 수집가이자 화석학자였는데 그는 화석을 치밀하게 연구하면서 실재 존재하는 생물 중에 그와 같은 것이 있는지를 연구하였다. 이전의 연구자들은 당시 알려진 화석 중에서 실재 존재하는 생물종과 정확하게 일치하는 생물을 담고 있는 것은 없다고 했다. 그렇기 때문에 더더욱 화석은 유기체와 무관하다는 것이었다. 집요한 노력 끝에 스테노는 마침내 상어 이빨 화석에 주목하였고 그것이 현존하는 상어 이빨과 정확하게 일치한다는 결론을 내렸다. 상어 이빨의 구조적 특성을 정확하게 그 이빨 화석이 가지고 있음을 확인함으로써 그는 실제 화석이 유기체의 흔적이 남은 것이란 주장을 전개하였다. 그는 중요한 두 가지 질문에 답을 해야 했다. 왜 화석에 찍힌 생물의 형상 중에서 오늘날 생존해 있는 생물을 찾기 힘든가? 이 대목에서 멸종을 말할 수는 없었기에 스테노는 아직 우리의 지식이 부족하기 때문이라고 했다. 계속 찾아보면 같은 생물을 찾을 수 있을 것이라고 했다. 그러면 어떻게 어류나 조개류 같은

그림 56 니콜라스 스테노

212

화석이 산중턱에서 발견될 수 있는가? 이에 대해서 스테노는 이전에는 그런 곳에 모두 물이 차 있었는데 이제는 물이 빠져서 노출이 되게 된 것이라는 해양퇴각설을 제시하였다. 땅이 융기했다고 말하기보다는 바닷물이 빠졌다고 하는 것이 훨씬 쉬워 보였다.

한편 스테노와 같이 화석이 유기체 기원을 갖는다는 주장을 제기한 또 다른 과학자는 로버트 훅이었다. 그는 현미경을 가지고 있었기에 화석을 현미경으로 엄밀하게 관찰하였다. 그 결과로 그가 찾아낸 것은 사람의 눈에 보이지 않을 정도로 작은 미세 구조들이었는데 신기하게도 일반적인 생물에서 나타나는 그러한 미세 구조가 그대로 화석에 남아 있었던 것이다. 이에 대하여 훅은 자연이 생물을 흉내 낸다고 해도 그런 사람 눈에 보이지 않을 미세 구조까지 흉내 낼 필요가 있었겠는가라고 물으며 이것은 우연적으로 생성된 것이 아니라 유기체의 유해가 변해서 된 것이라고 주장했다. 그는 한 걸음 나아가서 『지진론』 (*Lectures and Discourses of Earthquakes and Subterraneous Eruptions*, 1705)이라는 책을 통해서 수서 생물의 화석이 지상에서 발견되는 이유는 땅이 융기하였기 때문이라고 하였다. 그는 실제로 지진이 일어난 지역을 방문했을 때 땅이 융기한 것을 목격할 수 있었고 이런 일이 과거에도 빈번히 일어났을 것이라고 보았다. 이러한 훅의 주장은 당시에 받아들이기에 너무 과격하였기 때문에 제대로 수용되지 않았다.

지질학의 발전

스테노나 훅과 같은 선구자들의 유기체 기원설은 제시되는 경험적 증거의 설득력에 의해 서서히 받아들여졌다. 지구가 예전에 생각했던 것처럼 일정한 상태를 유지하는 정적 시스템이 아니라 계속해서 변화하는 동적 시스템이라는 것이 서서히 받아들여졌다. 그들은 과거의 지구의 수륙 분포가 지금과는 판이하게 달랐다는 것을 서서히 받아들였다. 육지가 물에 덮여 있었다면 육지가 움직였는가, 아니면 물이 빠졌는가? 그들은 물이 빠졌다는 것을 받아들이는 것이 쉽다고 보았다. 그리하여 해양퇴각설이 널리 수용되었다.

18세기에 들어와서 광산 개발이 활발하게 진행이 되면서 암석에 대한 연구도 활발하게 진행되었다. 이 과정에서 암석을 분류하고 암석의 분포를 밝히는 연구가 추구되었다. 독일의 과학자 베르너(Abraham G. Werner, 1750 – 1817)는 결정 구조가 있는 암석과 없는 암석을 구분하였다. 그는 결정 구조가 있는 암석은 일반적으로 깊은 곳에서 암반을 형성하는 것을 보았고 결정 구조가 없는 암석은 그 위를 덮고 있는 것을 보았다. 때로는 그 순서가 뒤섞이기도 하지만 일반적인 분포로부터 그는 양파 껍질 이론을 만들었다. 가장 깊은 곳에 결정 구조가 있는 암석이 분포하고 그 위를 결정 구조가 없는 암석이 덮고 있는 층상 구조가 전 지구의 암석 분포의 대략적인 모습이라는 것이다. 그는 이러한 구조가 형성된 이유는 최초의 결정 구조를 갖는 암석이 고농도의 원시 바다가 식으면서 침전이 일어나 형성되었고 바닷물이 서서히 빠지면서 수면 위로 노출된 부분이 침식 과정에서 깎였고 그때 깎여 내려온 토사가 결정 구조를 갖는 암석을 덮었기 때문이라고 생각했다. 화석은 항상 이 상층 구조에서만 발견되었는데 그 이유는 상층 구조가 퇴적되는 시점에 생물들이 출현하였기 때문이라는 것이다. 그리하여 베르너의 이론은 수성론(水成論)이라고 불렸다. 이러한 관점은 상당히 널리 받아들여졌다.

반면에 흙과 같이 땅이 움직일 수 있다는 생각을 가진 사람들은 소수였다. 이들은 화산 활동을 보고 상당히 많은 암석이 화산 활동으로 형성되고 화산 활동을 일으키는 땅속의 열기가 지

그림 57 제임스 허턴

각을 수직으로 이동시킬 수도 있다는 생각을 하였다. 이런 생각을 한 사람 중에 제임스 허턴(James Hutton, 1726 - 1797)이 있었는데 그는 광범위한 답사를 근거로 하여 화성론(火成論)을 제시하였다. 그에게 결정 구조를 갖는 암석은 용융 상태의 암석이 식으면서 형성된 것이고 결정 구조가 없는 암석은 다른 암석이 침식과 퇴적 과정을 거치면서 형성된 것이라고 했다. 그는 땅속의 뜨거운 열기가 물속에 있던 육지를 융기시켰고 이런 과정에서 수서 생물의 화석이 지상으로 올라오게 되었다고 설명했다. 그렇지만 그에게는 암석의 분포 순서와 같은 개념은 없었고 치밀한 경험적 증거도 부족했다. 그는 이러한 융기 과정이 지속적으로 일어나고 있다고 주장하였는데 문제는 화산이 지구상에서 몇 안 되는 곳에만 분포하였기 때문에 광범위하게 분포하는 결정 구조의 암석의 기원을 설명하기에는 무리라는 반대 주장 앞에 속수무책이었다. 허턴은 자신의 이론이 빛을 보는 것을 보지 못하고 죽었다.

18세기 말에 이르러 게타르와 같은 지질학자들이 여러 지역을 탐사하면서 지금은 화산 활동이 전혀 없는 산이 이전에는 화산이었다는 것을 밝혀내기 시작했다. 이러한 사화산이나 휴화산이 활화산에 비해서 훨씬 많다는 것이 알려지면서 지구의 역사에서 화산 활동이 지각 변동을 일으킬 수 있는 충분한 동인을 제공할 수 있고 광범위하게 분포하는 결정 구조를 갖는 암석도 설명이 가능해졌다. 그렇게 되어 19세기로 접어들면서는 화성론이 수성론을 누르고 점차 널리 수용되기 시작했다. 아이러니컬한 것은 베르너의 제자들이 화성론을 지지하는 증거들을 찾아내는 데 중요한 역할을 하면서 수성론은 스스로 무너지게 되었다는 점이다. 그렇지만 수성론의 강점이었던 암석의 순서에 대한 개념은 그대로 살아남아 지층의 순서를 매기려고 하는 노력이 활발하게 전개되었고 19세기 중반에 이르면 현대적인 지층의 순서가 틀이 잡혔고 이를 근거로 하여 지구의 역사를 서술하는 것이 가능해졌다.

문제는 지구의 나이가 얼마나 되느냐에 있었는데 이는 지층에 나타나는 부정합면을 사이에 두고 그렇게 많은 지층이 쌓이려면 얼마나 시간이 걸렸겠느냐에 대해 대립되는 관점이 있었기 때문이었다. 이는 격변론과 점진론의 대립에서 극명하게 드러났다. 격변론은 지표는 전반적으로 안정한 시스템이어서 변화가 없는데 가끔가다가 비교적 짧은 시간 동안에 큰 변화가 일어나면서 침강과 융기가 발생하면서 지층이 형성된다고 보았다. 퀴비에(George Cuvier, 1769 - 1832)와 같은 인물이 대표적인 격변론자였는데 그는 격변이 일어나면서 생물들이 멸절하여 화석이 되었기 때문에 그러한 생물들을 지금은 볼 수 없다는 주장을 했다. 그는 흔히 그렇게 생각하는 것처럼 성경에 나오는 대홍수를 마지막 격변으로 보는 견해에 동조했기 때문이 아니라 고생물의 신체 구조의 비교 연구를 통해서 고생물의 계통을 나누고 현생 생물과의 관계를 밝히면서 이러한 주장을 하게 된 것이었기에 그의 이론에 종교적 함축은 전무했다.

그에 반하여 점진론은 끊임없이 변화가 일어나는 것으로 보았다. 대표적인 인물은 『지질학 원리』(Principles of Geology)를 쓴 라이엘(Charles Lyell, 1797 - 1872)이었는데 그는 다윈의 진화론 형성에 결정적인 영향력을 미쳤다. 점진론은 균일론 또는 동일과정설이라고도 불렸는데 그 이유는 지금 관찰되는 자연의 변화 양상이 과거에도 동일한 방식으로 일어나고 있다고 보았기 때문이다. 이들에게 있어서 자연의 변동은 지속적이고 점진적이었다. 변화는 늘 있는 일이고 꾸준하고도 지속적이다. 라이엘은 큰 변화는 작은 변화가 오랜 기간에 걸쳐서 누적되어 일어난다고 보았다. 그러므로 침강과 융기는 언제나 일어나고 있는 것이었고 그 점진적인 변화에 의해 지구 환경이 크게 변할 수 있다는 것이었다. 그러므로 층서학자들이 밝혀낸 것과 같이 복잡한 지층이 형성되기 위해서는 격변론자들의 주장보다 훨씬 긴 시간이 요구된다고 보았다. 이것이 진화를 위한 충분한 시간을 확보해 주기 때문에 진화론의 형성을 위한 중요한 배경이 되었다. 지층마다 나타나는 독특한 화석의 분포는 그런 방식으로 진화가 일어날 정도의 충분한 시간 간격을 확보해 준다는 것이 다윈의 생각이었다.

근대 진화론의 태동

이러한 지질학적 변화에 대한 인식의 형성이 없었다면 생물 진화론은 과학적 근거에서 지지받을 수 없는 이론이었다. 다윈의 이론이 성공할 수 있었던 이유도 이러한 지적 배경이 형성되어 있는 상태인 1859년에 그의 책 『종의 기원』(*Origin of Species*)이 출간되었기 때문이었다. 다윈 자신이 진화론의 핵심적인 내용을 완성한 1840년대에는 아직 이러한 지질학적 이론화가 미흡하였다. 다윈은 자신의 이론의 지지 근거를 확고히 하려고 근 20년을 끌고 있었고 특별한 계기가 없었으면 그의 건강 상태로 보아 죽을 때까지 발표를 미루었을 가능성이 있다.

다윈 이전에 16세기에도 신비주의 사조에 따라 자연물 간의 연관 관계에 대한 탐구의 일환으로 동물과 식물에 대한 많은 연구가 진척되었다. 그들은 생물의 구조적, 기능적 특성에 대한 관심보다는 상징적 의미에 더 관심이 많았지만 그런 과정에서 생물에 대한 더 많은 지식이 쌓인 것은 사실이다. 17세기로 접어들면서부터는 좀 더 생물학에 근접한 생물 연구가 수행되었고 화가를 동원하여 생물의 모습을 정밀하게 묘사하는 사례가 많아졌다. 그 과정에서 생물을 어떻게 분류할 것인가에 대한 연구가 활성화되었고 분류 기준에 대한 논란이 많았다. 생물의 분류 방식이 처음에는 인위적인 기준에 따라 이루어졌지만 차츰 자연적인 특성을 따라 구분하고자 하는 노력이 나타났다. 가령, 식물의 경우에 어떤 연구자는 식물의 뿌리 형태를 기준으로 삼고 어떤 연구자는 꽃의 형태를 기준으로 삼아야 한다고 생각했다.

그림 58 칼 폰 린네

18세기의 분류학자인 린네는 처음에는 꽃과 열매를 가장 중요한 식물의 기관으로 보고 그것에 근거하여 식물 분류를 시도하였지만 점차 다른 특성들도 고려하는 자연분류 체계로 나아갔다. 그는 이러한 분류법에 의거하여 생물의 명칭, 즉 학명을 붙일 것을 제안하였다. 그는 이명법 체계를 제안하였는데 속명과 종명을 순서대로 제시하는 방식이었고 속명은 명사형, 종명은 형용사형으로 썼다. 가령, 인간은 학명이 *Homo sapiens*인데 호모는 인간이라는 뜻의 '속명'이고 사피엔스는 '생각하는'이라는 뜻을 가진 종명이다. 린네는 자신의 평생의 사명을 신이 창조한 생명의 세계의 질서를 이해하는 것에 두고 신의 마음에 있는 설계도를 찾아낼 수 있을 것이라고 생각했다. 이에 대하여 프랑스의 자연학자인 뷔퐁(George – Louis Leclerc de Buffon, 1707 – 1788)은 린네의 분류법은 인간이 만들어 낸 상상력의 산물일 뿐이라고 주장했다. 그는 존재의 사슬 개념을 따라 하나의 생물종과 연관을 맺고 있는 다른 생물종은 사슬의 위와 아래에 있는 두 종뿐이라고 보았다. 그것들을 묶어서 목(order)이나 강(class) 등의 그룹으로 묶는 것은 임의적인 것이라고 보았다. 그는 무신론자였기 때문에 신의 설계와 같은 것을 자연에 관한 논의에서 끌어들이는 것이 합당하지 않다고 보았다.

린네와 뷔퐁은 생물의 분류와 관련하여 대립관계에 있었지만 생물은 시간이 경과하면서 변할 수 있다는 생각을 했다는 점에서는 공통적이었다. 린네는 분류 작업을 수행하면서 어떤 생물은 어떤 그룹에 넣어야 할지 모를 정도로 양쪽 그룹의 속성을 모두 가진 경우도 있다는 것을 발견했다. 이런 경우를 통해서 그는 어떤 식으로든 변종이 가능하다는 것을 인정해야 한다는 입장을 취했다. 그렇지만 그는 종의 경계를 뛰어넘는 변화는 일어날 수 없다고 보았고 더구나 대규모의 진화와 같은 것은 있을 수 없다고 보았다. 뷔퐁의 경우에는 생물종이 다른 지역으로 옮겨 가서 다른 먹이를 먹고 살게 되면 몸을 구성하는 성분이 변해서 생물의 형태가 바뀌게 된다고 했다. 그래서 구대륙에는 사자가 생겼고 신대륙에는 퓨마가 생겼는데 원래 그들은 같은 종이었다는 것이다. 이러한 생물종의 변형은 이들 종이 가지고 있는 신체적 유사성에 근거하여 추론된 것이었고 하나의 속에 속하는 생물종은 원래 하나의 종이었다고 보았다. 이러한 입장은 그룹화 자체를 거부했던 뷔퐁의 초기의 주장에서 변화된 입장으로 나아간 것이었다. 이렇게 자연학자들은 생물들을 자세히 들여다보고 비교해 볼수록 생물종 사이의 유사성이 심하여 그러한 경우에 생물종이 변화하였다고 보는 것이 타당하다는 생각을 하게 되었지만 그것이 대규모의 형태 변형을 불러와 완전히 다른 새로운 종의 출현으로까지 나아갈 수는 없다고 보았다.

진화론의 대두

이런 와중에 진화론이라고 할 수 있는 이론을 제시하는 사람들도 더러 나타났는데 그중에서 이래스머스 다윈과 라마르크 (Jean – Baptiste Lamarck, 1744 – 1829)를 주목할 만하다. 이래스머스 다윈은 찰스 다윈의 할아버지로서 1794년에 『주노미아』 (Zoonomia)라는 책을 내놓았다. 이 책에서 다윈은 생물들이 환경에 적응하기 위한 욕구를 가지고 있으며 이 욕구에 의해 작용을 일으키고 그러한 작용이 자손에게로 누적되면서 생물의 변화가 일어난다는 것을 피력하고 생존 경쟁에서 이기기 위한 노력이 이 변화의 원동력임을 지적하였다. 이 책은 영국과 미국에서 베스트셀러가 되었다. 하지만 이 책의 전체 내용이 진화론을 피력하는 데 맞추어진 것이 아니었기 때문에 진화론 자체가 그렇게 사람들의 관심을 끈 것은 아니었다. 라마르크는 프랑스 대혁명 기간에 신설된 자연사박물관에서 연구를 수행하였고 자신의 연구

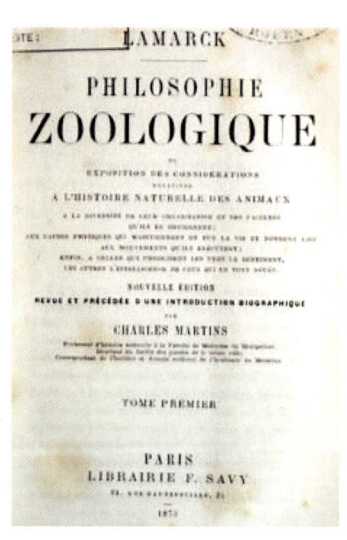

를 바탕으로 1809년에 『동물철학』 (Philosophie Zoologique)을 집필하였다. 그는 오래도록 종의 불변성을 주장해 오던 터라 그의 책은 급작스러운 것이었다. 그는 자신의 책을 통해서 생물은 무기물로부터 자연적으로 발생한다는 주장을 제시하였고 원시적인 생물로부터 고등한 생물로 진화해 간다고 주장하였다. 그는 생물체가 생존하는 데 요긴한 기관을 계속 씀으로써 더 발전하게 되고 쓰지 않는 기관은 퇴화한다는 용불용설을 주장하였다. 그렇지만 그가 주장하는 것은 방향성을 가진 것이므

그림 59 『동물철학』의 속표지

로 진보의 개념을 함축한 것이었다. 주변 환경의 자극에 의해 진화의 동력이 발동하기는 하지만 진화의 방향은 예정된 방향으로 일어나게 되어 있는 것이다. 이러한 개념은 그가 뷔퐁처럼 존재의 사슬 개념을 따르고 있음을 보여준다. 그는 동물과 식물이라는 두 개의 사슬을 상정했고 가장 원시적인 동물과 식물은 가장 밑에서부터 시작하여 그 진화의 과정을 밟아 올라간다는

것이다. 그런데 지금 우리 주변에는 진화 단계상 저등한 생물과 고등한 생물이 동시에 존재하는 것은 어찌된 이유인가? 진화의 속도에 차이가 있어서 어떤 것은 뒤처지고 어떤 것은 빠르기 때문인가? 라마르크가 설명하는 방식은 다르다. 지금 고등하게 진화한 생물종은 지구상에서 그 조상이 일찍 생물로 출현했고 더 오랜 기간 동안 진화했기 때문에 지금처럼 고등해질 수 있었고 그만큼 늦게 생물로 출현하여 진화의 연수가 부족한 생물들은 아직 저등한 상태로 남아 있다는 것이다. 그러므로 라마르크의 진화에서는 가지치기와 같은 것은 존재하지 않으며 환경과의 상호 작용에서 생물이 전혀 다른 방향으로 진화할 수 있다는 것도 인정하지 않았다.

라마르크의 이론은 발표 당시에는 별로 긍정적인 반응을 얻어 내지 못하였다. 그의 논의가 상당히 사색적인 성격이 강했기 때문에 그의 주장을 뒷받침할 수 있는 근거가 미약하다는 것이 비판자들의 생각이었다. 이는 라마르크 자신이 현장 자연학자가 아니라 박물관 자연학자였기에 죽어 있는 생물 표본만을 보고 연구한 결과였고 생물들이 살아 있는 환경 속에서 어떻게 주변과 상호 작용을 하는지에 대해서는 깊이 있는 관찰이나 사고가 없었음을 드러내기 때문이다. 그렇기 때문에 진화론이 과학적 이론이 되기 위해서는 50년을 더 기다려야 했고 그 이론이 받아들여지기 위해서는 다각적이고 충분한 학문적 논의들이 무르익어야 했다.

찰스 다윈의 진화론

다윈은 부유한 의사 집안의 맏아들로 태어났다. 그의 아버지는 상당히 성공한 의사였으므로 아들에게 자신의 가업을 물려주려는 생각을 하고 있었다. 그의 아버지 덕택에 그는 평생 먹고사는 걱정을 하지 않아도 되는 형편이었다. 찰스는 공부하는 일보다는 자연 속에서 뛰어노는 것을 더 좋아했다. 아버지는 찰스가 쥐나 쫓아다니는 그런 삶을 살면 아버지에게 누를 끼치는 아들이 될 것이라고 경고하였지만 아들의 끼를 잠재울 수는 없었다. 아버지는 찰스를 의사로 만들기 위해서 당시 최고의 의대가 있는 에든

그림 60 찰스 다윈

버러 대학(Edinburgh University)에 입학시켰다. 그곳에서도 다윈은 의사가 되는 공부에는 별로 관심이 없었다. 그는 지질학 강의를 들었는데 여전히 수성론을 신봉하는 교수의 강의를 듣고서 그는 공부에 아예 흥미를 잃어버렸다. 그의 아버지는 아들에게 더 의사 공부를 시킬 수 없다는 생각이 들자 의사 다음으로 선호되는 직업이었던 목사를 만들기 위해 그를 케임브리지 대학에 보냈다.

케임브리지 대학에서도 다윈은 자신이 하고 싶은 공부만 했다. 그는 지질학자 세지윅(Adam Sedgwick, 1785 – 1873)의 강의를 들었고 식물학자 헨슬로(John Henslow, 1796 – 1861)와 친하게 지냈다. 역시 다른 공부에는 열의가 없었고 현장 답사 활동에만 열을 올렸다. 그는 이 기간 동안 페일리(William Paley, 1743 – 1805)의 『자연신학』(Natural Theology)을 읽었는데 페일리의 의도와는 전혀 다른 방향에서 유익을 얻었다. 페일리는 이 책을 통해서 변신론을 펼쳤는데 자연의 피조물들을 통하여 신의 지혜와 섭리를 알 수 있다는 주장이었다. 그의 책은 17세기의 유명한 식물학자인 레이(John Ray, 1627 – 1705)의 『하느님의 지혜』 (Wisdom of God)라는 책에서 많은 영향을 받았다. 이 책들은 생물의 신체 구조나 기능이 그 생존에 얼마나 적합한지를 기술하

고 그러한 적합성은 신의 피조물에 대한 사랑의 배려로 주어진 것이라는 주장을 펼쳤다. 이러한 주장에 접하여 다윈은 생물들이 주위 환경에 놀랍게 적응되어 있는 것에 큰 흥미를 느꼈다.

졸업 후 다윈은 성직자의 길로 나아갈 수 있었으나 헨슬로의 주선으로 비글 호(The Beagle)에 승선한다. 많은 성직자들이 자연사를 한다는 것을 이유로 삼아 아버지의 허락을 얻어 낸 다윈은 선상 자연학자로서 비글호를 타고 1831년부터 1836년까지 5년간 세계 일주를 한다. 이 영국 측량선의 선장은 다윈과 비슷한 연배의 피츠로이(Robert Fitzroy, 1805 – 1865)였는데 전임 선장이 우울증으로 자살한 사례가 있어서 새 선장의 말동무가 되는 것이 사실상의 다윈의 주 업무였지만 두 사람은 성격이 맞지 않아 처음부터 다투었다. 피츠로이는 나중에 기상부(Meteorological Department)의 수장이 되었고 일기예보를 세계 최초로 신문에 게재하게 한 인물이었지만 그의 아저씨의 죽음과 일기예보에 대한 사람들의 조롱이 원인이 되어 1865년에 자살했다. 다윈은 비글호에 승선할 때 새로 출간된 라이엘의 『지질학 원리』 1권을 가지고 있었다. 그는 라이엘의 점진론보다는 격변론을 따르고 있었지만 이 저작을 찬찬히 읽어 볼 심산이었다.

여러 지역의 자연을 답사하면서 다윈은 화석으로만 보던 생물들을 볼 수 있었고 남미산 레아와 타조가 같은 지역에 서식하는 것을 목격하였다. 레아와 타조는 같은 속에 속하므로 하나의 속에 속하는 두 동물이 같은 지역에 서식할 수 없다는 주장이 틀렸다는 것을 알았다. 이러한 주장의 근거는 동물이 자신의 환경에 최적으로 적응되어 있기 때문이라고 했는데 비슷한 레아와 타조가 같은 지역에 서식한다는 것은 그 어느 종도 환경에 최적으로 적응된 것은 아니라는 것을 의미했다. 그러므로 페일리가 주장한 신에 은총에 의한 최적의 적응이라는 개념은 버려야 한다는 생각을 하게 되었다.

다윈은 안데스 산맥과 해안이 가까이 접해 있는 지역을 답사

하면서 라이엘의 점진설이 옳
다는 것을 보여주는 증거를 발
견함으로써 더욱 진화론에 가
까이 가게 된다. 어떤 지역에는
얕은 해안에만 분포하는 조개
껍데기가 해안 옆의 산비탈을
따라 높은 높이까지 분포하는
것을 목격했다. 이는 이 지역이

그림 61 영국 측량선 비글호

서서히 융기하면서 조개가 서식지를 천천히 아래로 옮겼다고 보
아야만 설명이 될 수 있었다. 만약에 격변론자들의 주장처럼 단
기간에 융기가 갑작스럽게 이루어졌다면 조개들은 연속적인 분
포를 보일 수 없었을 것이었다. 또 어떤 지역에서 산호초는 침
강과 융기를 통해 육지에 노출되어 있었는데 얕은 바다에서만
살 수 있는 한 종의 산호가 상당히 높은 높이에 걸쳐서 연속적
인 분포를 보이는 것은 지각 변동이 점진적으로 일어났음을 보
여주는 증거라고 다윈은 생각하였다. 이러한 지질학적 발견을
다윈은 논문으로 써서 본국으로 보냈고 이로써 지질학자로 명성
을 얻게 된다. 그가 나중에 귀국하였을 때 런던의 과학계에서
활동하게 된 것은 이러한 명성 때문이었다. 점진론을 받아들임
으로써 진화를 위한 시간을 충분히 얻게 된 것이 다윈이 이후에
진화론으로 전향하는 데 중요한 토대가 되었다.

　다윈의 생각을 진화론으로 바꾸어 놓는 데 결정적인 계기가
된 것은 갈라파고스 군도(Galapagos Islands)를 방문한 것이었다.
적도 근처의 동태평양에 분포하는 이 섬들은 육지로부터 수백
킬로미터 떨어진 곳에 격리되어 있었다. 이 섬에 갔을 때 다윈
은 육지 거북을 보았는데 섬마다 거북의 등딱지가 달랐다. 그곳
원주민들은 거북의 등딱지만 보고도 그 거북이 어디에서 왔는지
한눈에 알아보았다. 또 섬마다 핀치새가 있었는데 그 크기나 부
리의 모양, 서식 방식이 많이 달랐다. 다윈이 그곳에서 채집한

그림 62 갈라파고스 거북

표본들을 나중에 조류학자에게 보였을 때 다윈은 그 섬들에 16종 이상의 핀치새가 있다는 것을 알게 되었다. 그렇게 좁은 지역에 한 속(屬)에 속하는 조류가 이렇게 다양하게 분포하는 것은 기이한 일이었다. 그 밖에도 섬마다 독특한 식물상과 동물상을 보이고 있었다. 신이 지구상의 한구석에 있는 군도에 무슨 특별한 관심이 있어서 섬마다 이렇게 다른 생물들을 분포하게 하셨을 것인가? 다윈은 자연적인 원인으로부터 이러한 독특한 현상을 설명할 수 있을 것이라고 생각했다. 그것은 진화였다. 갈라파고스 군도의 방문은 다윈을 진화론으로 전향시켰다. 그가 연구해야 할 과제는 무엇 때문에 섬마다 이런 독특한 생물의 분포가 나타나는 방향으로 진화가 진행되었느냐는 것이었다. 섬들마다 강수량, 평균기온 등 물리적 조건은 거의 비슷했다. 그렇지만 섬마다 다른 생물들의 분포는 다른 방식으로 해명이 되어야 한다는 것이 다윈의 생각이었다.

1836년 고국으로 돌아온 다윈은 과학계에 얼굴을 내미는 것 외에는 자기 집에서 연구에 몰입했다. 그는 진화의 증거와 진화의 메커니즘을 밝히는 일에 매진했다. 전문가를 만나고 표본을 검토하였다. 그는 원예와 사육에서 육종(breeding)을 전문으로 하는 이들도 만나서 그들의 작업에 관해 들었다. 이들은 인간의 필요에 따라 생물을 변화시키는 일을 하고 있었다. 그들은 상업성이 있는 형질을 가진 개체를 만들어 내기 위해 바라는 형질을 갖춘 개체를 선택하여 교배함으로써 그러한 형질을 강화시키는 방법을 쓰고 있었다. 그러한 품종 개량에 의해 새로운 품종들이 만들어지고 있었다. 이들이 만들어 낸 것은 새로운 종은 아니었지만 아종(亞種)이라고 부를 수 있는 것이어서 다윈의 판단에 그런 조작을 계속해 나가면 완전히 새로운 종도 만들어 낼 수 있을 것이란 생각을 했다. 이러한 과정은 인위선택(artificial selection)이었는데 만약에 자연에서도 이러한 선택이 일어난다면 특정한 형질을 갖춘 개체가 별도의 종으로 발전할 수 있을 것이란 생각이 들었다. 문제는 그러한 선택의 판단을 신이 내린다는 관점을 따르는 것은 과학이 아니라고 생각하였다. 사람의 기호와 같은 일을 자연에서는 무엇이 할까가 다윈의 의문사항이었다.

그러던 중에 그는 맬서스(Thomas Malthus, 1766 - 1834)의 『인구론』(*An Essay on the Principle of Population*)을 읽게 되었다. 이 책은 그의 체계적인 독서 목록에 있었는데 그 책을 읽은 것이 진화론의 메커니즘을 찾아내는 데 결정적인 역할을 하였다. 맬서스는 인구는 기하급수적으로 증가하는데 식량 증산은 산술급수적으로 이루어지고 있기 때문에 종국에 가서 인류는 식량 부족으로 인한 참담한 상황에 처하게 될 것이라는 우울한 미래를 제시하였다. 이러한 내용을 읽던 다윈은 이것을 생물의 세계에 적용하게 되었고 거기에서 다윈은 자연에서 선택을 하는 메커니즘의 생존 경쟁에 의한다는 생각을 하게 되었다. 결국 생존 경쟁 속에서 생물체 간의 경쟁이 자연선택(natural selection)을 부른다. 그는 왜 갈라파고스 군도에서 섬마다 그렇게 다른 생물종들이 살게 되었는지를 이해할 수 있었다. 물리적 환경은 같아도 섬마다 우연적으로 분포하게 된 생물의 종류와 개체 수는 처음에 달랐을 것이고 그것이 섬에 사는 동식물에게 독특한 환경을 제공하게 되었을 것이다. 생물들은 생존을 위해서 경쟁을 벌였을 것이고 그 가운데에서 가장 적합하게 환경에 적응한 특성을 가진 개체는 살아남아 자손을 남겼으나 환경에 적합하지 않은 특성을 갖춘 개체는 도태되어 사라지게 되었을 것이다. 자연선택의 메커니즘은 최적자 생존(survival of the fittest)이었던 것이다.

1840년경이 되면 다윈은 자연선택에 의한 진화 이론을 완성시켰다. 그는 자신의 이론을 주변의 동료들에게 회람시켰으나 출판하지는 않았다. 그는 동료들의 의견을 들었고 그에 대한 가

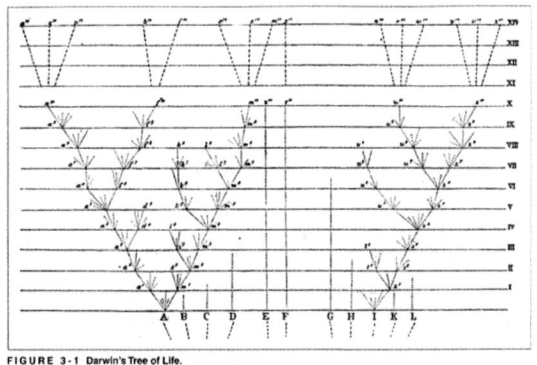

FIGURE 3-1 Darwin's Tree of Life.

그림 63 다윈의 생명나무

능한 비판들에 대응하는 일이 시급하다는 판단을 했다. 그는 더 많은 증거 자료를 끌어모으고 더 탄탄한 논리를 구축하기 위해 더 많은 시간이 필요하다는 생각을 했다. 그는 여러 권으로 된 저술을 남기기 위해 작업을 시작하였다. 그렇지만 작업이 그렇게 순탄하지 못했던 것은 그의 건강 악화 때문이었다. 그는 이유를 알 수 없는 병 때문에 때때로 숨이 가쁘고 진땀을 흘리곤 했다. 이런 증세가 시작되면 아무 일도 할 수 없었고 그냥 쉬어야 했다. 이러한 건강상의 문제로 다윈은 전원주택에서 세상과 떨어져 한적하게 시간을 보내면서 연구에만 신경을 썼다.

그러다가 다윈의 그러한 판단이 옳았다는 것을 입증하는 사건이 터졌다. 작자 미상의 『창조의 자연사의 흔적들』(Vestiges of the Natural History of Creation)이라는 책이 1844년에 출간되었는데 여러 가지 근거를 들어 진화를 주장하는 내용이었다. 각계에서 이 책에 대한 비판이 쏟아졌다. 비판자들은 과학계와 종교계를 망라했다. 저자는 나름대로 자연사에 조예가 깊은 사람이었는데 골상학과 같은 사이비 과학을 근거로 진화를 주장하는 등 과격하고 논리적이지 않은 억측을 포함하고 있어서 더더욱 비판에 시달렸다. 나중에 그 저자가 인쇄업자이자 아마추어 자연학자인 체임버스(Robert Chambers, 1802 – 1871)라는 것이 밝혀졌지만 이 책은 진화론에 대한 당시 영국의 지적 분위기를 엿보게 하였다. 그렇지만 한편으로 보면 진화론을 학술적으로 받아들이려고 하는 분위기도 있었다. 계획된 진화 개념을 통해서 창조와 진화를 화해시키려고 하는 옥스퍼드의 진보적인 신학자 포웰(Baden Powell, 1796 - 1860)의 입장이 피력되기도 했다. 이 사건으로 다윈은 더욱 움츠러들었다. 그는 자신의 이론을 더 확고한 기초 위에 세우기 위해 노력했다. 그렇지만 그의 성격으로 보건대 특별한 사건이 없었으면 그의 진화론은 그가 살았을 동안 빛을 보기 힘들었을 것이다.

그 특별한 사건은 1858년에 일어났다. 한 통의 우편물을 다윈이 받았는데 거기에는 한 편의 논문이 곁들여 있었다. 그 논문을 쓴 사람은 월러스(Alfred Russell Wallace, 1823 - 1913)라는 젊은 자연학자였다. 그는 남미에서 탐험하고 이제는 인도네시아에서 연구 중이었는데 자신이 쓴 논문을 출판해도 좋겠는지 존경하는 다윈 선생에게 조언을 구한다는 내용의 편지를 논문과 함께 보낸 것이었다. 다윈은 그 논문을 읽고 깜짝 놀랐다. 그 논문의 내용이 자신이 수립한 자연선택에 의한 진화론과 다를 바 없었기 때문이었다. 그의 20년 연구의 성과가 우선권을 빼앗길 지경에 이른 것이었다. 그는 고민하다가 학문적 동료인 라이엘과 후커(Joseph Hooker, 1814 - 1879)에게 도움을 구했다. 결국 이들이 월러스와의 중재에 나섰고 월러스는 다윈을 존경하고 있었기 때문에 그들의 말을 믿고 자신의 논문을 다윈의 짧은 논문과 함께 발표하도록 허락했다. 발표 시에는 다윈이 그 일을 먼저 했다는 말도 덧붙여졌다. 다윈은 서둘러 자신의 원고를 모아서 책으로 엮었고 이듬해 나온 다윈의 책 『자연선택에 의한 종의 기원, 또는 생명을 위한 투쟁에서 선호되는 종의 보존에 관하여』 (*On the Origin of Species by Means of Natural Selection, or the Preservation of Favoured Races in the Struggle for Life*)는 초판 1200부가 출간되는 날 모두 팔려 나갔다.

『종의 기원』 그 이후

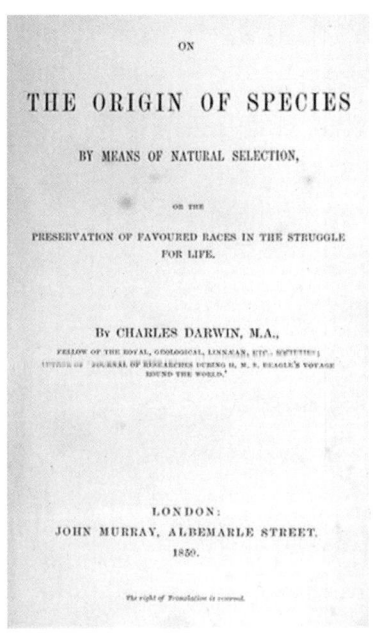

그림 64 『종의 기원』 초판본의 속표지

다윈의 책은 진화론을 과학적 이론으로서 받아들여지게 하였다. 이전에는 누구의 진화론도 과학의 지위를 누리지 못했지만 다윈의 진화론은 진화를 과학적 사실로 만들 만큼 정교하다는 평가를 받았다. 그렇지만 그의 이론의 핵심인 자연선택 메커니즘은 받아들여지지 않았다. 곧 다른 진화 이론들이 쇄도했다. 그중에는 다윈과 같은 적응진화론이 있는가 하면 비적응진화론도 있었다. 적응진화론으로서 라마르크주의가 부활하였다. 이는 진보를 내건 진화였다. 다윈의 진화론에는 진보의 개념이 없었다. 최초의 유전 가능한 변이의 출현은 우연적이었다. 그리고 그중에서 어떤 특정한 변이가 선택되기 위한 환경도 우연적으로 조성되는 것이었다. 그러므로 진화가 어떤 방향성을 가지고 이루어질 수 없었다. 개체가 노력할 일은 없었고 자연이 모든 것을 선택했다. 반면에 라마르크의 진화론은 개체의 노력을 중시했다. 개체의 노력은 획득형질을 얻게 했고 그것은 고맙게도 다음 세대로 유전된다고 했다. 그러므로 라마르크의 진화론은 도덕적이고 종교적으로 용인 가능하다는 입장이 대두되었다. 조지 버나드 쇼(George Bernard Shaw) 같은 인물은 라마르크의 진화론을 참 진화론이라고 적극적으로 지지하고 다윈의 진화론을 비도덕적이라고 비난했다.

비적응주의 진화론은 진화는 생물의 내부에 이미 프로그램되어 있기 때문에 환경과는 무관하게 진화가 일어나며 그러한 진화는 곧 진보라는 관념을 피력했다. 독일의 형태학자인 해켈(Ernst Haeckel, 1834 - 1919)은 "계통진화는 개체진화의 반복"이라는 반복발생설을 주장하였다. 그는 개체가 발생하는 과정이 그 생물체의 진화 과정을 요약적으로 보여준다는 주장을 하였고 그것은 곧 진화는 진보라는 개념을 내포했다. 해켈이 제기한 사다리식의 진화계통수는 굵은 본줄기가 있고 그 옆으로 잔가지들이 생겨 나가는 형식이었다. 거기에는 진화의 본줄기라는 것이 설정되어 있었고 거기에서 벗어나는 진화는 부수적인 성격의 것이었다. 미국의 자연학자이며 지질학자인 오스본(Henry F. Osborn, 1857 - 1935)도 역시 비적응주의 진화론인 정향진화론(orthogenesis)을 강력하게 주장하였다. 진화론자들은 스스로를 다원주의자라고 불렀지만 진정한 다원주의자는 찾기 힘들었다.

한편 진화론은 스펜서(Herbert Spencer, 1820 - 1903)와 같은 인물이 주장한 사회다원주의의 성립과 함께 사회사상에도 큰 영향을 미쳤다. 스펜서는 생존 경쟁과 최적자 생존의 개념을 인간 사회에 적용함으로써 서구 사회의 다른 세계에 대한 지배를 정당화하고 인간 사회를 생존 경쟁의 냉혹한 세계로 이해시켰다. 다윈의 사촌인 골턴(Francis Galton, 1822 - 1911)이 주창한 우생학(eugenics)은 인간종을 생물학적으로 바라보고 인간종을 개선하기 위하여 좋은 형질은 권장하고 나쁜 형질은 없애 인간을 바람직한 방향으로 진화시키기 위한 실제적인 조치를 취해야 할 것을 주장했다. 이러한 관점은 특히 미국과 독일에서 상당한 반향을 불러일으켜 20세기 초에 정책적 반영을 불러내었다. 인간종을 나쁜 형질, 가령 알코올중독, 중범죄, 동성애, 성도착 등으로부터 자유롭게 하기 위해서는 단종(斷種) 법안이 요구되었고 이런 사람들을 거세시키는 조치가 독일과 미국 몇몇 주에서 취해졌다. 나치는 이러한 관점을 민족 전체로 확대시켜 우수한 아리안족의 보존과 유해한 유대인과 집시의 제거를 위한 실질적인 방안들을 취해 나갔다. 이러한 관점들은 한결같이 방향을 갖는 진화라는 관념에 매몰되어 있었다는 점에서 다윈주의가 아니었다.

다윈주의의 부활은 1930년대에 이루어졌다. 카머러(Paul Kammerer, 1880 - 1926)의 산파 개구리의 획득형질 유전 실험이 조작으로 판명나면서 당사자는 자살하였고 라마르크주의는 쇠퇴의 길로 접어들었다. 다윈과 동시대에 활동한 오스트리아의 수도승 멘델(Gregor Mendel, 1822 - 1884)의 유전학은 불행하게도 세상의 주목을 받지 못했지만 유전을 과학적으로 구명한 최초의 성과였다. 1900년에 이르러 잊혔던 멘델의 법칙들이 재발견되면서 유전학은 성립되었고 관련된 연구들이 쏟아져 나오기 시작했다. 개체군 규모에서 멘델의 유전학을 적용하면서 홀데인(J. B. S. Haldane, 1892 - 1964)이나 피셔(Ronald Fisher, 1890 - 1962)는 유전자 풀(gene pool) 안에서 어떻게 특정 형질이 선택되는가를 연구하다가 다윈의 자연선택이 그 방법이 될 수 있다는 것을 보여줌으로써 신다윈주의가 출범하였다. 새로운 유전학으로 무장한 다윈 진화론인 신다윈주의는 도브잔스키(Theodosius Dobzhansky, 1900 - 1975), 메이어(Ernst W. Mayr, 1904 - 2005) 등의 지지를 받으면서 20세기 내내 영미권을 중심으로 강력한 영향력을 행사하였다.

진화론과 종교

다윈의 진화론은 다른 나라보다 기독교 문화가 강하게 남아 있었던 영국에서 성립하였다. 그러므로 그의 진화론을 받아들인 초기 과학자들도 대부분이 기독교 신자였다. 그들은 유신론과 진화론이 조화될 수 있다는 생각에 대체로 동의했다. 구체적인 내용에서는 개인적 차이가 있었지만 과학과 종교를 조화시키는 것이 가능하다는 믿음은 과학과 종교가 각각 분리된 진리의 영역을 가지고 있다는 믿음에 의해 지지받았다.

현대에 있어서도 우리는 갈릴레오의 전철에서 빚어졌던 동일한 문제가 진화 이론을 둘러싸고 벌어지고 있음을 인식하고 지혜로운 판단을 해야 한다. 갈릴레오 당시에 교회의 입장은 지구중심설이었고 그것이 성경 구절과 일치한다고 보았기에 갈릴레오의 태양중심설은 이단의 교설이었다. 그러나 이제는 기독교인이라고 해서 그 당시 사람들처럼 그러한 성경 구절들을 그런 방식으로 해석하지는 않는다. 성경에 나오는 지구중심설적 언급들은 갈릴레오가 지적했던 대로 당시 사람들의 입을 빌려 당시 사람들의 관점이 반영된 기록물임을 인정하고 있는 것이다. 그러므로 그러한 구절들은 여전히 신의 영감을 받아 기록된 것이고 진리를 담고 있다고 말할 수 있는 것이다. 지금 대부분의 기독교인들은 지동설을 택할 것인가, 신앙을 택할 것인가를 가지고 고민하지 않는다. 이들은 성경 구절을 있는 그대로 해석하기보다는 성경 기록의 목적에 부합하는 해석, 즉 인간에서 신의 존재를 알리고 신과 인간의 관계를 알려주는 것, 그리고 신의 구속 사업에 대해서 알려주려는 것을 받아들이고 그 밖의 과학적 사실에 관련시킬 수 있는 언급들은 당시의 사람들의 관점이 반영되어 있음을 받아들이는 자세가 필요하다. 굳이 진화론과 창조론을 대립시킬 필요는 없다. 창조의 과정이 진화의 과정일 수도 있고 다른 이해 방식을 얼마든지 생각해 낼 수 있다. 지레 짐작하고 그것이 적대적인 관계에 있다고 판단하고 마음을 닫아걸 필요는 없는 것이다. 지적 유연성이야말로 발전하는 지성의 시대의 특징이기 때문이다.

한 가지 제안을 해 본다. 다윈의 진화론의 핵심은 우연에 의한 진화이다. 최초 변이의 발생이 우연적이며 그 변이 중에서 어느 것을 환경이 선택할 것인가도 우연적이다. 이러한 우연의 과정이 복합이 되면서 오랜 시간이 경과하면 다양한 생물종이 출현할 수 있다는 것이 다윈의 진화론에서 받아들이는 관점이다. 이것은 신을 끌어들이지 않고 자연적인 원인에 의해 생물종의 다양성을 설명할 수 있는 방법이다. 진화론이 과학이 되기 위해서 이것은 확실히 옳은 선택이며 그것에 대해서는 누구나 이의가 없을 것이다. 그렇다면 여기에 신의 개입의 여지는 없는 것인가? 이렇게 설명하는 방식 자체가 신의 존재와 신의 개입의 여지를 봉쇄하는 행위인가? 그렇지는 않다. 예수 그리스도는 완전한 사람이었기에 인간 사회 속에 완전히 스며들어 그의 신성을 사람들이 알아보지 못했으나 믿는 자들은 알아보았다. 신이 자연이나 인간 사회에 개입할 때에도 마찬가지이다. 모든 것이 자연의 법칙, 사회의 법칙을 따라 자연스럽게 흘러간다. 거기에서 신의 존재를 읽어 낼 수 있는 객관적인 증거는 없어 보인다. 그러나 믿는 자에게는 그것이 보이는 것이다. 우연 속에 신의 의지적 개입은 가능하다. 그렇게 신은 진화를 조종하고 자신의 창조의 계획을 이루어 갈 수 있는 것이다. 그것은 신이 역사를 조종하고 자신의 구속 계획을 이루어 가고 있는 것과 다르지 않은 방식이다. 참새 하나도 신의 허락 없이는 떨어지지 않는다는 것을 믿는다면 모든 자연의 움직임이 신의 손에 있음을 인정할 수 있는 것이다.

12

절대 세계에서 상대 세계로: 아인슈타인

20세기를 뒤흔든 천재가 있었다. 그는 완전히 다른 시각으로 세계를 바라보는 길을 열었다. 그가 세계를 바라보는 방식은 상식을 완전히 벗어난 것이어서 우리가 경험하는 세계와는 다른 세계를 그리고 있었다 그는 실험을 통해서 알려진 사실을 토대로 하여 이론을 구축한 것이 아니라 빛의 속도는 항상 일정할 것이라는 직관적 명제를 토대로 하여 물리 법칙을 새롭게 바라보았다. 그러자 우리가 살고 있는 세계가 더 이상 절대 세계가 아니라 관찰자의 운동 상태에 따라 달라지는 상대적이고 국소적인 세계로 변모했다. 두 점 사이의 거리가 달라질 수 있었고 질량이 달라졌고 시간의 흐름도 보편적인 속력이 없었다. 우리가 받아들이기 어려운 세계관을 던져 놓고 그는 자신의 이론이 맞다면 이런 현상이 일어날 것이라고 예언했고 과연 그러한 예언들이 들어맞으면서 그의 이론은 광범위한 지지를 얻었다. 그는 과학자 중에서 가장 대중에게 널리 알려진 인물이 되었으니 그의 이름은 아인슈타인(Albert Einstein, 1879 - 1955)이다. 우리가 그의 공적을 제대로 이해하자면 뉴턴의 공로부터 살펴봐야 한다.

뉴턴주의의 공로

뉴턴은 자연계에 대한 법칙적 해석을 성공적으로 예시했다. 그의 성공에 힘입어 18세기와 19세기에 걸쳐 물리학 세계에 대한 수학화는 눈부시게 진척되었다. 자연을 수학적으로 인과 관계에 의해 엮고 그것을 수리적 논리로 풀어서 해를 구하는 방법이 정립되었다. 해석학(analysis)은 운동 방정식을 세우고 그것을 수학적으로 풀어내는 방법으로 물리적 계의 현재의 상태를 주면 이후의 상태를 인과적으로 구할 수 있었다. 뉴턴이 세운 운동의 제2 법칙은 최초의 운동 방정식이었다. 이후 오일러(Leonhard Euler, 1707 – 1783), 달랑베르(Jean le Rond D'Alembert, 1717 – 1783), 베르누이 가(The Bernoullis)가 기초를 놓았고 그 토대 위에 다양한 물리적 계를 기술하는 미분 방정식이 세워졌고 그것에 대한 수학적 풀이가 제시되었다. 이 과정에서 수학의 발전도 맞물려 일어났다. 그러므로 물리적 계를 해석하기 위한 필요성에 의해 미분 방정식의 풀이를 위한 다양한 기법들이 선을 보이기 시작했다. 그에 따라 근사적인 해법들이 홍수를 이루게 되었고 이런 필요성에 의해 다양한 함수 형태의 해가 추구되었다. 이렇게 수학과 긴밀하게 맞물려 일어난 발전 과정에서 19세기 중반에 맥스웰의 방정식도 수립되었고 이로부터 이전에는 그 존재조차 알 수 없었던 전자기파가 발견되는 발전이 이룩되었다.

새로운 세계관의 등장

기본적으로 뉴턴의 운동 방정식은 하나의 미분 변수를 포함하는 상미분 방정식(ordinary differential equation)이었으나 18세기부터 진동계의 풀이를 위해 도입된 것은 2개 이상의 미분 변수를 포함하는 편미분 방정식(partial differential equation)이었다. 이렇게 활용되던 편미분 방정식이 맥스웰에 의해서 에테르라는 고체성 매질에서 전기장과 자기장의 작용을 해석하기 위해 채용되었다. 이렇게 맥스웰 방정식은 연속체론을 토대로 하고 있었기에 유럽 대륙에서 채용된 것처럼 진공 속에 떨어져 있는 전하 사이에 작용하는 원격 작용론과 대조를 이루었다. 이런 점에서 대륙의 전자기론자들은 뉴턴에게 더 충실하였다. 그렇지만 맥스웰은 뉴턴을 벗어 버렸고 자연계를 바라보는 완전히 새로운 시각을 열었다. 당초에 수립된 맥스웰의 방정식은 처음에 가정되었던 역학적 계와의 연관성을 벗어버리게 되었고 방정식 자체의 구조에 의해 새로운 시각으로 자연을 볼 수 있는 길을 열었다. 맥스웰 사후에 맥스웰의 추종자들에 의해 추구되었던 것은 물리적 자연에 대한 기술을 힘과 질량에 기초를 두는 것이 아니라 전기장과 자기장을 기초적인 물리적 기저로 놓고 그 위에 역학을 구축하는 것이었다. 이는 전자기적 세계관이라고 부를 수 있는 것이었다. 라모어와 로렌츠(Hendrik Lorentz, 1853 – 1928)의 전자 이론은 그런 점에서 자연을 새로운 시각으로 기술하려는 노력을 보여주었다. 그중에서 로렌츠의 전자 이론은 물질을 구성하는 입자를 전자로 보았다. 여기에서 전자(electron)란 전기를 띤 입자라는 의미로 오늘날의 전자와는 다른 의미였다. 전자는 원자를 구성하는 성분이므로 양전자와 음전자가 있었고 이 사이에 정전기력이 작용하여 물질을 구성하는데 물질이 어떻게 움직이느냐에 따라 물질 자체가 다른 양상으로 나타난다고 했다.

한편 마이컬슨(Albert Michelson, 1852 – 1931)은 에테르가 어떠한 성질을 갖는지 더 잘 알기를 원했다. 에테르는 전자기파와 같은 횡파를 전달하는 고체이어야 하지만 어떤 성질의 고체인가에 대해서는 의견이 나뉘었다. 어떤 이들은 에테르 사이를 지구가 지나가면 달리는 자동차를 바람이 스치듯이 에테르가 지구

그림 65 마이컬슨 간섭계 (포츠담)

표면을 스치고 지나갈 것이라고 보았고, 어떤 이들은 에테르 사이를 지구가 지나가면 에테르가 지구에 끌리는 현상이 나타날 것이라고 주장했다. 그리하여 마이컬슨은 이들 중 어느 주장이 옳은지를 입증할 실험을 계획했다. 마이컬슨은 동서 방향과 남북 방향으로 만들어진 동일한 길이의 빛의 경로에서 빛이 동시에 출발하여 각각 자신의 길을 왕복하도록 하고 그 빛을 모았을 때 두 빛줄기가 간섭무늬를 만드는지 만들지 않는지를 조사하였다. 이는 마치 강물이 흐르는데 2대의 모터보트 중 한 대는 강물을 가로 질러 왕복하고 다른 한 모터보트는 강물이 흐르는 방향으로 왕복하는 것과 비슷하다. 두 대가 같은 엔진 출력을 가지고 있어서 흐르지 않는 물에서 보트는 1초에 10미터를 달린다고 가정해 보자. 가령, 100미터의 강폭을 왕복하는 데는 20초가 걸릴 것이다(똑같은 지점으로 돌아올 필요는 없다고 하자). 그러면 강물이 2m/s의 속력으로 흐른다고 할 때 강의 흐름에 평행하게 왕복하는 보트는 100미터 내려갈 때에는 1초에 12미터씩 달릴 것이므로 100/12 = 8.3초가 걸린다. 100미터를 올라올 때에는 1초에 8미터씩 달릴 것이므로 100/8 = 12.5초가 걸린다. 그러므로 왕복하는 데 걸린 시간은 8.3 + 12.5 = 20.8초가 된다. 내려갈 때 1.7초를 단축한 반면에 올라올 때에는 2.5초가 더 걸렸다. 결국 0.8초가 더 걸리게 된 것이다. 이런 식으로 빛을 에테르 속에서 두 직각 방향으로 쏠 때 빛의 매질인 에테르가 지구의 상대적인 운동 때문에 지구에 대하여 흐르고 있다면 두 방향을 왕복하고 돌아온 빛은 도착 시간에 차이가 날 것이고 이러한 차이는 간섭무늬로 나타날 것이다. 양쪽 경로의 길이가 같기 때문에 광속에 변화가 없다면 간섭무늬는 만들어지지 않을 것이지만 빛이 에테르의 흐름을 역방향으로 가로지르느라 움직이게 되면 광속에 변화가 생겨서 간섭무늬가 만들어질 것이다. 마이컬슨은, 나중에는 몰리(Edward Morley, 1838 – 1923)와 함께, 여러 차례에 걸쳐서 장치의 정밀성을 높여 가면서 측정을 수행하였으나 모두 간섭무늬를 보는 데 실패했다. 에테르가 지구에 대해서 흐르는 일은 없었던 것이다. 그러자 마이컬슨은 스톡스(G. G. Stokes, 1819 – 1903)가 말한 것처럼 에테르가 지구의 운동에 대해서 끌리는 현상이 나타난다고 생각하였다. 흔히들 알고 있는 것처럼 마이컬슨의 실험은 에테르의 존재를 부정하는 결과를 내지는 않았다.

이러한 결과에 대하여 다른 해석을 내리는 물리학자도 있었다. 그는 맥스웰의 추종자로서 새로운 전자기적 세계관의 구축에 동참하고 있었던 피츠제랄드(George FitzGerald, 1851 – 1901)였다. 그는 운동하는 물체는 그것의 운동 방향으로 길이가 줄어든다고 제안했다. 피츠제랄드에 따르면, 빛이 에테르를 거슬러 올라갈 때 그 속력은 느려진다. 그렇지만 빛이 느려지는 현상만 일어나는 것이 아니라 전자들로 이루어진 물질도 역시 에테르를 거슬러 올라갈 때 그것과의 상호 작용에 의해서 길이가 줄어든다는 것이다. 빛이 느려진 만큼 경로도 짧아진다면 빛은 같은 시간에 종착 지점에 도착하게 될 것이고 그로 인해서 간섭무늬는 생기지 않게 된다는 것이다. 이러한 개념은 곧 유명한 로렌츠 변환에서 채용되었다. 아인슈타인이 가장 존경했다는 물리학자인 로렌츠는 역시 그의 전자 이론에 의해 빠르게 움직이는 물체는 움직이는 방향으로 수축한다고 보았고 그것은 원자를 구성하는 전자들의 상호 작용의 변화 때문이었다. 그는 더 나아가서 빨리 움직이는 물체는 질량이 증가해야 함을 수학적으로 보여주었다. 이러한 현상들을 물질의 구성상의 독특성이 아니라 시공간의 변화라는 다른 관점으로 풀어내려는 사람이 있었다. 아인슈타인이었다.

아인슈타인의 성장과 교육

그림 66 알베르트 아인슈타인

자연을 바라보는 새로운 시각이라는 혁명적인 사상을 창출해 낼 수 있었던 아인슈타인의 지적 배경은 어떤 것이었을까? 그는 타고난 기질을 가지고 있었던 것으로 보인다. 아인슈타인은 1879년에 독일에서 태어났지만 나중에 독일 시민권을 버리고 스위스 시민이 되었다. 그는 어려서 지진아였다. 3살까지 말을 하지 못했고 그는 다른 아이들과 잘 어울리지 않는 외돌토리였다. 그의 부모는 그의 학습 장애를 걱정하였다. 그렇지만 그는 어려서부터 지적 호기심을 가지고 있었다. 그의 아버지와 삼촌은 전기모터 회사를 운영하고 있었는데 특히 그의 삼촌이 어린 알베르트에게 기계와 전기에 대한 관심을 불러일으켰다. 그의 학교생활은 그렇게 행복하지 않았다. 그는 당시 독일의 학교 제도와는 처음부터 잘 맞지 않았다. 그는 학교의 엄격한 규율을 힘들어했고 자유로운 분위기를 갈구했다. 그의 학교생활의 불만은 김나지움(Gymnasium)에 진학하면서 극에 달했다. 김나지움은 중등 교육 기관으로서 대학에 진학하고자 하는 학생들이 다니는 학교였는데 그리스어와 라틴어와 같은 고전 교육을 중시하는 것이 일반적이었다. 더구나 아인슈타인이 김나지움에 다닐 시점에 독일에서는 군대식 훈련이 국민 교육에서 모두 강조되던 시점이었기 때문에 이러한 획일화된 교육에 대해서 아인슈타인은 불만이 많았다.

결국 이곳을 그만두고 아인슈타인은 스위스의 아르가우(Argau) 칸톤 학교로 전학하였다. 이곳 칸톤 학교는 매우 자유로운 분위기가 팽배했기 때문에 자유로운 분위기에서 아인슈타인은 관심과 사고의 폭을 넓혀 갈 수 있었다. 이 시절에 아인슈타인은 빛의 속력으로 달리면서 자신의 얼굴을 거울로 들여다보면 얼굴이 어떻게 보일까라는 의문을 품으면서 이미 상대성 이론의 기본적 아이디어를 가지고 고심하기 시작했다. 창의적 사고가 발생할 수 있는 절호의 기회가 마련되었던 것이다.

취리히(Zürich) 연방 공과대학에 진학하고자 하는 뜻을 가지고 아인슈타인은 시험에 응시하였으나 낙방하고 말았다. 그러나 그의 수학 실력이 뛰어난 것을 보고 시험관이 아인슈타인을 불렀고 그가 부족한 부분을 보충하면 학교를 다닐 수 있게 해 주겠다는 특별한 제안을 했다. 아인슈타인은 그 제안을 받아들였고 이 학교를 다닐 수 있었다. 그렇지만 대학에서 아인슈타인의 학습 태도는 그렇게 모범적이지 않았다. 수학 시간은 따분하다고 빼먹기 일쑤였고 자기가 좋아하는 물리학 과목만을 열심히 들었다.

아인슈타인은 졸업 후에 학교에 남기를 원했지만 그에게 조교 자리를 주는 교수가 없었다. 하는 수 없이 아인슈타인은 다른 일을 찾았고 1902년에 스위스 베른(Bern)의 특허국에 심사관으로 취업할 수 있었다. 이 시기에 그는 동급생 밀레바 마리치(Mileva Maric)와 사귀고 있었고 결혼을 약속하면서 빨리 직장을 잡는 것이 중요했다. 그리하여 그는 급하게 취업하고 결혼했다. 이 시기에 이미 아인슈타인에게는 딸이 있었는데 결혼 전에 어딘가에 입양을 시켰고 그 후 그 딸의 행방은 알려지지 않았다. 베른의 특허국에서 아인슈타인은 안정된 생활을 누릴 수 있는 수입과 근무 시간 외에는 자신의 연구에 집중할 수 있는 여유를 얻게 되었다. 그는 관심 가진 문제들을 계속 연구하였고 1905년에 물리학사에 길이 남을 3편의 논문을 출판했다. 그중의 하나가 특수 상대성 이론에 관한 것이었고 다른 하나는 브라운 운동에 관한 것이었고 다른 하나는 광전 효과에 관한 것이었다.

그의 상대성 이론의 진가를 가장 먼저 알아본 사람은 당시 독일 물리학계의 대부인 플랑크(Max Planck, 1858 - 1947)였다. 플랑크는 이 비범한 논문이 가진 함축을 잘 파악했고 그의 지도 학생들에게 그 주제에 대해서 더 심화된 연구를 수행할 것을 권장하였다. 그는 아인슈타인의 연구의 중요성을 여러 사람들에게 이야기했고 물리학자들은 이 젊은 물리학자가 어떤 사람인지 알기를 원했기에 베른으로 아인슈타인을 찾아갔다. 그들이 만난 사람은 허름한 옷차림에 헝클어진 머리를 한 젊은이였다. 그들은 그와 이야기를 통해서 그의 탁월한 지성을 알게 되었다. 그의 명성 덕택에 그는 얼마 후 대학에서 자리를 얻게 되었다. 그리고 얼마 가지 않아 아인슈타인은 독일 물리학의 중심지인 베를린 대학의 물리학 교수가 되었다.

특수 상대성 이론이 나온 지 10년이 지나서 아인슈타인은 일반 상대성이론을 발표했다. 1919년에 개기 일식이 있던 때에 아인슈타인의 일반 상대성 이론은 중요한 검증을 거치게 되었는데 영국의 원정대를 주도했던 에딩턴(Arthur Eddington, 1882-1944)은 그의 이론이 옳다고 발표했고 그 기사가 영국의 신문에 실리자 이 소식은 순식간에 전 세계에 퍼졌다. 아인슈타인은 세계적인 대중 인사가 되었다. 1930년대 나치가 정권을 잡자 유대인에 대한 압박이 강화되었고 평화주의자 아인슈타인의 관점은 환영받지 못했다. 그는 학문의 자유를 위하여 미국으로 망명하였고 프린스턴의 고등과학연구소(Institute of Advanced Study)에서 교수가 되었다. 그는 이후 그의 상대성 이론을 확장하여 전기장과 자기장 이론을 모두 아우르는 통일장 이론을 구축하려는 노력을 경주하였지만 성공하지 못했다.

그는 제자를 키워 내지 않았고 학파를 형성하지도 않았다. 오히려 그는 고립된 것을 즐기는 사람이었다. 그는 지적으로 고립되어 있었기 때문에 오히려 창조적 사고를 할 수 있었다.

아인슈타인의 상대성 이론

상대성이론을 구축하기 위한 아인슈타인의 가정은 진공 중의 광속은 어떤 상황에서건 불변이라는 것과 물리적 법칙은 어떤 계에서 보건 동일하게 나타나야 한다는 것이다. 전자를 광속 불변의 원리라고 부르고 후자를 상대성 원리라고 부른다. 첫 번째 가정은 고전 물리학적 견지에서 볼 때 다소 받아들이기 어려운 내용을 함축하고 있다. 왜냐하면 일반적인 운동 법칙에 따르면 빠른 속력으로 달리는 열차에서 광선총을 쏘면 광선총에서 나오는 빛의 속력에 열차의 속력이 더해지면서 광속 이상의 속력이 나와야 한다. 그렇지만 아인슈타인은 그런 상황에서도 광속은 일정하다고 가정한 것이었다. 광속의 90%로 달리면서 광선총을 달리는 방향으로 쏘면 지상에서 멈추어서 그 광선을 보는 사람에게는 그 광선이 광속의 1.9배의 속력이 아니라 여전히 광속으로 움직이는 것으로 보인다. 이러한 가정은 그동안 마이컬슨과 몰리의 실험처럼 광속이 지구의 운동 때문에 속력이 바뀌는지 알아내려는 노력들이 실패하고 여전히 광속은 지구의 운동 방향이 어느 쪽이든지 항상 일정하게 나오더라는 경험적 증거들이 제시되고 있었던 것에 영향을 받았을 것이다. 아인슈타인이 1905년 이전에 마이컬슨의 실험을 알았다는 증거는 없으나 몰랐을 것 같지는 않다. 아인슈타인은 맥스웰의 방정식으로부터 얻어진 전자기파 방정식에서 전자기파의 속력이 광속으로 주어진다는 사실에 대하여 깊은 의미를 부여하였으며 그것으로부터 에테르가 없는 진공 속에서 전자기파의 전달이 이런 식으로 주어진다면 그것은 어떠한 상황속에서도 변하지 않는 불변의 양이 되어야 한다는 생각을 한 것이다.

두 번째 가정인 상대성 원리는 어느 계에서 바라보든 물리 법칙은 동일하다는 것이다. 이 관점에서 전자기 유도 현상을 바라보면 전통적인 관점에서는 수용될 수 없는 결과가 나온다. 외르스테드가 발견한 것은 전류가 흐르는 도선 주위에는 자기장이 생긴다는 것이다. 이때 전류가 일정한 속력으로 흐른다고 가정해 보자. 그러면 전류의 속력으로 이동하면서 도선을 바라보는 사람이 있다고 해 보자. 그의 눈에는 전류를 실어 나르는 전자가 모두 정지해 있는 것처럼 보일 것이다. 여기에서 물론 도선은 관찰자의 운동 방향과는 반대의 방향으로 움직이는 것처럼 보인다. 그러나 그것은 중요하지 않다. 자기장을 발생시키는 것은 도선 자체가 아니라 도선 속을 흐르는 전하이기 때문이다. 움직이는 관찰자의 관찰에 따르면 전류는 이제 흐르지 않는 것으로 나타나게 된다. 그러므로 자기장도 생길 수가 없게 된다. 이것은 모순적으로 보인다. 왜냐하면 정지한 관찰자에게는 자기장이 관측되는데 움직이는 관찰자에게는 자기장이 관측되지 않는다는 것은 말이 되지 않기 때문이다. 이는 마치 정지한 관찰자는 교통사고가 일어나는 것을 보았는데 같은 장면을 버스를 타고 지나가며 본 승객들은 그 사고가 일어나지 않았다고 증언하는 것과 같다. 그러므로 움직이는 관찰자도 도선 주위에서 동일한 현상을 볼 수 있도록 하기 위해서는 뭔가 조치가 필요하다. 아인슈타인은 시간과 공간의 개념을 변경해 주기를 선택했다. 이렇게 두 가지 가정, 곧 광속 불변의 원리와 상대성 원리를 무너지지 않게 하면서 시공간의 개념을 변경하여 새로운 상대론의 운동 법칙이 출현하게 된 것이다.

이 두 가지 가정으로부터 수학적 연역 과정을 따라가면 움직이는 4차원 좌표계 x', y', z', t'는 정지한 좌표계 x, y, z, t에 의해 표현되는데 이 식 안에는 움직이는 좌표계의 움직이는 속력 v를 빛의 속력 c로 나눈 값인 v/c의 제곱값이 등장하여 이 비율이 0에 접근하면 아인슈타인이 생각한 상대성은 갈릴레오 상대성이 된다. 즉 움직이는 계의 속력이 광속에 비하여 미미할 때에는 우리가 일상적으로 경험하는 일들이 일어난다는 것이다.

반면 이 값이 1에 가까워지면 이른바 상대성 이론에서만 나타나는 현상들이 예측된다. 그중에서 대표적인 것으로 길이 수축과 시간 팽창이 있다. 길이 수축은 빨리 달리는 물체는 달리는 방향으로 수축된다는 의미이다. 예를 들어 광속의 50%로 달리면 1미터의 막대가 달리는 방향과 나란하게 놓인 상태에서 길이가

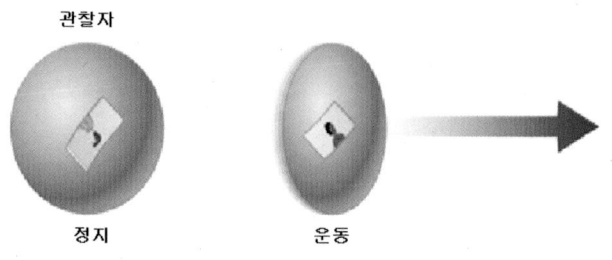

그림 67 길이 수축

87센티미터로 줄어들고 광속의 90%로 달리면 그 길이가 44센티미터가 된다. 99%로 달리면 그 길이는 14센티미터로 줄어든다. 99.9%로 달리면 그 길이는 4.5센티미터로 줄어든다. 가령 초대형 우주선 안에 100미터 달리기 트랙이 있으면 그 길이는 4.5미터가 된다. 그렇다면 당신은 몇 초 만에 그 거리를 주파할 것인가? 우선 여러분의 보폭도 함께 줄어든다는 것을 감안해야 한다. 그러므로 이 줄어든 100미터를 달리기 위해서 여러분이 딛어야 할 걸음 수는 변함이 없다. 그럼 에너지 소모량은 어떻게되나? 당신의 몸이 날씬해지고 보폭도 조금만 벌리면 되니까 에너지는 적게 소모될 것인가? 그렇지 않다. 우주선 안에서 여러분이 보는 광경은 조금도 달라진 것이 없을 것이다. 여러분이 탄 우주선이 그렇게 빨리 달리고 있음에도 불구하고 여러분에게는 우주선이 전혀 빨리 달리는 것으로 느껴지지 않을 것이다. 그렇다면 길이가 줄어든다는 것은 무슨 말이었나? 그것은 우주선 밖에서 정지해 있는 사람이 보았을 때 그렇게 보인다는 의미이다. 그렇게 빠른 속도로 달리고 있는 당신에게는 당신의 우주

선이 정지해 있는 것으로 보일 것이므로 아무런 차이가 없다. 오히려 당신이 그 우주선 안에서 창문 밖을 내다보고 있으면 당신의 눈에는 정지해 있던 관찰자였던 정지한 우주선 안의 사람이 광속의 99.9%의 속력으로 뒤로 멀어지는 것처럼 보일 것이다. 그러면 당신의 눈에서 우주선은 찌그러져서 길이 방향으로 납작한 모습을 하고 있을 것이다. 그러므로 길이 수축은 어디까지나 상대적으로 나타나는 것이다.

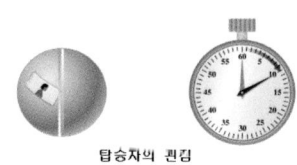

탑승자의 찐김

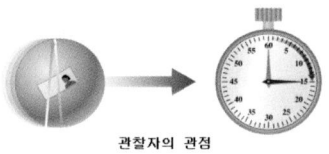

관찰자의 관점

그림 68 시간 팽창

다음은 시간 팽창에 대해서 알아보자. 여러분이 광속의 50%로 달리는 우주선 안에 실린 시계를 들여다보면 분침이 한 바퀴 도는 데 걸리는 시간이 1.15시간으로 보이고, 그 우주선이 광속의 90%로 달리면 분침이 한 바퀴 도는 데에는 2.29시간이 걸린다. 광속의 99%로 달리면 그 시간은 7.09시간으로 늘어나고 광속의 99.9%로 달리는 경우에는 분침이 한 바퀴 도는 데 22.4시간 곧 거의 하루가 걸린다. 그러니까 초고속으로 달리는 우주선 안에서 시간은 우주선의 속력이 광속에 근접하면 근접할수록 엄청나게 느려진다. 그러면 역시 그 초고속 우주선 안에 있는 사람에게는 어떠한가? 앞서 길이 수축의 설명에서 그러했듯이 우주선 안의 사람은 자신의 우주선이 정지한 것으로 느낄 것이고 그 안에서 시계는 정상적으로 갈 것이므로 분침이 한 바퀴를 도는 데에는 1시간이 걸린다. 역시 당신이 고성능 망원경으로 우주선 밖에 있는 관찰자의 손목에 있는 시계를 들여다본다면 당신의 눈에는 그 관찰자의 손목시계가 느리게 움직이고 있는 것으로 보일 것이다. 그러면 시계만 느리게 가는 것일까? 그렇지 않다. 그의 심장 박동의 주기도 길어질 것이고 그의 몸 안의 생체 반응도 다 같은 비율로 느려질 것이다. 그의 생각도 느려질 것이고 그의 말도 느려질 것이다. 이와 같이 길이 수축과 시간 팽창은 상대적인 운동에 의해 일어난다. 우주상에 어느 것도 절대적으로 정지해 있는 것은 없으므로 모든 운동은 어떤 기준점에 대하여 상대적인 운동으로 나타낼 수 있을 뿐이다.

이후 이러한 시간 팽창의 증거는 여럿 발견되었다. 우주에서 지구로 떨어지는 어떤 미립자들은 그 수명이 그리 길지 않다. 그렇지만 이것들이 거의 광속에 가까운 속력으로 날아오기 때문에 수명이 길어져서 지구 표면까지 도달하는 것을 볼 수 있다. 이것은 이 입자와 같은 속력으로 움직이는 계에서 시간 팽창이 일어나고 있음을 보여주는 확실한 사례이다. 또한 인위적으로 입자를 가속시키는 대형 가속기 안에서 광속에 근접한 속력으로 가속된 입자들은 역시 붕괴 속도가 느려지는 것으로부터 시간 팽창이 일어나고 있음을 보여준다. 그런 점에서 특수 상대성 이론은 사실과 부합한다.

상대성 이론의 또 다른 결과는 빠르게 움직이는 물체는 질량이 증가한다는 것이다. 즉 운동 에너지가 질량의 증가로 나타난다는 것이다. 정지한 관찰자가 움직이는 물체를 볼 때 역시 질량이 증가하는 것으로 나타난다. 광속의 50%로 달리면 질량이 15% 증가하고, 광속의 90%로 달리면 질량은 129% 증가하고, 광속의 99%로 움직이려면 609%의 질량 증가가 나타난다. 이 정도 되면 관성이 너무 커져서 가속을 일으키기가 매우 힘들어진다. 실제로 물체가 광속으로 달리게 되면 질량은 무한대가 되기 때문에 그런 물체의 운동을 일으키려면 무한대의 에너지가 필요하므로 사실상 그런 운동은 불가능하다. 이렇게 물체의 질량이 물체의 운동 속력에 따라 변한다면 당시에 이미 수립되어 있었던 질량 보존의 법칙은 어떻게 되는 것인가? 이러한 문제와 연관하여 아인슈타인은 $E = mc^2$이라는 식을 제시하였다. 여기에서 E는 에너지, m은 질량, c는 광속을 의미한다. 에너지와 질량은 비례 관계이다. 이때 c는 항상 일정하므로 불변의 상수이다.

그러므로 질량 보존 법칙은 역시 수립되어 있었던 에너지 보존 법칙과 결합되어 질량-에너지 보존 법칙이 된다. 이제 질량과 에너지는 등가의 물리량이 되어 서로 전환이 가능하다는 개념이 받아들여지게 된 것이다. 이것이 곧 핵폭탄과 핵발전소의 기초 원리이다. 핵폭탄과 핵발전소에서는 핵분열이 일어난다. 우라늄처럼 무거운 원자핵이 두 개의 원자핵으로 쪼개지면서 중성자를 내어놓는데 이때 분열 후 산물들의 질량의 합은 최초의 원자핵의 질량보다 작다. 즉 질량 결손이 생긴 것인데 이때 결손된 질량은 열로 발생하게 된다. 이 열을 이용하면 폭탄이 될 수도 있고 물을 끓여 터빈을 돌림으로써 발전기를 돌릴 수도 있다. 오늘날 핵 시대의 시작을 알리는 이론적 기초를 아인슈타인이 놓은 것이다. 또한 질량-에너지 보존의 법칙은 당시에 큰 관심을 끌고 있었던 방사능 에너지의 원인에 대해서도 설명해 주었다. 1895년에 우라늄에서 처음 발견된 방사능은 방사능 원소가 스스로 붕괴하면서 방사선을 내어놓는 현상이다. 그 방사선은 에너지를 많이 가지고 있는데 당시로서는 그러한 에너지가 어디에서 비롯되는 것인지 알지 못했다. 이제는 여기에서도 질량 결손이 추측되었고 아인슈타인의 이론대로 질량 결손으로부터 에너지가 만들어지고 있음을 확인할 수 있었다.

일반 상대성 이론

아인슈타인의 특수 상대성 이론은 서로 상대적으로 등속도로 운동하는 계 사이에서의 운동만을 다루었다. 아인슈타인은 상대성 이론을 상대적으로 가속되는 계 사이의 운동 기술로 확장시키기를 희망하였다. 이를 위해서 아인슈타인은 텐서(tensor)를 포함해서 수준 높은 수학적 기술이 필요하였고 이를 위해 수학자 그로스만(Marcel Grossmann, 1878 - 1936)의 도움을 받았다. 그리하여 아인슈타인은 1915년에 일반 상대성 이론을 발표하였다. 이 이론은 중력의 원천에 대한 설명을 포함함으로써 뉴턴이 도입하였지만 설명할 수는 없었던 만유인력의 기원을 설명해 주었다는 점에서 중요한 성과였다. 일반 상대성 이론은 어

그림 69 중력과 가속도의 동등성

느 계 안에서 중력의 작용과 그 계의 가속으로 인한 관성력을 구분할 수 없다고 하였다. 가령, 어떤 우주여행자가 우주선을 타고 가는데 갑자기 뒤로 당기는 힘을 받았다고 할 때, 그 힘이 우주선의 가속으로 생긴 관성력인지 뒤쪽에 나타난 거대 행성의 중력 때문인지 구분이 가능하지 않다는 것이다. 중력의 발생에 대해서는 무거운 물체가 있을 때 그 주위에 시공간의 왜곡이 발생하여 그로 인해 질량을 가진 다른 물체가 시공간의 왜곡에 의해 힘을 받는다고 설명한다. 이는 마치 탄력이 아주 좋은 고무막 위에 볼링공을 올려놓은 상태에서 그 옆의 고무막에 구슬을 굴리는 걸과 비슷하다. 볼링공의 무게 때문에 고무막은 휘어지고 그 휘어진 막 위에 굴린 구슬은 곡선을 그리면서 볼링공 쪽으로 굴러 들어간다, 이 모습은 마치 태양 주위에서 소행성이 태양으로 빨려 들어가는 것과 같다. 구슬의 속력과 방향을 잘 조절하면 구슬은 타원을 그리면서 볼링공 주위를 돌 수도 있다. 이때 마찰에 의한 속력의 감쇠가 일어나지 않으면 구슬의 운동은 태양 주위의 행성의 운동과 비슷할 것이다.

　시공간의 왜곡은 빛조차도 시공간상에서 직선으로 운동하지 못하게 한다. 그리하여 무거운 천체 주위에서 빛은 휘어지게 된다. 가령, 개기 일식 때 태양 뒤의 별은 보이지 않아야 하는데

그 별빛이 휘어진다면 보일 수 있다. 이를 확인하기 위해 1919년에 에딩턴이 이끄는 영국의 원정대가 출발했고 마침내 아인슈타인의 예측을 지지하는 결과를 가지고 돌아왔다. 영국 천문학회는 이 데이터를 검토하였고 마침내 아인슈타인은 세계적인 명사가 되었다.

그렇지만 모든 사람들이 아인슈타인의 일반 상대성 이론을 받아들인 것은 아니었다. 가령, 아인슈타인은 중력이 발생하거나 사라지면 중력의 파동이 광속으로 퍼져 나가는데 우주에서는 항상 소규모로 에너지가 모여 질량이 발생하거나 질량이 감소하면서 에너지가 발생하는 일이 항상 일어나고 있다. 그러므로 중력파가 지구에 도착하면 중력파에 의해 지구상의 물체들은 흔들리게 된다. 이 흔들림이 관측되어야 할 것이란 것이 아인슈타인의 일반 상대성 이론이 함축하고 있는 것이었다. 아인슈타인의 일반 상대론이 예측한 중력파의 존재를 검출하려고 노력하던 미국의 물리학자 웨버(Joseph Weber, 1919 - 2000)는 1969년에 원통 같은 장치를 사용하여 중력파가 도달할 때 통이 수축하는 것을 관측했다고 발표했다. 그러나 그의 말을 믿어 주는 사람이 없었다. 왜냐하면 그와 같은 장치를 만들어 중력파를 검출하려고 시도한 다른 물리학자들은 그러한 결과를 얻을 수 없었기 때문이었다. 웨버는 자신의 주장이 사실에 근거함을 주장하였으나 아무도 그의 실험을 재현할 수 없었기 때문에 그의 실험은 역사의 뒷마당으로 밀려났다. 지금까지 중력파는 검출되지 않고 있으나 거대한 규모의 장치를 만들어 중력파를 검출하려는 노력이 지속되고 있다.

새로운 우주론의 발전

아인슈타인의 일반 상대성 이론이 더욱 확고한 지지 기반을 누리고 있는 분야는 천문학이다. 그의 이론은 천문학을 우주물리학으로 탈바꿈하는 데 결정적인 기여를 했다. 아인슈타인의 일반 상대론 방정식은 우주의 탄생과 진화를 풀어 갈 수 있는 열쇠를 가지고 있었다. 일찍이 그의 방정식의 해를 구하려는 노력 중에 벨기에의 성직자인 르메트르(Georges Lemaître, 1894 - 1966)는 우주가 동적인 상태에 있어야 한다는 것에 주목하였다. 이에 대하여 아인슈타인은 다른 물리학자들과 마찬가지로 우주는 일정한 상태를 유지하고 있어야 한다는 정상(定常) 우주론을 선호하였기 때문에 자신의 방정식을 바꾸었다. 그는 우주론 상수라는 새로운 항을 추가하여 우주가 정상적이도록 만들었다.

그러한 아인슈타인의 노력에도 불구하고 미국의 천문학자 허블(Edwin Hubble, 1889 - 1953)은 당시에 가장 성능이 좋은 망원경인 윌슨(Wilson) 산 천문대의 망원경을 써서 백조자리의 외부 은하들을 관측하였고 그것들이 지구에서 멀리 떨어져 있을수록 더 빨리 멀어지고 있는 것을 확인했다. 이는 우주가 팽창하고 있다는 증거였다. 허블은 별들이 내놓는 스펙트럼을 분석하였고 그것이 원래의 빛보다 스펙트럼 상 빨간색 쪽으로 치우치는 적색편이(redshift)를 관측하였다. 도플러 효과에 따르면 적색편이의 정도가 심할수록 별은 더 빨리 멀어지고 있다고 할 수 있었다. 이로써 팽창 우주론이 성립되었다. 허블의 결과를 접하게 된 아인슈타인은 자신이 우주론 항을 자신의 방정식에 넣은 것

그림 70 에드윈 허블

은 큰 실수였다고 시인했다. 우여곡절을 겪었지만 아인슈타인의 방정식은 우주의 상태를 기술하는 중요한 이론적 토대로 더욱 확고한 지위를 획득했다.

그 후 러시아 출신의 미국 물리학자인 가모프(George Gamow, 1904 - 1968)는 우주가 그렇게 계속 팽창했다면 우주는 결국 하나의 점에서 시작되었을 것이란 주장을 하였다. 이러한 주장은 세인들의 놀림거리가 되었는데 그들은 가모프의 이론을 빅뱅 이론(Big Bang Theory)이라고 불렀다. 우리말로는 대폭발 이론이라고 부르는데 그것은 두 가지 의미에서 대폭발이 아니었다. 첫째는 앞서 말한 대로 그 사건은 크게 시작된 것이 아니라 눈에 보이지도 않는 작은 점에서 시작되었고 둘째는 폭발이기에는 너무 조용하였다. 빅뱅은 어떤 장소와 시간에서 일어난 것이 아니라 시간과 공간 자체가 거기에서 그때에 시작되었고 물질도 빅뱅 후에 생겨났다. 가오프는 대폭발 과정에서 생겨난 광자들이 지금까지 우주를 떠돌고 있을 것이라고 예견했고 그것은 식어져서 파장이 길어져 수센티미터의 파장을 갖는 마이크로파가 되어 있을 것이라고 예견하였다.

1964년 미국 뉴저지 주의 홈델(Homdel)에 있는 벨 연구소(Bell Labs)의 펜지어스(Arno Penzias, 1933 -)와 윌슨(Robert Woodrow Wilson, 1936 -)은 통신을 위하여 접시형 안테나를 수리하고 있었다. 그들은 지속적인 잡음 때문에 고민 중이었는데 이 잡음은 우주에서 날아오고 있었다. 이들은 이 잡음을 없애기 위해 백방으로 노력하였다. 안테나의 방향을 계속 바꾸어 보았으나 어느 방향에서건 이 신호는 계속 균일하게 들어오고 있었다. 그들은 빗자루를 가지고 안테나에 올라가 불순물을 깨끗하게 쓸어 보았으나 잡음은 여전히 줄어들지 않았다. 확실히 잡음의 근원은 장비 자체가 아니라 우주에 있었다. 문제를 해결할 수 없었던 이들은 같은 주에 있는 프린스턴(Princeton) 대학의 디키(Robert Henry Dicke, 1916 - 1997)에게 전화를 걸었다. 디키는 벨 연구소의 연구자들이 부딪힌 문제에 관한 설명을 듣고 깜짝 놀랐다. 왜냐하면 디키의 연구팀이 찾고자 했던 것을 그들이 우연히 발견한 것을 알았기 때문이다. 디키팀은 오래전부터 계획적으로 가모프가 예견한 우주 배경 복사선을 검출하기 위한 노력을 기울이고 있었던 것이다. 그 후 우주론의 발전이 이룩되는 데 있어서 아인슈타인의 상대성 이론은 계속 중요한 이론적 기초로서 역할을 하고 있다.

상대성 이론의 의의

상대성 이론은 수학적 추론에 입각하여 구축된 과학 이론이 과학을 선도한 경우로 뉴턴 이후 이루어진 가장 근본적인 수리 물리학의 개가였다. 이러한 수학적 이론을 구축하기 위해서는 최초의 가설의 수립이 필요한데 이 가설을 세우기 위한 힌트를 주는 몇몇 현상들이 있었다. 이러한 힌트들로부터 가설로써 수학적 법칙을 끌어내고 그것으로부터 구체적인 명제들을 끌어내는 가설 연역법의 방법을 뉴턴과 아인슈타인 모두 사용하였다. 이러한 연구 결과를 확인하기 위해서 뉴턴과 아인슈타인은 어떠한 실험과 관찰도 수행하지 않았다. 특히 아인슈타인은 실험과 관계가 먼 사람이었다. 그는 실험실을 보여 달라는 어떤 사람에게 자신에게는 종이와 펜과 휴지통이 실험실과 같다고 말한 적이 있을 정도로 실험 물리학과는 거리가 멀었다. 그는 수학적 연역에 의해 새로운 현상들을 연역해 내고 그것의 검증은 실험 연구자들에게 맡겼다. 계산을 하기 전에는 누구도 어떤 결과가 나올지 알 수 없는 경우도 있었다. 계산의 결과는 새로운 자연의 측면에 대한 통찰력이었다. 자연이 수학 앞에서 벌거벗는 순간이었다. 수학이 자연의 비밀을 밝혀내는 데 얼마나 강력한 도구인지를 여실히 보여주는 사례들이었다.

또한 상대성 이론은 그 이론의 혁명성과 중요성에도 불구하고 아인슈타인이라는 개인이 시작부터 완성까지 모두 해냈다는 점에서 특기할 만하다. 특수 상대성 이론이 발표되었을 때 그 이론의 수학적 이해를 위해 민코프스키(Hermann Minkowski, 1864 - 1909)와 같은 이들이 뛰어들었고 상대성 이론은 수학적으로 더욱 확고한 이론적 기초 위에 수립되었다. 민코프스키는 아인슈타인의 대학 시절에 스승이었는데 학창 시절에는 아인슈타인을 가리켜 '게으른 개'라고 불렀다. 그 정도로 아인슈타인은 민코프스키의 수업에 충실히 임하지 않았는데 아인슈타인의 특수 상대성 이론 논문을 보고 민코프스키는 혀를 차며 그것을 수학적으로 정교화하는 작업을 했다고 한다. 아인슈타인은 수학 자체를 싫어했고 그의 이론을 구축할 때에도 수학적으로 사고하지 않았고 그의 영감은 이미지화한 상상의 힘이었다.

상대성 이론은 일상 경험과 유리된 전문가를 위한 물리학을 구축하였다. 이전의 물리학 이론들은 어떤 식으로든 우리의 자연에 대한 일상적 경험을 설명해 주고 일상적으로 쉽게 수행할 수 있는 실험을 통해 그러한 이론이 무엇을 말하는지 근접할 수 있었다. 그러나 상대성 이론이 다루는 자연은 일반인들이 접하는 자연과는 너무나도 다르다. 오히려 상상을 해야만 아인슈타인이 말하는 자연 속으로 들어갈 수 있다. 그러므로 그러한 우주 공간에서는 우리의 일상적인 체험이 전혀 성립하지 않는 새로운 세계가 펼쳐진다. 그러므로 상대성 이론은 대중으로부터 유리되어 발표된 지 100년이 넘었음에도 대중적인 수준에서 어떤 이해의 노력이나 공감을 불러일으키지 않고 있다. 이것은 상대성 이론이 대중으로부터 외면받는 과학임을 보여준다. 대중은 그 이론을 이해할 수도 없고 이해하려고도 하지 않으며 자신과는 다른 세계의 물리학이라고 생각하고 있는 것이다. 상대성 이론이 옳다는 것을 입증하는 증거들이 있으나 그 모든 증거를 일반인들은 일상적인 생활에서 체험할 수 없다. 아인슈타인이 열어 놓은 4차원의 시공간(spacetime)에 우리는 아직도 살지 못하고 여전히 3＋1의 공간과 시간 속에 살고 있는 것이다. 그런 이상 우리에게 아인슈타인은 여전히 일반인이 도달할 수 없는 신비를 들여다본 마법사의 이미지를 벗어던지지 못할 것이다.

대중적 이해가 이토록 낮기 때문에 아인슈타인의 시공간 개념의 혁명성에도 불구하고 그것이 다른 문화에 끼친 영향은 제한적이었다. 뉴턴의 경우에 뉴턴의 새로운 물리학이 계몽철학자들에게 큰 호응을 받으며 지식에 의한 세계의 변혁이라는 이데올로기와 결탁하여 큰 반향을 불러일으켰던 것과는 대조적으로 상대론은 과학 외적으로 어떤 문화적 운동이나 정치적 운동을 불러일으키지 않았다. 심지어 물리학을 벗어나서 화학이나 생물학, 기상학이나 해양학 등 천문학을 제외한 다른 과학 분야에 끼친 파급 효과도 미미하다. 물론 물리학 내부에서는 상대론적 양자역학과 같이 상대론을 결합시킨 물리학을 하는 것이 필수적인 경우도 있지만 여전히 많은 영역에서 상대론을 고려하지 않고 풀 수 있는 문제들이 많다. 더구나 물리 밖으로 나가면 상대성 이론을 적용할 일은 것의 없어진다. 천문학을 우주물리학이라고 부르는 것을 빼고 나면, 상대론을 적용할 자연 현상은 그렇게 흔하지 않다. 그런 점에서 우리는 아인슈타인이 시작하고 아직도 그 실체를 제대로 파악하지 못한 초보적인 수준의 상대론에 머물러 있는지도 모르겠다. 인류는 엄청난 금광의 언저리에서 아무것도 모른 채 다른 일에 몰두해 있는지도 모른다. 자연은 아인슈타인의 뒤를 이어받아 상대성 이론을 더욱 확장하여 숨겨진 자연의 비밀을 밝힐 천재들의 등장을 기다리고 있다.

13

양자 세계의 개척자: 보어

    양자역학의 출현은 상대성 이론만큼 고전 물리학의 틀을 송두리째 벗어던진 물리학의 혁명이었다. 뉴턴의 보편 중력 이론은 천상계와 지상계를 통일하고 모든 자연계에서 일반적으로 적용될 수 있는 법칙을 수립하여 단일한 하나의 원리로 모든 문제를 풀어 갈 수 있다는 희망을 안겨 주었기에 미시적 세계에 대한 탐구가 시작된 19세기 말에 물리학계에서는 미시적 세계의 기술을 위해서도 동일한 역학을 적용하려는 노력이 경주되었다. 그렇지만 이러한 노력은 여러 가지 난관에 부딪히면서 좌절되었고 물리학자들은 고민 속에서 새로운 사고의 틀을 고안해 내게 된다. 이러한 과정은 17세기에 근대 역학이 출현하는 과정만큼 여러 과학자들이 개입하여 조금씩 진척되어 가는 양상을 띠었다. 그런 결과로 1930년이 되면 새로운 역학인 양자역학이 미시적 세계의 역학으로서 정립되었다는 말을 할 수 있게 되었다. 오늘날까지 양자역학은 원자 내부의 세계를 이해하는 기초적인 이론들을 제공해 주며 물질세계에 대한 더욱 깊이 있는 이해를 위한 기초로서 역할을 할 뿐 아니라 많은 기술적인 응용을 유발하여 반도체의 발명에서 시작된 20세기 전자 혁명의 중요한 이론적 토대가 되었고 다양한 금속, 초전도체, 나노 재료와 같은 새로운 재료의 개발을 위한 개념적 토대로서 중요한 역할을 담당하고 있다.

미시적 세계의 물리학

1895년에 방사능의 발견은 미시적 세계에 대한 이해의 실마리를 제공한다는 점에서 당대에 이미 많은 이들의 관심을 끌었다. 이전에는 전혀 알지 못했던 새로운 에너지가 방사선에는 있었다. 러더퍼드(Ernest Rutherford, 1871 - 1937)는 방사선의 연구로부터 그것이 알파선, 베타선, 감마선이라는 세 종류로 이루어져 있음을 밝혔고 알파선은 원자핵으로부터 양성자 두 개와 중성자 두 개, 곧 헬륨 원자핵이 튀어나오는 것이며, 베타선은 원자핵으로부터 전자가 튀어나오는 것이며, 감마선은 아주 짧은 파장을 갖는 전자기파임이 밝혀졌다. 이렇게 원자핵으로부터 입자를 내어놓을 때 원자 자체가 바뀌게 된다는 것을 알게 되면서 방사선은 원자의 세계를 이해하기 위한 탐침과 같은 역할을 하게 되었다.

또 하나의 중요한 성과는 톰슨(Joseph John Thomson, 1856 - 1940)이 1896년에 전자를 발견한 것이었다. 음극선관에서 특이한 현상인 음극선의 복사를 연구하던 톰슨은 이 복사선이 진공인 유리관 내부에 투입된 음극에서 튀어나오며 전기적으로 음성을 띠며 장애물에 맞았을 때 그것에 힘을 전달할 수 있다는 것으로부터 이것이 입자라고 판단했다. 그는 음극을 다른 금속으로 변경시켜도 동일한 성질을 갖는 복사선이 방출되는 것을 확인하고

그림 71 J. J. 톰슨

이 음극선 입자는 모든 물질 속에 들어 있는 보편적인 음전하 입자라는 생각을 하게 되었다. 이로써 이 음의 전기를 띤 입자는 최초로 발견된 원자 구성 성분으로서 지위를 얻게 되었다. 이렇게 입자상의 음전하가 원자 내부에 들어가 있다면 원자가 중성

을 띠기 위해서는 양의 기질이 퍼져 있는 사이사이에 음의 전기를 띤 전자가 건포도 빵의 건포도처럼 박혀 있는 모습일 것이라고 가정하였다.

러더퍼드는 1911년 방사선을 활용하여 원자의 내부를 알아내는 데 진일보를 이루어 내었다. 그는 알파선을 금박에 쪼이는 실험을 하였다. 알파선은 헬륨 원자핵이었는데 금 원자와 충돌하였을 때 대부분이 원자를 투과하였는데 그중에는 경로가 휘어지는 것이 있었고 심지어 정반대 방향으로 튕기는 것도 있었다. 이를 엄밀하게 분석한 러더퍼드는 금 원자가 대부분 비어 있으며 중심부에 작은 크기로 양전하와 질량이 집중되어 있음을 알았다. 이것은 톰슨이 생각한 것과는 사뭇 다른 원자의 모양이었다. 양전하가 원자 내부에 퍼져 있는 것이 아니라 좁은 구역에 모여 있다는 점과 원자의 질량이 중심부에 역시 집중되어 있다는 것은 원자 내부에 양전하를 띤 핵이 있다는 의미였다. 그리하여 러더퍼드는 원자가 태양계와 유사한 형태일 것이라고 제안하게 되었다. 즉 양전기를 띤 원자핵에 대부분의 질량이 집중되어 있고 주위를 전자들이 도는 형상일 것이라고 보았다.

그런데 이러한 모형에 문제가 있음을 다른 물리학자들이 지적하였다. 전자와 같이 전기를 띤 입자가 원운동과 같은 곡선운동을 하게 되면 가속을 받기 때문에 이렇게 가속되는 전하는 전자기파를 방출한다는 것이 이미 알려져 있었다. 그러므로 전자가 전자기파를 방출하면 점점 운동 에너지를 잃게 될 것이고 궤도 반경은 점점 줄어들어서 원자핵에 충돌하게 될 것이다. 그러므로 원자는 안정성을 가질 수 없고 모두 붕괴될 수밖에 없다는 것이었다. 이러한 문제의 해결은 개념상의 전환이 일어나지 않고는 어려웠다.

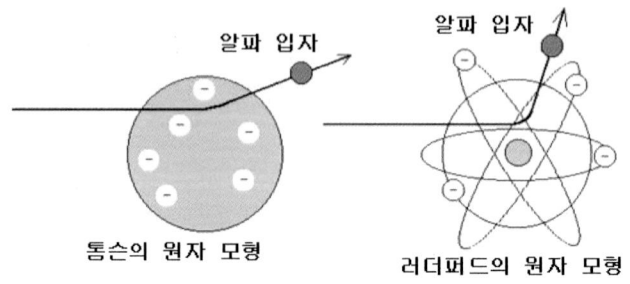

톰슨의 원자 모형   러더퍼드의 원자 모형

그림 72 톰슨과 러더퍼드의 원자 모형과 알파 입자의 예상 경로

양자 개념의 출현

19세기 말에 조명 산업은 큰 경제적 부를 창출할 수 있는 분야로서 미국과 유럽에서 모두 중시되고 있었다. 이런 과정에서 빛에 대한 관심이 크게 증폭되었는데 빛을 전자기파의 일종으로서 폭넓게 연구하고자 하는 노력이 있었다. 특히 흑체(black body)에서 방출되는 전자기파의 파장에 따라 방출되는 에너지의 분포가 알려져 있었다. 흑체란 검은 물체인데 물질의 종류에 관계없이 파장에 따라 방출하는 에너지의 분포가 일정하게 나타난다. 이 곡선의 모양은 파장이 증가하면서 복사 에너지가 급격하게 증가하다가 최고점에 도달한 후에는 완만하게 복사 에너지의 양이 줄어드는 모양을 하고 있었다. 이때 복사 에너지의 최고점을 나타내는 파장은 흑체의 온도가 올라가면 점점 짧아졌다. 이런 결과가 실험에 의해 얻어졌지만 왜 이러한 분포를 보이는지에 대해서는 쉽게 알 수 없었다. 이 문제를 풀기 위해 여러 사람이 노력하였는데 레일리는 고전역학적 진동자에 의해 발광 에너지의 분포를 탐구하여 빛의 파장이 증가할수록 에너지의 분포가 줄어드는 곡선을 얻었다. 이것은 긴 파장의 경우는 잘 설명할 수 있었지만 짧은 파장 부분은 설명이 되지 않았다. 빈(Wilhelm

Wien, 1864 – 1918)이 1896년에 제시한 설명 방식은 짧은 파장 부분만을 설명할 수 있을 뿐이었다.

이 문제를 풀려고 노력 중이었던 독일의 물리학자 플랑크는 흑체에서 방출되는 에너지가 빛의 진동수에 어떤 상수(나중에

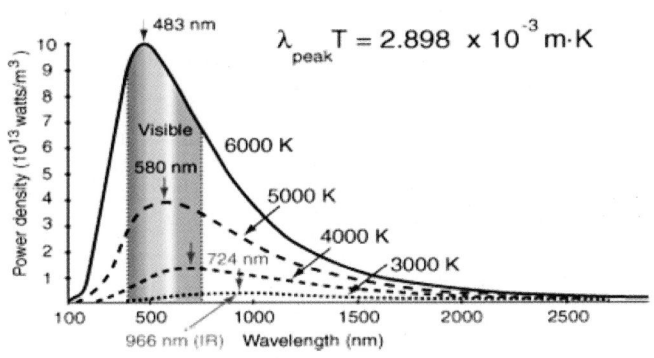

그림 73 흑체 복사 곡선

플랑크 상수라고 부르게 된다)를 곱한 값의 정수배의 에너지만을 갖는다고 가정하고 문제를 풀었다. 그렇게 하였더니 흑체 복사 곡선을 완전하게 기술할 수 있는 공식을 얻어 낼 수 있었다. 이는 마치 원운동의 조합을 가지고 행성의 복잡한 운동을 기술하려고 고심한 고대 천문학자들의 현상 구제 노력과 흡사했다. 현상을 구제하기 위한 하나의 방안으로서 복사 에너지가 연속적인 분포를 갖지 않고 일정한 기준량의 정수배라는 띄엄띄엄 떨어져 있는 값을 갖는다는 가정이 도입되었던 것이다. 플랑크는 1900년 말에 이 논문을 발표하였는데 자신이 새로운 양자 물리학의 시대를 열었음을 의식하지 못했다. 그는 이 양자화 가정을 특수한 목적을 달성하기 위한 임시방편으로 도입한 것이지 그것 자체에 커다란 의미를 부여하지 않았던 것이다. 그럼에도 불구하고 그의 방식으로 흑체 복사 곡선이 기술된다는 것은 그의 가정 자체에 중요한 의미가 있을지 모른다는 생각을 불러일으켰다. 이런 생각을 남들보다 먼저 한 사람은 아인슈타인이었다.

광전 효과와 광양자

금속이 짧은 파장의 빛을 받으면 전자를 내어놓는다는 것이 19세기 말에 알려졌다. 맥스웰의 이론에 따르면 빛의 강도를 높이면 빛 에너지가 금속에 누적되어 더 빠른 속력을 가진 전자가 방출되어야 한다. 그런데 쪼이는 빛의 강도를 높이면 더 큰 속력을 가진 전자가 표면에서 방출되지

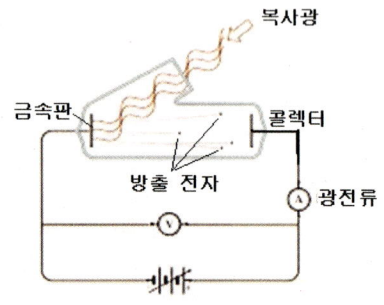

그림 74 광전 효과 실험 장치

않고 동일한 속력의 전자가 방출되었다. 대신 빛의 강도를 높이면 증가하는 것은 방출되는 전자의 수였다. 진동수를 낮추면 방출되는 전자의 속력은 점점 느려지다가 일정한 진동수 이하의 빛은 아무리 오래 쪼여 주어도 전자가 방출되지 않았다. 역시 맥스웰의 이론에 따르면 아무리 진동수가 작은 빛이라도 강하게 계속 쪼여 주면 전자가 방출될 수 있어야 한다.

이러한 현상을 고전 물리학의 개념으로는 설명할 수 없는 것이 문제였다. 이것을 양자 개념을 들고 나와 해결한 사람이 아인슈타인이었다. 아인슈타인은 1905년에 광전 효과에 대한 해석을 제시하였고 이 공로로 1921년에 노벨 물리학상을 수상했다. 이 논문을 통해서 플랑크가 제시한 양자 개념이 물리학계에서 널리 받아들여지게 되었기 때문에 아인슈타인이 양자역학의 출현 과정에서 결정적인 기여를 하였다고 볼 수 있다.

아인슈타인은 빛이 광양자(light quantum)라는 알갱이로 되어 있다고 보았고 이 광양자 한 개의 에너지는 빛의 진동수에 플랑크 상수를 곱한 값이라고 했다. 이 광양자는 마치 구슬처럼 행동해서 금속 표면을 때려서 거기에 있는 전자를 떼어낸다. 그런데 전자가 금속 표면에서 떨어지기 위해서는 일정한 에너지(그

것을 일함수라고 한다) 이상의 에너지를 받아야 떨어져 나온다. 그러므로 일정한 진동수(문턱 진동수라고 한다) 이상의 진동수를 갖는 광양자만이 전자를 떼어낼 수 있다. 그러므로 문턱 진동수보다 낮은 진동수를 갖는 광양자는 아무리 많이 와서 금속 표면을 때려도 전자를 떼어낼 수가 없다. 그리고 떨어져 나오는 전자의 운동 에너지는 광양자의 에너지 중에서 일함수를 제외한 나머지 부분이 전해진 것이다. 그러므로 진동수가 높은 빛을 쪼일수록 방출되는 전자의 운동 에너지는 커지게 되고 그에 따라 전자의 운동 속도도 커지게 된다. 이와 같이 빛이 파동이 아니라 입자와 같이 행동한다고 가정하면 광전 효과는 수월하게 설명될 수 있다. 맥스웰의 이론에서는 빛은 전자기파의 일종으로서 철저하게 파동으로 행동하게 되어 있는데 빛을 입자로도 볼 수 있다는 생각은 매우 혁명적인 발상이었다. 그러므로 플랑크의 가설도 흑체 복사에서만 유효한 임시적인 것이 아니라 빛이 본성상 때로는 양자처럼 행동한다는 것을 보여주는 예라고 해석해야 할 것이었다. 이런 점을 아인슈타인은 간파하였고 플랑크의 흑체 복사 이론이 옳았고 양자 개념을 최초로 도입한 사례임을 언급하였다. 빛이 파동이면서 동시에 입자이기도 하다는 생각 자체가 매우 이해하기 힘들지만 상황에 따라서 다른 모습으로 나타나는 것을 받아들이는 것이 타당하다는 쪽으로 물리학자들의 생각은 변화되었다. 빛의 이중성이 정립된 것이다.

보어의 수소 원자 모형

닐스 보어(Niels Bohr, 1885 - 1962)는 덴마크의 코펜하겐(Copenhagen) 대학 교수인 아버지 밑에서 태어났다. 그는 어려서부터 총기를 인정받았고 아버지를 자주 찾아온 지적인 인사들과의 교류를 통해서 더욱 강한 지적 동기를 부여받았다. 그는 코펜하겐 대학을 우수한 성적으로 졸업한 후에 영국의 케임브리지 대학의 캐번디시 연구소로 갔다. 그는 처음에 톰슨을 만나 도움을 구했으나 영어에 능숙하지 않은 외국의 젊은이에 대해 톰슨은 특별한 관심을 보이지 않았다. 그리하여 보어는 맨체스터 (Manchester) 대학에 있던 러더퍼드를 찾아갔다. 러더퍼드는 일찍부터 그의 가능성을 알아보았고 그를 자신의 연구팀에 합류시켜 주었

그림 75 닐스 보어

다. 러더퍼드 자신이 뉴질랜드(New Zealand) 농부의 아들이었기에 그 또한 외국에서 겪는 어려움에 대해 누구보다 잘 알았기 때문이었을 것이다.

보어는 이때부터 유능한 물리학자들과 교류하기 시작했고 러더퍼드의 원자 모형이 가진 문제점을 고심하다가 자신만의 수소 원자 모형을 제시하기에 이르렀다. 그의 수소 모형은 당시에 알려진 실험 결과인 수소의 선 스펙트럼을 설명하기 위해 제안되었다. 그는 발머(Johann Balmer, 1825 – 1898)가 1885년에 제시한 수소 선 스펙트럼 공식을 수소의 원자 구조로부터 설명할 수 있는 이론을 구축하려고 노력했다. 보어는 그 과정에서 원자 물리학에 혁명을 일으킬 이론을 구축할 수 있었다.

그의 이론은 전자의 에너지 준위에 에너지 양자화 개념을 도입한 것이었다. 그는 수소 원자핵 주위에 전자들의 궤도를 띄엄띄엄 떨어져 있는 에너지 준위로 상정했다. 그리고 그 각각의 준위에 전자가 머물 때에는 아무런 빛을 내보내지 않지만 전자가 높은 에너지 준위에서 낮은 에너지 준위로 전이될 때 두 에너지 준위의 에너지 차에 해당하는 진동수의 빛을 방출한다고 보았다. 반대로 낮은 에너지 준위에 있던 전자가 높은 에너지 준위로 전이하기 위해서는 두 에너지 준위의 차에 해당하는 빛

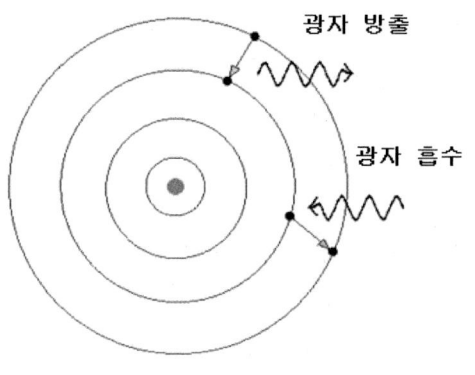

광자 방출

광자 흡수

그림 76 보어의 수소 원자 모형

을 받았을 때에만 전이가 일어 난다는 것이다. 이런 방식으로 보어는 수소의 선 스펙트럼과 흡수 스펙트럼을 설명할 수 있 었다. 그는 플랑크가 제시한 양 자 개념을 원자의 구조를 설명 하는 데 적용함으로써 양자 물 리학이 한 걸음 나아가게 하는 데 결정적으로 기여했다. 그의 이론은 오직 수소의 경우, 즉 전자가 한 개인 경우만 설명할 수 있었다. 그 이후에 그의 이론 을 타원 궤도로 적용하여 다른 현상까지 설명하려는 조머펠트 (Arnold Sommerfeld, 1868 - 1951)의 이론이 나왔고 더 무거운 원 소들에 대해서 근사적인 해를 구할 수 있는 방법들이 연구되었다.

보어는 자신의 수소 원자 모형의 제시를 통해 물리학계에서 유명해졌고 1916년에 덴마크로 돌아와 코펜하겐 대학 교수가 되었다. 그는 1921년에 덴마크 정부와 칼스버그(Carlsberg) 재단 의 도움을 받아 이론 물리학 연구소를 설립하였다. 이곳은 지상 3층, 지하 1층의 작은 건물이었는데 그곳에는 항상 전 세계에서 물리학자들이 수시로 찾아와 함께 토론하고 연구하는 것이 가능 했다. 그리하여 보어는 이들과의 교류를 통하여 양자 물리학의 진로에 지속적으로 영향을 미치게 되었다.

양자역학의 수립

이 과정에서 미시적 세계에 대한 이해에 하나의 전기를 마련 하게 되는 이론이 제시되었다. 그것을 제시한 인물은 프랑스의 왕족 출신인 드 브로이(Louis de Broglie, 1892 – 1987)였다. 빛이 입자의 성질을 지닌다는 것은 광전 효과와 컴프턴(Compton) 산란 효과에 의해 확실해졌다. 그러자 1924년에 드브로이는 반대로 입자로 알려진 것이 파동의 성질을 지닐 것이라는 '물질파' 이론을 그의 박사논문에서 주장하였다. 그는 물질파가 어떤 파장과 진동수를 가져야 하는지도 제시하였다. 그에 따르면 시속 150킬로미터로 날아가는 질량 200그램의 야구공은 그 파장이 2.45×10^{-35} 미터로 파장이 너무 짧아 파동성을 확인하기 어렵다. 그렇지만 초속 3백만 미터로 움직이는 전자의 경우에는 파장이 2.45×10^{-10} 미터 정도여서 원자들이 이루는 격자 구조에 의해서 회절 무늬를 얻을 수 있다. 사람들은 코웃음을 쳤지만 그리 오래지 않아 1927년에 전자빔의 회절 효과가 데이비슨(C. J. Davisson, 1881 – 1958)과 거머(L. H. Germer, 1896 – 1971)의 실험에 의해 입증되었다. 회절 효과는 작은 구멍을 통과한 빛줄기들이 꺾이면서 서로 간섭무늬를 만들어 내는 현상인데 빛에서만 일어나는 것으로 알려졌던 것이 고속으로 쏘는 전자빔에서도 그런 무늬가 발생하고 그 무늬의 간격이 드브로이가 예측하였던 것과 일치된 결과를 얻자 사람들은 물질파가 존재한다는 것을 믿지 않을 수 없게 되었다. 흥미로운 점은 데이비슨과 거머는 드브로이의 물질파 이론을 알지 못했고 우연적인 과정에서 이러한 현상을 발견하게 된 것이었다. 드브로이 물질파를 확인하려는 조직적인 노력을 전개한 사람은 전자를 발견한 J. J. 톰슨의 아들인 G. P. 톰슨(G. P. Thompson, 1892 – 1975)이었는데 그는 이들보다는 2년 늦은 1929년에 전자 간섭무늬를 얻어 내었고 이로써 드브로이가 옳았음을 확인하였다. 이로써 드브로이, 데이비슨, 톰슨은 모두 노벨상을 받았다. 물질파 원리는 전자 현미경의 기본 원리이다. 광학 현미경에서 가시광선이 하고 있는 역할을 전자 현미경에서는 고속의 전자빔이 담당하고 있다. 이것은 전자가 파동처럼 행동하기 때문에 가능한 것이고 전자빔의 파장이 가시광선보다 훨씬 짧기 때문에 전자 현미경의 해상도는 광학 현미경의 그것보다 훨씬 높다.

보어의 집을 근거지로 삼은 코펜하겐학파의 일원은 하이젠베르크(Werner Heisenberg, 1901 - 1976)였다. 그는 철저한 독일 민족주의자였다. 그렇지만 그의 물리학에 대한 열정은 국경을 초월한 것이었다. 그는 양자역학의 진로에 절대로 빠질 수 없는 업적을 남겼다. 1927년에 하이젠베르크는 코펜하겐 대학에서 보어와 함께 일하던 시절에 불확정성의 원리를 수립하였다. 이것은 운동량의 범위와 위치의 범위의 곱은 일정한 범위보다 작아질 수 없다는 것이었다. 여기에서 일정한 값이란 바로 플랑크 상수 6.6×10^{-34} m²kg/s를 4π로 나눈 아주 작은 값이다. 비록 그 값이 작다고는 하나 그것은 유한한 값이므로 어떤 한계를 지정하는 법칙이다. 어떤 작은 입자의 운동을 우리가 기술하고자 할 때 우리는 그 입자의 위치와 운동량 또는 속도와 질량을 알기를 원한다. 그래야 그 입자가 이후에 어떤 운동을 할 것인가를 예측할 수 있다. 그럼에도 불구하고 하이젠베르크는 그러한 정보에 한계가 있음을 제시한 것이다. 가령, 전자의 위치가 일정한 범위 안에 있다는 것을 알게 되면 전자가 얼마의 속력을 가질지를 아는 데에는 범위가 한정된다. 더 정확하게 속도의 범위를 알고자 해도 알 수가 없다. 만약 전자의 위치를 좀 더 정밀하게 측정하게 되면 그 운동량의 범위는 더 커지게 된다. 반대로 운동량을 더욱 정확하게 측정하려고 하면 위치의 오차는 더욱 증가하여 입자가 어디 있는지는 덜 정확하게 알게 된다. 이것은 에너지와 시간에 대해서도 동일한 이야기를 할 수 있다. 즉 에너지 측정의 한계 범위와 시간 측정의 한계 범위의 곱은 플랑크 상수를 4π로 나눈 값보다 작아질 수 없다. 이러한 측정의 한계를 설정하게 된 것은 미시적 세계에 대하여 인간이 알 수 있는 한계를 인식한 것이었지만 이것 자체가 미시적 세계의 본성에서 유발되는 것이란 견해로 확장되었다. 인간이 뭔가 미시적 세계에 대해서 알려면 어떤 수단을 사용해야 하는데 그러한 수단을 사용하는 것 자체가 물리적 계를 교란하기 때문에 인간은 미시 세계에 대해서 아는데 근본적인 한계를 가질 수밖에 없다는 것에서 물리적 계 자체가 그러한 것을 확정하지 않는 본성을 가지고 있다는 불확실성으로 나아간 것이다. 이러한 원리를 보어는 확장시켜 자신의 상보성 원리를 만들어 내었다. 그는 1927년에 "양자이론의 철학적 기초"라는 강연에서 위치와 운동량, 에너지와 시간, 입자와 파동 등은 서로 보완적 관계에 있다는 철학적인 주장을 발표했다.

$$i\hbar\frac{\partial}{\partial t}\psi(r,t) = -\frac{\hbar^2}{2m}\nabla^2\psi(r,t) + V(r,t)\psi(r,t)$$

그림 77 슈뢰딩거 방정식의 일반적인 형태

이러한 개념과 물질파의 개념을 전자의 운동을 기술하는 파동 함수의 개념으로 상정하고 그 함수의 상태를 풀어낼 수 있는 방안을 제시한 인물은 오스트리아의 물리학자인 슈뢰딩거(Erwin Schrödinger, 1887 – 1961)였다. 그는 자신이 수립한 파동 방정식을 풀이함으로써 원자 내에서 전자의 물질파가 원자핵 주위에 닫힌 고리 형태를 만들어 내기 위해 가능한 궤도들을 구할 수 있었다. 슈뢰딩거 방정식은 가능한 퍼텐셜의 형태를 제시해 주면 그로부터 전자들의 운동이 어떻게 이루어져야 하는지 제시해 주는 범용 방정식이었기에 양자역학에서 아주 다양한 문제에 적용될 수 있는 중요한 발전이었다. 한편 양자역학을 구축하려는 노력이 다각적으로 경주되면서 하이젠베르크는 행렬역학을 만들었는데 나중에 확인된 바로는 그것은 슈뢰딩거의 파동역학과 수학적으로 동일한 결과를 내는 것이었다. 슈뢰딩거의 파동 방정식은 원자 내부에서 전자가 어떤 방식으로 운동을 해야 하는지를 보여주는데 그것이 파동의 형태로 주어져 있다. 그런데 그 파동이 무엇의 파동인가에 대해서 의견이 분분했다. 전자의 물질파의 파동이 정상파의 형태로 원자핵 주위에 형성되어 있다는 것이 어떤 의미인가를 놓고 벌어진 논쟁에서 보른(Max Born, 1882 - 1970)은 확률의 파동이라는 해석을 제시하였다. 파동의 진폭을 제곱하면 그 위치에 전자가 존재할 확률을 나타내는 것으로 해석되었다. 이러한 해석은 하이젠베르크의 불확정성의 원리에 따라 전자가 존재할 위치의 정확성은 제한적이므로 엄밀하게 전자가 어느 위치에 있는지는 알 수 없고 다만 그곳에 전자가 존재할 확률의 분포만을 알 수 있다는 생각으로 발전하게 된 것이다. 이것은 뉴턴 물리학에서 어떤 입자의 초기 위치와 운동량만 알면 일정한 시간이 경과한 후에 그 입자의 위치와 운동량을 알 수 있다던 결정론적인 운동 기술이 무너지고, 전자의 위치와 경로는 알 수 없으며 다만 확률적으로만 전자의 분포를 파악하는 방식으로 나아가게 된 것을 의미했다. 이러한 확률론적 미시 세계 해석 방식은 보어를 중심으로 한 코펜하겐학파에 의해 지지받았다. 이로써 양자역학은 미시 세계에서 인과적 관계가 단일하게 연결되던 뉴턴 역학적 기술 방식을 버리고 비인과율이 지배하는 세계로 남겨두는 쪽을 택하게 되었다. 이러한 선택에 대해서 가장 못마땅하게 생각한 인물은 아인슈타인이었다.

보어 - 아인슈타인 논쟁

물리학의 임무는 어디까지인가? 숨겨진 메커니즘을 철저하게 찾는 데까지 가야 하는가 아니면 숨겨진 자연의 속성에 대해서는 알려고 하지 말고 알 수 있는 것에 집중해야 하는가? 아인슈타인은 코펜하겐 해석의 비결정성에 대해서 불만이 많았다. 그

는 숨겨진 모든 비밀을 찾을 때까지 양자역학은 계속 가야 한다
는 입장이었다. 그는 보어를 만날 때마다 가능한 한 이 문제에
대한 자신의 견해를 피력하였고 보어는 아인슈타인이 제시한 문
제에 대해서 하나하나 답변하였다.

  아인슈타인은 불확정성 원리를 받아들이지 않으려고 했으므
로 운동량과 위치를 정확하게 알 수 있는 사고 실험을 고안하였
다. 그것은 전자빔에 의한 이중 슬릿 실험이었다. 이중 슬릿 실
험은 19세기 초에 영국의 토머스 영(Thomas Young)이라는 사람
이 빛의 파동성을 입증하기 위해서 고안한 것이었다. 이것은 빛
이 투과할 수 없는 판에 폭이 좁은 길쭉한 홈(슬릿이라고 부른

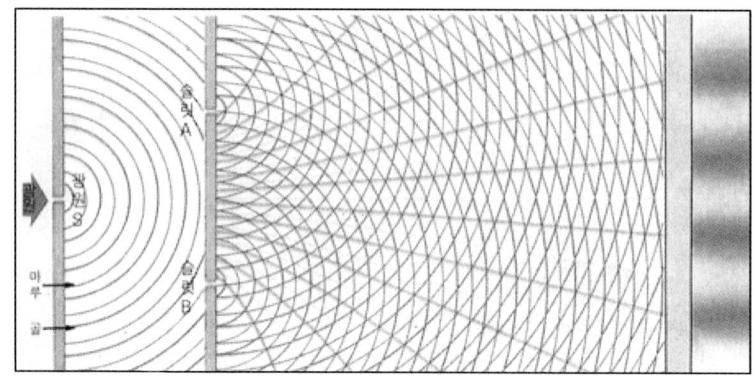

그림 78 이중 슬릿 실험

다)을 내어 빛이 통과할 수 있게 한 장치를 사용한 실험이다.
단일 슬릿을 통과시킨 빛은 평행하게 뚫린 두 개의 슬릿을 동시
에 통과한다. 그 후에 두 빛줄기가 스크린에 빛을 비추게 되는
데 스크린에 중심부터 밝고 어두운 무늬를 교대로 만들어 낸다.
이것은 빛이 파동이기 때문에 간섭을 일으켜 나타나는 현상이
다. 이로써 영은 빛이 파동이라는 것을 입증하였다. 전자도 역시
파동으로 행동하므로 전자빔을 사용해서 비슷한 결과를 얻을 수
있다. 아인슈타인은 전자를 사용하는 아주 작은 실험 장치를 상
상해서 논의를 전개했다. 하이젠베르크의 불확정성의 원리에 의

하면 첫 번째 슬릿을 통과한 전자가 다음 장애물에 있는 두 개의 슬릿 중에서 어느 한쪽을 통과하는지 알 수가 없다. 이것을 파동함수로 해석하면 전자의 파동함수가 두 슬릿을 동시에 통과한다고 보아야 한다. 둘은 대칭적인 위치에 있으므로 전자가 어느 한쪽을 선호한다고 할 수 없으므로 파동함수도 대칭적으로 나타나고 전자가 두 슬릿을 통과할 확률은 같게 된다. 두 슬릿을 동시에 통과하는 전자가 있을 때에라야 스크린에 간섭무늬를 만들 수 있는데 최초의 슬릿을 충분히 작게 하면 전자가 하나씩만 슬릿을 통과하게 할 수 있다. 그런 경우에도 간섭무늬는 생길 수 있다.

아인슈타인은 전자가 어느 쪽 슬릿을 통과하는지 알아내고서도 간섭무늬가 사라지지 않게 할 수 있다고 생각했다. 최초의 슬릿을 통과하면서 두 슬릿 중 어느 쪽을 통과할지가 결정이 나게 되는데 위쪽을 향하는 전자는 최초의 슬릿이 있는 장애물을 아래쪽으로 밀고 위쪽으로 향한다. 이것이 운동량 보존 법칙에 의해 일어나는 현상이다. 아래쪽 슬릿으로 가는 전자는 최초의 슬릿을 통과하면서 장애물을 위쪽으로 민다. 그러므로 최초의 슬릿이 있는 장애물의 움직임을 정밀하게 점검할 수 있는 장치를 만들어 놓으면 전자가 어느 쪽으로 향할지를 알 수 있다. 그러면 전자가 두 슬릿 중 어느 쪽을 통과하는지를 알아낼 수 있고 이렇게 알아내는 과정 자체가 간섭무늬를 없어지게 하지 않는다는 것이 아인슈타인의 생각이었다.

이러한 반론에 대하여 보어는 역시 불확정성 원리는 아무런 문제가 없다는 입장을 견지했다. 보어는 아인슈타인이 생각하는 장치는 역시 최초의 슬릿이 만들어진 장애물의 운동량을 정확하게 측정하려고 하는 순간에 전자의 운동을 교란시켜 간섭무늬를 사라지게 할 것이라고 했다. 그 이유는 다음과 같다. 간섭무늬가 확실하게 나타나게 하는 방법은 전자의 충격에 의해서도 슬릿이 설치된 장애물이 움직이지 않도록 해야 한다. 그런데 아인슈타인이 말한 대로 전자의 충격을 감지하려면 이 장애물이 견고하게 설치되어서는 안 된다. 약간의 충격에도 움직일 수 있도록 유동성을 주어야 한다. 그런데 그렇게 움직일 수 있게 만드는 것 자체가 두 개의 슬릿에 도달하는 전자의 움직임에 영향을 주게 되어 있다. 간섭무늬가 고정되어 있기 위해서는 최초의 슬릿은 정확하게 같은 장애물에 뚫린 두 슬릿의 정중앙의 위치를 바라보게 설치되어야 한다. 그래야 스크린의 정중앙에 밝은 무늬가 나타나게 되는데 아인슈타인이 말하는 장치로는 전자의 움직임에 따라 요동이 일어나기 때문에 슬릿의 위치가 고정이 되지 않아 교란이 일어나면서 간섭무늬가 옮겨지게 된다. 이것은 수없이 많은 전자들이 짧은 시간 간격으로 슬릿을 통과하는 상황에서 매번 전자가 통과할 때마다 간섭무늬가 옮겨지는 것이므로 간섭무늬는 흐릿해지고 경계선이 모호해지면서 결국 간섭무늬 자체가 사라지는 효과를 내게 된다.

아인슈타인이 들고 나온 또 다른 사례는 거울면으로 만든 상자 속에 갇힌 광자의 탈출에 관한 실험이다. 상자 안에는 시계가 있어서 그 작동에 의해 셔터를 열고 닫아 광자를 내보낸다. 그리하여 시각을 정확하게 잴 수 있다. 사건 전후에 잰 상자의 질량 변화로부터 에너지의 변화량을 알 수 있다. 셔터를 열고 닫는 정확한 시간에 상자의 에너지를 정확하게 측정할 수 있으므로 불확정성 원리는 잘못이라는 것이 아인슈타인의 생각이었다. 뜬눈으로 밤을 보낸 보어는 마침내 해결책을 찾아냈다. 그것도 아인슈타인의 상대성 이론을 이용해서 허점을 발견해 냈다. 광자가 방출될 때 상자는 그 반동으로 흔들린다. 이러한 움직임은 일종의 가속이므로 상자의 가속으로 시계의 시간은 느려진다. 그러므로 사건이 발생한 시각을 정확하게 알 수 없게 된다. 시각의 교란이 생기지 않도록 상자를 강하게 고정시키면 사건이 발생한 시각은 정확히 알 수 있으나 상자의 질량 변화를 잴 수 있는 방법이 없다. 상자의 질량을 잴 수 있게 해 주면 상자가 흔들리면서 시간을 정확히 잴 수 없게 된다. 아인슈타인은 "신은 주사위 놀이를 하지 않는다."라고 양자역학에 불평을 터뜨렸지만 보어는 "신에게 뭘 할지 말하지 말라."고 말했다.

1933년에 아인슈타인은 포돌스키(Boris Podolski, 1896 – 1966), 로젠(Nathan Rosen, 1909 – 1995)과 함께 쓴 논문에서 국소성의 문제와 관련하여 코펜하겐 해석을 공격하였다. 여기에서 아인슈타인은 자신의 상대성 이론이 당연하게 받아들이고 있는 국소성의 개념이 물리적 실재에 대하여 코펜하겐 해석과 부합하지 않는 것을 보이려고 하였다. 이를 간단한 예를 들어 살펴보자. 두개의 입자가 하나로 합쳐져 있을 때 원래 스핀(spin, 입자의 회전으로 가시화할 수 있는 입자의 미시적 상태)이 0이었는데 둘로 떨어져 나오면서 하나는 업스핀(가령, 반시계 방향의 회전), 하나는 다운스핀(시계 방향의 회전)을 갖게 되었다고 가정하자. 그후 이 두 입자는 갈라져서 아주 먼 거리로 떨어졌는데 한쪽 입자의 스핀을 업에서 다운으로 바꾸어 주면 이 두 입자로 된 시스템은 스핀 0의 상태를 유지하기 위해 다른 쪽의 입자가 스핀이 다운에서 업으로 바뀌어야 한다. 양자역학의 코펜하겐 해석에 따르면 두 입자는 하나의 계로 간주되며 계의 최초의 상태는 두 입자가 아무리 멀리 떨어져 있어도 유지되어야 한다. 이것은 비국소성이라고 할 수 있겠는데 아인슈타인의 상대성 이론에 의하면 한쪽 입자의 스핀이 바뀌는 효과가 다른 쪽 입자에 전달되는 속력은 광속 이상의 속력을 낼 수는 없기 때문에 동시에 스핀이 바뀔 수는 없고 약간의 시간의 경과가 어쩔 수 없이 요구된다. 광속보다 빠른 효과의 전달은 일어날 수 없다는 것이 상대성 이론에서 아인슈타인이 항상 강조해 온 기본적 개념이었다. 그러므로 중력조차도 파동의 형태로 전달되고 광속으로만 전달될 수 있었다. 이에 대하여 1982년에 프랑스의 물리학자 아스펙(Alan Aspect)이 실험을 수행하였다. 그 실험의 결과는 코펜하겐 해석대로 비국소성이 옳은 것으로 나왔다. 이해할 수 없지만 충분히 멀리 떨어진 두 입자는 하나의 계로서 즉각적인 상호 작용을 주고받았다. 그것은 광속보다 빠르게 일어났던 것이다. 이러한 결과를 설명하기 위해서 많은 물리학자들이 고심하고 있고 보어와 아인슈타인의 논쟁은 아직도 미해결의 문제를 남긴 채 상대성 이론과 양자역학을 조화시키기 위한 방안에 대한 열띤 연구를 유발하고 있다.

14

이중나선과 분자생물학의 출현: 왓슨과 크릭

우리는 유전학의 발전이 현대 문명을 뒤흔드는 시대에 살고 있다. 유전공학이라는 말이 너무 보편화해서 유전이라는 말이 무엇을 지시하는지도 잘 모르게 되었나. DNA의 구조의 발견이 인간의 유전에 대한 이해를 획기적으로 진전시키고 그것의 조작을 통해서 새로운 생명체를 만들 수 있다는 것이 현실화한 시점에서 우리는 가히 생명 혁명의 시대를 살고 있다.

오랫동안 생명체는 신비의 대상이었다. 자연물 중에서 생명체는 특이한 복잡성을 가지고 있었고 그러한 복잡성을 대를 이어 전해줄 수 있다는 놀라운 사실 때문에 사람들의 마음을 사로잡곤 했다. 실로 유전은 오랫동안 사람들의 관심을 끌어온 생명 현상의 하나였다. 콩 심은 데 콩 나고 팥 심은 데 팥 난다는 말은 유전의 법칙에 대한 초보적인 이해를 바탕으로 한 것이다. 콩이 팥이 될 수 없다는 사실은 대를 거듭하면서 자손에게 전달되는 뭔가가 있음을 드러내는데 그것은 어떤 체액의 성분일 것이란 생각이 주종을 이루었다. 그렇기 때문에 서양이나 동양이나 혈통이라는 말이 피와 연관성을 드러내고 있는 것이다. 좋은 집안에 속한다고 하는 것은 좋은 조상의 피를 이어받아서 되는 것이란 생각이다.

그렇지만 정작 유전이 구체적으로 어떻게 일어나는가에 대해서는 체계적인 이해가 부족하였다. 유전이 어떤 물질적인 인자에 의해서 비롯된다는 생각도 있었지만 인간이 알 수 없는 어떤 비물질적 생명의 기운에 의해 유발된다는 생각이 오랫동안 사람들의 마음을 사로잡았다. 이것은 생기력이라는 이름으로 사람들의 생명에 대한 생각을 신비의 틀에 가두어 놓았다. 생기력은 생명 현상을 지배하는 모종의 힘으로 모든 생명 현상의 원천이었다. 19세기 중반에 이르러 생리학을 생기력의 마수에서 벗어나게 하려는 노력이 환원주의자들에게 일어났다. 그들은 발전한 화학과 물리학의 지식을 생명 현상에도 동일하게 적용하여 생명의 신비를 물

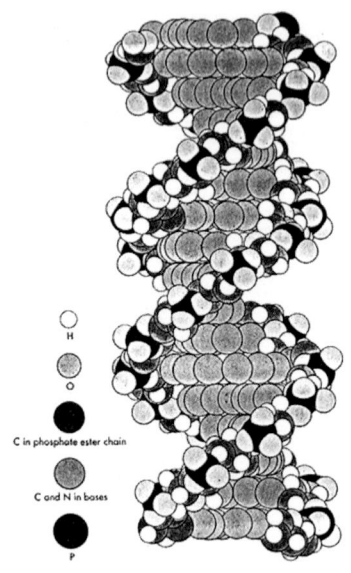

그림 79 DNA 이중 나선

리적 현상과 화학적 현상으로 환원시키고자 했다. 그러한 노력은 체계적인 실험의 방법을 통해 많은 진전을 이루어 내었다. 생명 현상을 기계적 작용이나 복잡한 화학공장으로 환원하려는 노력은 많은 결실을 거두고 있었다.

멘델 유전학

이러한 영향을 상당 부분 받아서 생물의 유전의 문제를 바라본 이는 멘델(Gregor Mendel, 1822 - 1984)이었다. 멘델은 생물의 유전이 어떤 유전자라고 하는 물질적인 실체에 의해 지배된다는 생각을 했다는 점에서 생기력에서 벗어나고자 하는 사고를 확실히 하고 있었다. 유전이 아무리 복잡해 보여도 그것은 어떤 화학 물질에 의해 야기되며 그러한 물질의 전달 과정을 탐구함으

로써 그는 유전의 비밀을 밝혀낼 수 있을 것으로 생각하였다. 그는 이러한 문제를 다루기 위해서는 철저한 실험이 필요하다는 생각을 하였다는 점에서 매우 근대적인 마인드를 갖춘 인물이었다. 그는 실험을 하고 실험 결과를 통계적으로 처리하는 유연함을 보였다. 그가 연구 대상으로 택한 완두는 하나의 개체가 한 세대 내에서 많은 자손을 생산하는 특성을 가지고 있었다. 그가 이러한 선택을 할 수 있었던 것은 개체 수가 많을 때 더 정확한 법칙에 도달할 수 있다는 통계학에 대한 이해를 갖추고 있었기 때문이었다. 이러한 노력을 그가 경주하였을 뿐 아니라 그것을 매우 성공적으로 수행하여 시대를 한참 앞서 탁월한 유전 법칙을 수립하였다는 것은 그 과학성이나 이후에 인간 사회에 미칠 영향력 면에서니 코페르니쿠스의 태양중심설보다 더 대단한 과학적 성과였다. 그는 단번에 올바른 법칙에 도달하였는데 그러한 사고는 누구도 쉽게 할 수 있는 성질의 것이 아니었다.

그림 80 그레고르 멘델

멘델은 1856년에서 1863년 사이에 그의 수도원에서 29,000본의 완두를 가지고 실험하여 우열의 법칙, 분리의 법칙, 독립의 법칙을 얻었다. 우열의 법칙이란 대립되는 형질을 갖는 순종 개체들을 교차 교배시켰을 때 한 가지 형질을 갖는 개체들만 생겨난다는 것이다. 이때 나타나는 형질을 우성이라고 부르고 가려지는 형질을 열성이라고 부른다. 그러나 이때 가려지는 형질이 열등한 형질을 의미하는 것은 아니었다. 이렇게 해서 얻어진 우성의 개체를 자가 수분시키면 우성 형질과 열성 형질이 분리되어 나타났다. 이때 우성과 열성의 개체 수의 비는 3 대 1로 나타났다. 이를 분리의 법칙이라고 한다. 그리고 여러 가지 형질을 갖는 개체 간에 교배를 시키면 각각의 대립 형질은 다른 대립 형질의 유전을 교란하지 않더라는 것이다. 이를 독립의 법칙이라고 한다.

이러한 멘델의 유전 법칙은 유전이 유전자라고 하는 물리적 실체에 의해 유발되는 것을 분명히 했다. 그러나 멘델의 연구는 1865년에 발표된 이후 오랫동안 세상에 잊혔다. 그러다가 멘델 사후인 1900년에 3인의 연구자인 드 브리스(Hugo de Vries, 1848 – 1935), 코렌스(Carl Correns, 1864 – 1933), 체르막(Erich von Tschermak, 1871 – 1962)에 의해 독립적으로 재발견되었다. 곧이어 드 브리스는 돌연변이를 발견했고 초파리 연구로 모건(Thomas Hunt Morgan, 1866 – 1945)은 유전자가 염색체에 있음을 확인했다. 이러한 성과들은 홀데인과 피셔 등의 개체군 유전학과 함께 유전에 대한 심화된 이해의 길을 열었다.

DNA의 본성을 찾아서

염색체에서 유전자를 찾으려는 노력은 염색체의 구성 성분 중 주로 단백질에 모아졌다. 당시로서는 이러한 복잡한 정보를 담을 수 있는 물질로 가장 타당한 것은 단백질 외에는 없었다. 한편 DNA는 1869년에 독일의 과학자 미셔(Friedrich Miescher, 1844 – 1895)에 의해 발견되었다. 미셔는 핵 속에 산성을 띠는 물질이 있음을 발견하고 그것을 뉴클레인(nuclein)이라고 불렀다. 미셔는 그것이 인을 함유하고 있으며 산성인 것을 밝혀냈다. 염색체 안에 DNA가 다량 들어 있는 것이 확인되었으나 DNA가 유전자일 가능성을 생각하는 과학자는 거의 없었다. 오히려 대부분의 과학자들은 DNA와 관련된 단백질이 유전 정보를 운반한다고 생각했다.

DNA의 화학적 조성은 20세기가 시작될 즈음에 알려졌다. DNA는 3가지 기본 화학 물질로 되어 있다. 디옥시리보스 (deoxyribose)라고 부르는 당과 인산, 그리고 염기라고 부르는 화학 물질 그룹으로 이루어져 있다. 당과 인산은 DNA 분자 어디서나 똑같지만 염기는 4가지 중 하나가 될 수 있다. 조성은 알았지만 아무도 그것이 어떠한 구조를 갖는지는 알지 못했다.

DNA가 유전 물질이라는 것은 유전 물질을 찾던 과학자들이 아니라 폐렴 박테리아를 연구하던 과학자들에 의해서 이루어졌다. 20세기 초 폐렴은 심각한 보건 문제였다. 이런 이유 때문에 폐렴의 발생 원인 폐렴구균에 대한 연구가 활발했다. 폐렴구균

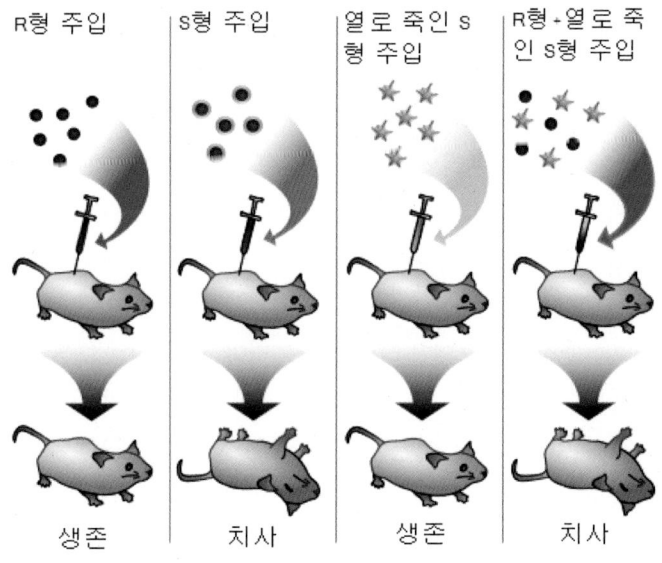

그림 81 그리피스의 형질 변환 실험

에는 다양한 변이가 존재해 감염성을 갖는 변종과 그렇지 않은 변종이 존재했다. 폐렴구균은 감염성과 비감염성이 있었는데 감염성은 매끈한 집락(colony)을 만들기 때문에 S형(smooth type)이라고 불렀고 비감염성은 거칠거칠한 집락을 만들기 때문에 R형(rough type)이라고 불렀다. 이러한 집락의 차이는 R형과 S형이 가진 외피, 즉 당으로 이루어진 외막의 구조에서 기인하였다. R

형은 그러한 외막이 결여되어 있는 반면에 S형은 그러한 외벽이 확실하게 형성되어 있었다.

영국 보건성에서 폐렴구균에 대해 연구하던 그리피스(Fred Griffith, 1879 - 1941)는 폐렴구균의 형질이 전환되는 것을 발견하였다. 그는 8마리의 생쥐에게 열로 죽인 S형을 적은 수의 R형과 혼합하여 주사했다. 이 생쥐 중 2마리가 폐렴에 감염되어 죽었고 그 몸에서 S형 폐렴구균이 회수되었다. 통제 실험에서 열로 죽인 S형만으로는 생쥐의 감염이 일어나지 않았고 R형만 넣어 주었을 때에도 감염이 일어나지 않았다. 이것은 S형이 열에 의해서 완전히 죽는다는 것을 의미했다. 그럼에도 S형 속에 들어 있는 어떤 것이 R형 폐렴구균 속에서 변환을 유발하고 있었다. 8마리 중에서 2마리에게 일어난 형질의 변환이었지만 그 자체로 의미가 있었다. 그리피스는 실험을 반복하였고 동일한 결과를 얻었다. 이는 S형 폐렴구균에는 열로는 변성되지 않는 어떤 물질이 있어서 R형을 S형으로 변환시킬 수 있다는 의미였다. 그래서 이 물질은 '변환원리'라고 불리게 되었다. 그러나 1928년 그리피스의 실험 결과가 발표되자 이 결과를 많은 사람들이 믿지 않았다. 그렇지만 다른 연구자들의 연구 결과도 이러한 일이 일어난다는 것을 보여주었고 변환 원리가 무엇인지를 찾으려는 노력이 경주되었다.

에이버리팀과 DNA

특히 미국 록펠러(Rockfeller) 연구소의 에이버리(Oswald Avery, 1877 - 1955)가 이 분야에서는 앞서 나갔다. 그리피스의 실험 결과를 처음에는 믿지 않았던 에이버리는 정교화된 실험에서 R형이 S형으로 형질이 전환된 것을 확인할 수 있었다. 그렇지만 변환원리는 수수께끼였다. 그것은 R형을 일시적으로 S형으로 전환하는 물질이 아니었다. 그것은 한번 S형으로 변환된 폐렴구균을 계속 S형으로 번식하게 만들었다. 그러니까 일단 R형이 S형으로 전환되면 그 후손들은 모두 S형이 되었다. 그러므로 변환원리는 유전성을 가지고 있었던 것이다. 그러나 대부분의 과학자들은 변환원리가 기존의 유전자를 작동시키는 물질이거나 정상적으로는 S형에서만 활동성이 있는 R형 안의 잠재적 활동성이라고 믿었다. 변환원리를 유전자 자체라고 믿는 사람은 별로 없었다. 열로 죽인 S형 폐렴구균이 실제로 유전되는 물질을 직접 R형 박테리아로 전달하지 않는 것이 아니라 R형에 영향을 미치고 있다고 보는 것이 훨씬 그럴듯해 보였다.

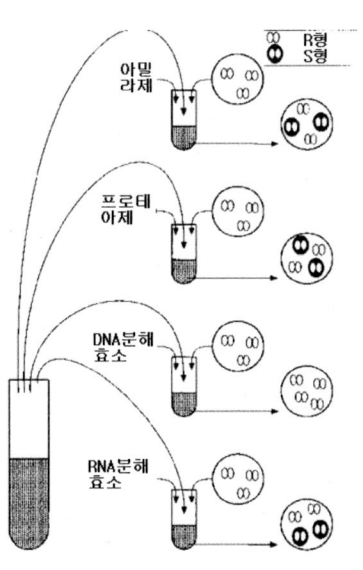

그림 82 에이버리팀의 실험 개요

에이버리의 팀은 열로 죽인 S형 폐렴구균이 확실히 죽었으며 변환원리는 죽은 S형 박테리아의 성분이라는 것을 확실하게 밝혔다. 1931년에 에이버리는 생쥐를 쓰지 않고 변환을 일으키기를 시도하였고 시험관에서 섞어서 R형을 S형으로 변환하는 것에 성공하였다. 이로써 변환의 메커니즘을 훨씬 쉽게 통제할 수 있게 되었다. 연구팀은 박테리아를 파괴한 것을 체로 걸러 S형 폐렴구균의 추출물을 얻었다. 이 추출물은 온전한 S형 박테리아를 전혀 포함하지 않았지만 여전히 시험관에서 R형을 S형으로 변환할 수 있었다. 1933년까지 에어버리는 계속하여 시험관의 불순물의 수를 줄여 나가 변환원리를 더욱 순수한 형태로 만들었고 R형의 변환 효율을 그만큼 높일 수 있었다. 그러나 추출물에는 여전히 불순물이 있었고 그중에 어느 것이 변환원리인지 알아내는 것은 어려웠다.

1934년에 매클라우드(Colin MacLeod, 1909 – 1972)가 연구팀에 합류하였다. 그는 변환원리 추출률을 크게 향상시키는 새로운 폐렴구균을 분리해 내 연구에 많은 진전을 이루어 내었다. 그러나 그 후 2년간은 성과가 미미했다. 특정한 단백질을 파괴하는 물질인 프로테아제를 변환원리와 함께 넣어 주더라도 변환원리는 계속 활동성을 유지한다는 것을 발견해 단백질이 변환원리가 아닐 수 있다는 것을 발견한 정도가 고작이었다. 그 후 3년간 연구팀의 연구 방향은 다른 쪽으로 향하여 이 주제에 대한 별다른 진척이 없었다.

1940년 에어버리는 다시 변환원리에 대한 연구를 재개했다. 그는 수십 리터의 폐렴구균이 필요했다. 에이버리는 새로운 장치를 고안해 감염의 위험을 줄이면서 대량으로 폐렴을 배양할 수 있게 했다. 그리고 프로테아제를 사용하여 단백질을 분해시켜 단백질이 전혀 함유되지 않은 고체 형태의 변환원리를 얻어 내는 데 성공하였다. 또 에이버리팀은 그 안에서 DNA와 RNA를 모두를 발견했다. 연구팀은 RNA를 파괴하지만 DNA는 파괴하지 않는 물질인 RNA 분해 효소를 넣었을 때 변환 형질이 파괴되지 않는 것을 보았다. DNA가 변환원리일 가능성이 높아졌지만 외피를 이루는 다당류일 가능성도 있었다.

1941년에 매클라우드가 팀을 떠나고 매카티(Maclyn MaCarty, 1911 –)가 합류했다. 매카티는 다당류를 선택적으로 분해하는 물질인 아밀라제가 변환원리를 무력화하지 않는다는 것을 알아냄으로써 다당류는 변환원리가 아님을 밝혔다. 이제 남은 후보는 DNA뿐이었다. 마침내 그들은 DNA 외에 다른 물질이 거의 없는 변환원리의 조합제를 얻어 냈고 그 화학적 조성이 DNA와 같음을 입증했다. 이 물질의 변환능력은 대단했고 DNA만을 선택적으로 파괴하는 물질인 DNA 분해 효소를 투여하자 무력해졌다. 이로써 변환원리가 DNA라는 주장은 강력하게 지지받았다.

허시와 체이스의 실험

　　1944년 에이버리팀의 실험 결과가 발표되었을 때 그 중요성을 이해한 과학자들은 일부에 지나지 않았다. 이들은 DNA가 유전물질이라는 생각을 인정받기 위해 많은 연구를 했다. DNA가 세포 분열 과정에서 어떻게 배분되고 수정 과정에서 어떻게 합쳐지는지에 대한 연구가 이루어지면서 DNA는 유전물질로 합당하다는 결론이 지지받았다. 또 DNA가 생각보다 복잡하다는 것이 알려졌고 유전암호를 지정해 줄 수 있다는 과학적 주장도 힘을 얻었다.

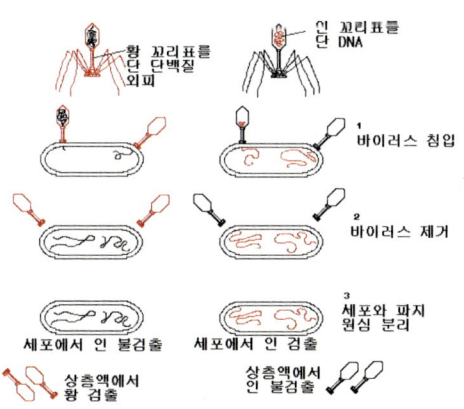

그림 83 허시와 체이스의 실험

　　1952년에 허시(Alfred Hershey, 1908 -)와 체이스(Martha Chase)는 박테리오파지라는 바이러스의 유전물질이 DNA임을 확증하는 실험을 통해 DNA가 유전물질임을 확고히 하였다. 박테리아에게만 감염되는 바이러스인 박테리오파지는 단백질과 DNA로 이루어져 있다. 박테리오파지의 일부가 박테리아에 들어가고 나머지 부분은 박테리아 밖에 남아 있는 동안 박테리오파지가 감염을 일으키는 것으로 알려져 있었다. 박테리아 안에 들어간 박테리오파지의 유전물질은 박테리아 세포를 장악하여 더 많은 박테리오파지를 생산하게 한다. 그러므로 박테리아에 들어가는 것이 박테리오파지의 유전 물질이다. 이러한 사실을 알아내기 위해서 허시와 체이스는 DNA와 단백질에 특이한 꼬리표를 부착하였다. DNA는 방사성 동위원소 인으로 꼬리표를 달고, 단백질은 방사성 동위원소 황으로 꼬리표를 달았다. 이 방사성 동위원소들은 박테리아가 감염되는 동안 박테리오파지의 DNA와 단백질을 각각 추적할 수 있었다. 허시와 체이스는 DNA가 박테리아 안으로 들어가지만 단백질은 밖에 머무르는 것을 확인했다. 이것은 단백질이 아니라 DNA가 박테리아 안에서 새 바이러스를 만드는 작업을 지시한다는 것을 의미했다. 그러므로 박테리오파지의 DNA가 유전물질인 것이 확실했다.

생물학, 물리학의 도움을 받다

허시와 체이스가 그들의 실험을 보고한 1953년에 왓슨(James Watson, 1928 -)과 크릭(Francis Crick, 1916 - 2004)은 DNA 이중 나선 구조를 발견하여 발표하였다. 그 구조는 DNA가 어떻게 유전자의 역할을 할 수 있는지를 분명하게 했다. 이들의 발견은 생물학에 대변혁을 초래할 발견이었지만 그 진원은 물리학에 있었다. 허시와 체이스의 경우에도 꼬리표로 사용한 방사성 동위원소는 물리학의 산물이었다. 1913년에 헝가리의 물리학자 에베시(Georg Karl von Hevesy, 1885 - 1966)가 방사성 동위원소를 추적자로 사용하는 방법을 창안하였다. 그는 방사성 헬륨 D를 사용하였는데 1934년에 졸리오(Jean Frédéric Joliot - Curie, 1900 - 1958)와 퀴리(Irène Joliot - Curie, 1897 - 1956) 부부가 인공방사능 원소를 만드는 방법을 창안함으로써 이 방법의 유용성이 더욱 증가하였다. 특정한 물질이 체내에 들어가 어떠한 경로를 거치는지를 알려면 해당 물질의 성분 원소 중 하나를 방사성 원소로 만들어서 넣어 주면 해결되었다. 1935년에 에베시는 인공방사능 원소 인을 사용하여 생체 내 대사 연구를 성공적으로 수행하였다. 방사능 추적 기술은 물리학의 발전이 생물학 발전을 위한 실질적인 기여를 한 대표적인 예이다. 그 밖에도 20세기에

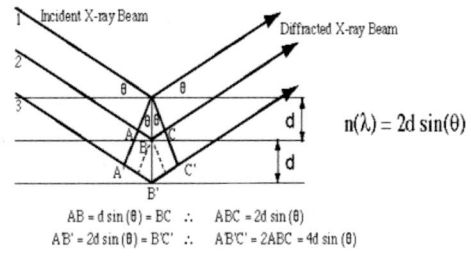

AB = d sin (θ) = BC ∴ ABC = 2d sin (θ)
AB' = 2d sin (θ) = B'C' ∴ AB'C' = 2ABC = 4d sin (θ)

$n(\lambda) = 2d \sin(\theta)$

그림 84 엑스선 결정학의 브래그의 법칙

물리학이 생물학에 중요한 영향을 미치면서 생물학을 더욱 발전시키는 동력을 제공하였다.

이러한 움직임에 큰 힘을 불어넣은 인물은 보어와 슈뢰딩거였다. 보어는 일찍부터 생명 현상에 대한 철학적 접근 과정에서 생명 현상을 물리적 현상으로 환원하여 볼 수 있다는 관점을 피력하였다. 또한 파동 역학의 창시자이기도 한 슈뢰딩거는 1943년에 『생명이란 무엇인가』(*What is Life?*)라는 책을 출판하여 생물학과 물리학의 관련성에 대헤서 깊이 있게 논의하였다. 이 책에서 생명 현상은 물리적 관점에서 이해되었다. 가령, 생물체는 부 엔트로피(negative entropy)를 먹고 사는 존재라는 개념이 제시되었다. 이 얇은 책은 물리학에 관심이 있는 많은 사람들에게 생물학이 물리학의 방법으로 연구해 볼 만한 분야라는 생각을 갖게 했다. 그리하여 물리학에 관심을 가졌던 많은 젊은이들이 생물학에 뛰어들었다. 그들 중에 왓슨과 크릭도 있었다. 실제적으로 원자 물리학자였던 델브뤽(Max Delbrück, 1906 – 1981)은 생물학자로 변신하여 대단한 성공을 거둠으로써 이러한 움직임의 선구자가 되었다. 그는 보어와 파울리(Wolfgang Pauli, 1900 – 1958)의 영향을 받아 생물학을 자신의 전공으로 정하였는데 유전자의 구조와 돌연변이에 대한 선구적인 연구를 수행하였고 1940년대에 분자생물학의 탄생에 중추적인 역할을 하였다.

왓슨과 크릭이 DNA의 구조를 발견하는 과정에서도 그들은 물리학으로부터 많은 도움을 받았다. 물리학에서 엑스선 분광학은 이미 많은 결정 구조를 알아내는 일에 중요한 기여를 해 왔다. 엑스선은 파장이 매우 짧은 전자기선이기 때문에 결정 구조의 작은 틈 사이에서 회절을 일으키기 적당하여 시료에서 반사되어 나오는 엑스선의 회절 무늬를 분석함으로써 시료의 미세 구조를 알아낼 수 있는 기술이 엑스선 결정술이었다. 영국의 결정학자 브래그 부자(The Braggs)는 그런 점에서 중요한 기여를 하였는데 아들인 로렌스 브래그(Lawrence Bragg, 1890 - 1971)는 1915년에 아버지 윌리엄 브래그(William Bragg, 1862 - 1942)와 함께 이 공적으로 25세의 나이로 노벨상을 받고 왓슨과 크릭이 케임브리지에 왔을 때 캐번디시 연구소를 인도하고 있었다. 그러므로 왓슨과 크릭은 그러한 연구 전통으로부터 직접 영향을 받았다. 킹스 칼리지(King's College)에서도 역시 랜덜(J. T. Randall)의 인도로 엑스선 분광학이 경쟁력을 갖추고 있었기에 이곳은 캐번디시와 경쟁관계에 있었다.

DNA 이중 나선 구조의 발견

왓슨은 일찍부터 총명함을 드러내 15세에 시카고 대학 조류학과에 입학했다가 슈뢰딩거의 『생명이란 무엇인가』를 읽고 유전학을 전공하기로 했다. 그는 시카고 대학과 인디아나 대학에서 동물학으로 박사학위를 받았다. 왓슨은 1951년에 영국의 케임브리지 대학의 캐번디시 연구소로 유학을 왔다. 한편 크릭은 원래 물리학을 전공했고 물리학으로 박사학위를 준비하고 있었으나 2차 대전 중에 폭격으로 그의 실험장비가 파괴된 것이 방향 전환의 계기가 되었다. 전쟁이 끝난 후에 그는 생물학을 공부하기 시작했다. 두 사람이 만났을 때 왓슨은 23세의 Ph.D였고 크릭은 35세로 전쟁 때문에 늦어진 박사후 과정을 밟고 있었다. 이들의 관심은 알려진 엑스선 분광학 사진을 이용해서 DNA의 분자 구조를 구명하는 것에 쏠려 있었다. 이들과 마찬가지로 여류 과학자인 로절린드 프랭클린(Rosalind Franklin, 1920 - 1958)과 윌

그림 85 DNA 모형을 살펴보는 왓슨과 크릭

킨스(Maurice Wilkins, 1916 -)는 킹스 칼리지에서 엑스선 분광학에 의해 DNA 분자 구조를 밝히는 연구를 수행하고 있었다. 미국에서는 폴링(Linus Pauling, 1901 - 1994)이 단백질 구조를 밝히고 DNA 분자 구조에 대해서도 연구를 하고 있었다. 이미 1951년 말부터 왓슨과 크릭은 윌킨스와 정보를 교류하며 프랭클린의 실험 결과에 대한 정보를 얻고 있었고 그것이 DNA 분자 구조에 대한 그들의 이론적 분석 작업에 중요한 토대가 되어 있었다. 그해 11월에 프랭클린이 발표하는 세미나에서 왓슨은 DNA가 일종의 나선 구조라는 말을 들었다. 왓슨과 크릭은 곧 DNA 모형을 만들었는데 그것은 인의 골격이 내부에 있는 구조였다.

1952년에 왓슨에게 주어진 공식적인 임무는 담배 모자이크 바이러스의 구조를 밝히는 일이었다. 그는 엑스선 분석을 통해 그것이 나선형임을 알았다. 이 작업을 수행하면서도 그는 계속해서 DNA의 구조에 대한 호기심에 매달렸다. 그러는 과정에서 파지 그룹에 의해 DNA가 유전자라는 사실이 확실해졌고 DNA의 숨겨진 조성이 확실하게 드러났고 DNA의 지름이 2나노미터라는 것도 밝혀졌다. 샤르가프(Erwin Chargaff, 1905 - 2002)가 영국을 방문했다가 왓슨과 크릭에게 아데닌(A), 구아닌(G), 티민(T), 시토신(C)이 DNA의 염기들인데 G와 C의 개수는 항상 같고, A와 T의 개수도 항상 같다는 사실을 알려주었다. 또 도너휴(Jerry Donohue, 1920 – 1985)는 네 가지 염기의 구조를 그들에게 알려주었다. 그리고 폴링의 방문이 정치적인 이유에서 취소되면서 폴링이 킹스 칼리지의 엑스선 회절 데이터에 대해서 1953년에 그것이 출판되기 전까지는 접근할 수 없었던 것이 폴링이 선취권을 취하지 못하게 되는 결정적 계기가 되었다.

1953년 1월 30일에 왓슨은 윌킨스를 찾아갔다가 그가 가지고 있었던 프랭클린이 찍은 DNA 엑스선 회절 사진(사진 51번)을 보았다. 이것은 크릭의 생각대로 DNA가 나선 모양임을 보여주는 증거들이 나타나 있는 것을 왓슨은 곧 알아차렸다. 이 사진을 본 후 왓슨과 크릭은 바로 DNA 분자 모형의 제작에 들어갔다. 왓슨은 뉴클레오티드 염기쌍을 발견함으로써 DNA 분자 구조를 알아내는 데 중요한 전기를 마련했다. 왓슨은 주석으로 된 모형 재료가 도착하기 전에 종이에 염기들을 그리고 풀로 붙이면서 염기들을 어떻게 배열하여야 할지를 연구하던 중에 A와 G 사이에는 2개의 고리형 결합(퓨린)이 들어가야 하고 T와 C 사이는 하나의 고리형 결합(피리미딘)이 들어가야 한다는 생각에 이르렀고, 그와 더불어 몇 가지 수소 결합쌍에 대한 아이디어에 도달하였다. 그의 아이디어는 이미 출판된 샤르가프의 생화학적 데이터와 일치하였다.

한편 프랭클린은 자신의 데이터가 허락 없이 누출되고 있는 것을 모른 채 자신의 DNA 엑스선 회절 사진들의 분석 논문을 작성해 학술지 발표를 위해 보냈다. 왓슨과 크릭은 자신들의 DNA 분자 구조가 이중 나선이라는 내용을 담은 논문을 작성하여 ≪네이처≫(Nature)에 보냈고 그 논문은 1953년 4월 25일에 출판되었다. 이 논문에는 프랭클린과 윌킨스의 포괄적인 지원에 대한 언급이 간단히 들어가 있었다. 비슷한 시기에 프랭클린은 왓슨과 크릭의 DNA 모형을 보았으나 그것 자체가 큰 의미가 없는 것으로 간주했다. 그녀는 그들이 자신들의 모형이 옳다는 것을 어떻게 입증할 것인지가 궁금했다. 프랭클린은 실험연구자였기 때문에 더 많은 데이터를 얻어 그것을 분석하는 작업이 우선이지 모형을 만드는 것이 현 단계에서 할 작업은 아니라고 생각했다.

왓슨과 크릭의 모형이 유전학자들의 즉각적인 관심을 끌었지만 일반 생물학자들은 그에 대하여 회의적이었고 1961년이 되어 비로소 그 모형이 옳다는 것을 인정하기 시작했는데 이 과정에서 비로소 정리되어 나온 윌킨스의 엑스선 분광학적 분석 자료들이 이들의 모형을 지지한 것이 중요한 역할을 했다. 1962년에 왓슨과 그릭이 노벨상 수상자로 지명되면서 윌킨스도 포함되었다. 그러나 프랭클린은 이미 1858년에 난소암으로 사망한 후였다. 사망자에게는 노벨상을 수여하지 않으므로 프랭클린은 DNA 구조 발견에 결정적인 기여를 했음에도 영예를 얻지 못했다.

DNA 이중 나선 이후

왓슨과 크릭의 이중 나선 구조 논문은 1쪽밖에 안 되는 짧은 논문이었지만 그 논문의 파급 효과는 엄청나게 컸다. 왓슨과 크릭은 DNA가 인산과 당을 외골격으로 하고 염기가 그 사이를 연결하는 구조임을 밝힘으로써 왜 DNA가 유전자 역할을 할 수 있는지를 잘 알려주었다. 두 가닥의 구조는 갈라져서 각각이 주형이 되어 동일한 DNA를 만들어 내기 용이한 구조임을 알려주었다. 분자 구조의 파악이 생명의 기작을 이해하는 데 도움이 된다는 것이 알려지면서 생명을 이해하기 위해 생명을 구성하는 분자를 화학적으로 이해할 뿐 아니라 분자 구조의 수준에서도 이를 추구해 나갈 필요성을 널리 인식시켰다. 구체적으로 DNA가 어떻게 단백질 합성에 관여하는지가 밝혀지고 3염기가 하나의 단위 암호가 되어 20가지의 아미노산 생산에 관여하는 메커니즘이 1964년에 니렌버그(Marshall Warren Nirenberg, 1927 –)와 오초아(Severo Ochoa, 1905 – 1993)에 의해 발견되었다. 이후 분자생물학은 단백질의 구조 이해와 효소 구조 이해뿐 아니라 유전자의 발현 과정에 걸친 광범위한 생명 활동의 이해에 초석이 되었다. 이후 제한 효소가 발견되면서 DNA의 원하는 부위를 자를 수도 있고 다른 효소에 의해 다른 DNA 가닥을 붙일 수도 있다는 것이 알려졌다. 이로써 유전자 재조합 기술이 가능해졌다. 이로써 재조합 DNA에 의해 조작된 새로운 생명의 창조를 통해 생명 자체를 특허 내는 생명 특허 경쟁의 봇물이 터지게 되었다. 이러한 새로운 생물들은 이른바 GMO(유전자 조작 농산물)의 상품화로 가장 우리 가까이에 와 있는데 이러한 농산물들이 적은 토지에서 적은 비용과 적은 오염 비용을 들여 큰 수확을 가능하게 한다는 점에서 환경 친화적이라는 주장과 조작된 유전자의 인체 유해 가능성에 대한 우려와 인공 유전자의 생태계 유출로 인한 생태계 교란과 같은 환경 파괴에 대한 우려의 목소리가 서로 맞서고 있다.

또한 1980년대 말 제임스 왓슨의 영도하에 미국 국립보건원(National Institute of Health)이 주축이 되고 유럽과 일본 등 선진국이 참여하여 진행시킨 인간 게놈 프로젝트(Human Genome Project)는 사람의 유전자 배열 전체를 알아내는 유전자 지도 제작에 들어갔고 그것이 2006년에 완전히 해독됨으로써 인류는 인간 유전자 안에 있는 물품 목록 제작을 완성하였다. 이제 그러한 물품들이 무슨 용도를 가지며 특정한 용도로 쓰이기 위해서는 어떤 특성을 가지는 물품이 있어야 하는지를 알아내는 작업이 진행될 것이다. 이러한 연구 성과들은 맞춤 의료를 가능하게 하고 유전병의 치료에 새로운 희망을 여는 등 희망적인 소식을 전해줄 뿐 아니라 인간 유전자를 조작하여 슈퍼 베이비(super baby)를 탄생시키는 것도 가능해지므로 그 윤리적 문제가 큰 우려를 자아내고 있다. 슈퍼 베이비를 만들 수 있는 소수의 사람들에게만 특혜가 돌아감으로써 부익부 빈익빈 현상을 가속화시킬 것이라는 전망과 기술이 발전하고 상용화가 확산되면 시술 단가가 내려감으로써 부의 평준화가 이루질 수 있을 것이라는 기대가 맞서고 있다. 그러나 그런 시술이 확산되었을 때 인간이 예상하지 못하는 부적응 사태가 발생할 우려가 크고 인간종의 조작으로 인한 자연 상태계의 불균형의 심화로 인하여 인간 문명의 파국을 초래할 것이라는 우려 또한 낳고 있다.

이러한 모든 문제에 직면하여 인류는 유전 기술의 발전과 함께 유전 기술이 인류의 삶에 미칠 광범위한 효과에 대한 치밀한 인문학적 및 사회과학적 연구를 병행할 필요에 직면하고 있다. 이러한 문제의 해결을 위해서는 윤리, 정치, 경제, 문화, 사회 등에 걸친 폭넓은 연구가 시급하게 이루어져야 할 것이다. 지금 다른 어떤 과학기술 분야보다도 유전공학 또는 생명공학 분야에서는 이러한 희망적 또는 위기적 전망이 극명하게 충돌하고 있어서 어떠한 결정을 내리든지 그로 인해 미래는 현재와 판이하게 다른 모습을 하게 될 것이 분명하다. 어느 때보다 신중함의 미덕이 요청되는 시대에 우리는 살고 있는 것이다.

찾아보기

구자현 ─────────────────────────────────────

▌약력
서울대학교 자연과학대학 물리학과 졸업
서울대학교대학원 과학사 및 과학철학 협동과정 석사
서울대학교대학원 과학사 및 과학철학 협동과정 박사
서울대, 건국대, 숭실대, 홍익대, 서울시립대, 성공회대, 숙명여대, 대전대에서 강의
현재 영산대학교 CT 대학 교수(과학사 전공)

▌주요논문 및 저서
『레일리의 수력학 및 전기학 연구』(한국학술정보)
『레일리의 음향학 연구의 성격과 성과』(한국학술정보)
『화염검의 언저리에서』(전파과학사)
『Landmark writings in western mathematica』(Elsevier, Amsterdam)(공서)
『British Acoustics and ifs Transformatim from the 1860 to the 1910s』

번역서
『Time: 시간여행 가이드』(들녘)(과학문화재단 지원도서)
『과학과 종교 상생의 길을 가다』(들녘)
『놀라운 발견들』(한울)
『아인슈타인의 나의 세계관』(중심)(공역)
『힘과 운동』(비주얼 박물관, 웅진닷컴)
『전기』(비주얼 박물관, 웅진닷컴)
『천문학』(비주얼 박물관, 웅진닷컴)
『시간과 공간』(비주얼 박물관, 웅진닷컴)
『우주』(키즈라이브러리, 한국브리태니커)
『탈것』(키즈라이브러리, 한국브리태니커)
『물질과 에너지』(키즈라이브러리, 한국브리태니커)
『날씨와 환경』(키즈라이브러리, 한국브리태니커)

▌수상 및 영예
2007년 한국과학사학회 논문상 수상
2009년 세계 인명사전 Marquis Who's Who in the World 등재

history of science

쉬운 과학사

초판인쇄 | 2009년 1월 28일
초판발행 | 2009년 1월 28일

지은이 | 구자현
펴낸이 | 채종준
펴낸곳 | 한국학술정보㈜
주 소 | 경기도 파주시 교하읍 문발리 513-5 파주출판문화정보산업단지
전 화 | 031) 908-3181(대표)
팩 스 | 031) 908-3189
홈페이지 | http://www.kstudy.com
E-mail | 출판사업부 publish@kstudy.com

등 록 | 제일산-115호(2000. 6. 19)
가 격 | 25,000원

ISBN 978-89-534-0927-9 03400 (Paper Book)
      978-89-534-0928-6 08400 (e-Book)

이담
Books 는 한국학술정보(주)의 지식실용서 브랜드입니다.